网络空间安全学科系列教材

网络空间安全导论

（微课版）

刘建伟　主编

李晖 张焕国 杜瑞颖 尚涛 彭浩　副主编

清华大学出版社

北京

内 容 简 介

本教材共6章。第1章为网络空间安全概述，主要阐述网络空间安全指导思想、学科内涵、发展历程、法律法规、技术标准等方面的知识；第2章为密码学基础，主要阐述密码学的演进历史、基本概念、最新研究进展和主要研究方向；第3章为网络安全基础，主要阐述网络安全基本概念、网络安全边界防护技术、网络安全工程与管理、新兴网络及安全技术；第4章为系统安全基础，主要阐述系统安全基本概念、系统安全模型、系统安全关键技术和系统安全应用实践；第5章为内容安全基础，主要阐述内容安全基本概念、网络舆情与事件检测、网络欺诈与虚假新闻、网络水军与网络暴力、内容伪造与深度鉴别；第6章为应用安全基础，主要阐述应用安全基本概念、身份认证与信任管理、隐私保护及新技术安全。

本教材内容丰富，概念清楚，语言精练，在内容阐述上力求深入浅出，通俗易懂。特别是本教材采用微课形式出版，便于读者学习和理解相关内容。每章后面均提供了习题，便于读者巩固所学的知识点。每章后面也提供了参考文献，便于有兴趣的读者继续深入学习有关内容。

本教材既可作为高等院校信息安全、网络空间安全、信息对抗技术、密码科学与技术等专业的本科生核心通识课教材，也可以作为网络空间安全一级学科低年级研究生的专业课教材。对于网络安全工程师、网络管理员和政府工作人员来说，本教材也是很好的参考书和培训教材。

图书在版编目(CIP)数据

网络空间安全导论：微课版 / 刘建伟主编. 北京：清华大学出版社，
2025.1. --（网络空间安全学科系列教材）. -- ISBN 978-7-302-55011-2

Ⅰ. TP393.08

中国国家版本馆 CIP 数据核字第 2025P84F57 号

责任编辑：张　民　薛　阳
封面设计：刘　键
责任校对：李建庄
责任印制：丛怀宇

出版发行：清华大学出版社

网　　　址：https://www.tup.com.cn，https://www.wqxuetang.com
地　　　址：北京清华大学学研大厦 A 座　　　　　邮　　编：100084
社 总 机：010-83470000　　　　　　　　　　　邮　　购：010-62786544
投稿与读者服务：010-62776969，c-service@tup.tsinghua.edu.cn
质量反馈：010-62772015，zhiliang@tup.tsinghua.edu.cn
课件下载：https://www.tup.com.cn，010-83470236

印 装 者：涿州汇美亿浓印刷有限公司
经　　销：全国新华书店
开　　本：185mm×260mm　　　印　　张：19.5　　　字　　数：448千字
版　　次：2025 年 2 月第 1 版　　　　　　　　印　　次：2025 年 2 月第 1 次印刷
定　　价：59.90 元

产品编号：106499-01

出版说明

21世纪是信息时代,信息已成为社会发展的重要战略资源,社会的信息化已成为当今世界发展的潮流和核心,而信息安全在信息社会中将扮演极为重要的角色,它会直接关系到国家安全、企业经营和人们的日常生活。随着信息安全产业的快速发展,全球对信息安全人才的需求量不断增加,但我国目前信息安全人才极度匮乏,远远不能满足金融、商业、公安、军事和政府等部门的需求。要解决供需矛盾,必须加快信息安全人才的培养,以满足社会对信息安全人才的需求。为此,教育部继2001年批准在武汉大学开设信息安全本科专业之后,又批准了多所高等院校设立信息安全本科专业,而且许多高校和科研院所已设立了信息安全方向的具有硕士和博士学位授予权的学科点。

信息安全是计算机、通信、物理、数学等领域的交叉学科,对于这一新兴学科的培养模式和课程设置,各高校普遍缺乏经验,因此中国计算机学会教育专业委员会和清华大学出版社联合主办了"信息安全专业教育教学研讨会"等一系列研讨活动,并成立了"高等院校信息安全专业系列教材"编委会,由我国信息安全领域著名专家肖国镇教授担任编委会主任,指导"高等院校信息安全专业系列教材"的编写工作。编委会本着研究先行的指导原则,认真研讨国内外高等院校信息安全专业的教学体系和课程设置,进行了大量具有前瞻性的研究工作,而且这种研究工作将随着我国信息安全专业的发展不断深入。系列教材的作者都是既在本专业领域有深厚的学术造诣,又在教学第一线有丰富的教学经验的学者、专家。

该系列教材是我国第一套专门针对信息安全专业的教材,其特点是:

① 体系完整、结构合理、内容先进。

② 适应面广。能够满足信息安全、计算机、通信工程等相关专业对信息安全领域课程的教材要求。

③ 立体配套。除主教材外,还配有多媒体电子教案、习题与实验导等。

④ 版本更新及时,紧跟科学技术的新发展。

在全力做好本版教材,满足学生用书的基础上,还经由专家的推荐和审定,遴选了一批国外信息安全领域优秀的教材加入系列教材中,以进一步满足大家对外版书的需求。"高等院校信息安全专业系列教材"已于2006年年初正式列入普通高等教育"十一五"国家级教材规划。

2007年6月,教育部高等学校信息安全类专业教学指导委员会成立大会暨第一次会议在北京胜利召开。本次会议由教育部高等学校信息安全类专业教学指导委员会主任单位北京工业大学和北京电子科技学院主办,清华大学出版社协办。教育部高等学校信息安全类专业教学指导委员会的成立对我国信息安全专业的发展起到重要的指导和推动作用。2006年,教育部给武汉大学下达了"信息安全专业指导性专业规范研制"的教学科研项目。2007年起,该项目由教育部高等学校信息安全类专业教学指导委员会组织实施。在高教司和教指委的指导下,项目组团结一致,努力工作,克服困难,历时5年,制定出我国第一个信息安全专业指导性专业规范,于2012年年底通过经教育部高等教育司理工科教育处授权组织的专家组评审,并且已经得到武汉大学等许多高校的实际使用。2013年,新一届教育部高等学校信息安全专业教学指导委员会成立。经组织审查和研究决定,2014年,以教育部高等学校信息安全专业教学指导委员会的名义正式发布《高等学校信息安全专业指导性专业规范》(由清华大学出版社正式出版)。

2015年6月,国务院学位委员会、教育部出台增设"网络空间安全"为一级学科的决定,将高校培养网络空间安全人才提到新的高度。2016年6月,中央网络安全和信息化领导小组办公室(下文简称"中央网信办")、国家发展和改革委员会、教育部、科学技术部、工业和信息化部及人力资源和社会保障部六大部门联合发布《关于加强网络安全学科建设和人才培养的意见》(中网办发文〔2016〕4号)。2019年6月,教育部高等学校网络空间安全专业教学指导委员会召开成立大会。为贯彻落实《关于加强网络安全学科建设和人才培养的意见》,进一步深化高等教育教学改革,促进网络安全学科专业建设和人才培养,促进网络空间安全相关核心课程和教材建设,在教育部高等学校网络空间安全专业教学指导委员会和中央网信办组织的"网络空间安全教材体系建设研究"课题组的指导下,启动了"网络空间安全学科系列教材"的工作,由教育部高等学校网络空间安全专业教学指导委员会秘书长封化民教授担任编委会主任。本丛书基于"高等院校信息安全专业系列教材"坚实的工作基础和成果、阵容强大的编委会和优秀的作者队伍,目前已有多部图书获得中央网信办和教育部指导评选的"网络安全优秀教材奖",以及"普通高等教育本科国家级规划教材""普通高等教育精品教材""中国大学出版社图书奖"等多个奖项。

"网络空间安全学科系列教材"将根据《高等学校信息安全专业指导性专业规范》(及后续版本)和相关教材建设课题组的研究成果不断更新和扩展,进一步体现科学性、系统性和新颖性,及时反映教学改革和课程建设的新成果,并随着我国网络空间安全学科的发展不断完善,力争为我国网络空间安全相关学科专业的本科和研究生教材建设、学术出版与人才培养做出更大的贡献。

我们的E-mail地址是zhangm@tup.tsinghua.edu.cn,联系人:张民。

"网络空间安全学科系列教材"编委会

前 言

为了加强网络空间安全专业人才的培养,教育部已正式于 2015 年 6 月决定增设"网络空间安全"一级学科博士点。目前,全国已有 90 余所高校设立网络空间安全学院,37 所高校获批网络空间安全一级学科博士点,47 所高校设立网络空间安全一级学科硕士点,151 所高校设立信息安全本科专业,121 所高校设立网络空间安全专业,15 所大学设立密码科学与技术专业。在许多高校的网络空间安全类专业培养方案中,均将"网络空间安全导论"课程设为低年级本科生的核心通识课。为满足网络空间安全人才培养需求,急需编写一本适合本科通识课教学的《网络空间安全导论》教材。

本教材的主编和部分副主编主持或参与编写了教育部高等学校网络空间安全专业教学指导委员会编制的《高等学校信息安全专业指导性专业规范》和《高等学校网络空间安全专业指导性专业规范》,并参与了由王小云院士牵头的中共中央网络安全和信息化委员办公室课题《网络空间安全教材编写指南的研究和制定》《网络空间安全教材体系建设研究》《网络安全本科生及研究生培养课程体系研究》。在本教材的编写过程中,作者充分汲取了上述研究成果,力求使本教材编写大纲符合上述专业规范、教材编写指南和教材体系建设方案的要求。

本教材主要具有以下特色。

(1)基本概念清晰,深入浅出。在基本概念的阐述上,力求准确而精练;在语言的运用上,力求顺畅而自然。

(2)知识体系和知识点比较完善。全书分别阐述了网络空间安全学科概念及各学科方向的基础知识,涵盖网络空间安全导论课程必需的知识点。

(3)教材采用微课的形式出版。读者可以通过手机扫描印在书中的二维码,观看由作者精心制作、讲解的对应知识点小视频。

(4)每章后面都附有精心斟酌和编排的习题。深入分析和讨论所列习题,可加强对每章所学内容的理解。

(5)书中列出了参考文献,为网络空间安全相关专业的本科生继续深入学习相关知识提供了参考资料。

刘建伟为本教材主编,李晖、张焕国、杜瑞颖、尚涛、彭浩为副主编(按姓氏笔画排序)。全书共分为 6 章,每章按授课 4 学时设计,完成全部授课内容需 24 学时。

第 1 章为网络空间安全概述,由武汉大学张焕国教授和杜瑞颖教授主编。

第 2 篇为密码学基础,由北京航空航天大学刘建伟教授主编,山东大学王美琴教授和魏普文教授对本章内容做了认真的修订和补充。

第 3 章为网络安全基础,由北京航空航天大学刘建伟教授主编。

第 4 章为系统安全基础,由北京航空航天大学尚涛教授主编

第 5 章为内容安全基础,由北京航空航天大学彭浩教授主编。

第 6 章为应用安全基础,由西安电子科技大学李晖教授主编。

在本教材的编写中,作者还邀请了部分优秀青年学者和知名网络安全专家参与编写了部分内容,他们分别是:

禹勇,陕西师范大学教授,承担了 2.3 节和 2.4 节的编写任务。

左晓栋,中国科学技术大学教授,承担了 3.3 节的编写任务。

黄欣沂,暨南大学教授,承担了 3.4 节的编写任务。

此外,为了确保专门技术的权威性,作者还邀请奇安信公司首席安全专家翟胜军先生编写了边界访问控制的 3.2.1 节,邀请 360 公司的计算机病毒专家徐传宇先生编写了有关计算机病毒防护技术的 3.2.5 节,邀请北京神州绿盟科技有限公司研发总监樊志甲先生编写了有关安全漏洞扫描技术的 3.2.6 节。

刘建伟负责全书内容编排,并对全书的文字进行了审校。

最后,作者要感谢中国电子学会和中国通信学会会士、中国密码学会终生成就奖获得者、著名密码学家和信息论学家王育民教授。在本教材 2.1.4 节的编写中,作者参考了王育民教授提供的未公开发表的手稿。

北京航空航天大学网络空间安全学院的博士研究生王瀚洲、任珊瑶、任阳坤、金子安等博士研究生帮助作者整理了书稿,并在编写过程中提供了支持与帮助。

感谢空军某部王琼译审对全书的文字进行了阅正,为提高本教材的质量作出了贡献。

在此,作者向所有参与本教材编写工作的各位学者和专家一并表示衷心的感谢。

本教材可作为高等院校信息安全、网络空间安全、信息对抗技术、密码科学与技术等专业的本科生教材,也可以作为网络安全工程师的参考书和培训教材。

因作者水平所限,加之编写时间仓促,在教材中难免会存在一些疏漏和不足之处,敬请广大读者朋友批评指正。

作 者

2024 年 10 月

于北京

目 录

第 1 章

网络空间安全概述

随着信息技术和产业的高速发展和广泛应用，人类社会进入信息化时代，信息安全已成为影响国家经济社会发展的关键问题之一。社会迫切需要大量的信息安全专业人才。2001 年，武汉大学建立了我国第一个信息安全本科专业。2015 年 6 月，国务院学位委员会和教育部出台增设"网络空间安全"为一级学科的决定。

什么是网络空间？为什么网络空间存在严重的信息安全问题？什么是网络空间安全学科？我国有哪些涉及网络与信息安全的法律法规和技术标准？要办好网络空间安全学科，培养优秀的网络空间安全专业人才，必须首先搞清楚这几个基本问题。

本章介绍网络空间、网络空间安全和网络空间安全学科的有关概念，介绍我国现行的主要网络与信息安全法律法规和信息安全技术标准。正确理解和掌握这些概念，了解相关法律、法规和技术标准，不仅对我国网络空间安全学科建设和人才培养具有十分重要的指导意义，而且对我国网络空间安全领域的科学研究和产业发展也具有十分重要的指导意义。

1.1 信息时代与信息安全

人类社会在经历了机械化、电气化之后，进入了一个崭新的信息化时代。在信息时代，电子信息产业成为世界第一大产业。信息就像水、电、石油一样，与所有行业和所有人都相关，成为一种基础资源。信息和信息技术改变着人们的生活和工作方式。离开计算机、网络、电视和手机等电子信息设备，人们将无法正常生活和工作。因此可以说，在信息时代，人们生存在由物理世界、人类社会和信息空间组成的三元世界中[1-2]。

1.1.1 信息技术与产业空前繁荣

1. 我国已经成为信息技术与产业大国

我国已经成为信息技术与产业大国，正逐步成为世界信息技术与产业强国。目前，大多数的中低档电子信息产品的产量和拥有量，我国都位居世界第一。部分高端电子信息产品的产量和拥有量，我国也处于世界领先水平。

早在 2001 年，我国的手机拥有量就超过了美国，达到 1.2 亿部，居世界第一。2018年，美国开始打压中国华为。2019 年，华为的业务不降反升，仅上半年，华为公司的产值

信息技术
与产业空
前繁荣

就超过 4000 亿元,生产销售手机 1.1 亿部,比 2018 年同期增长 24%。我国的手机拥有量更是超过了 6 亿部,稳居世界第一。

2019 年,我国网民规模数量达到 8.29 亿,居世界第一。

我国电视机用户数在 2015 年就达到 3 亿户,电视观众数超过 10 亿人,居世界第一。

我国的计算机产量和拥有量都是世界第一。2016 年,我国生产 331 443 000 台计算机,2017 年上半年生产 193 281 000 台计算机。我国生产了世界 70% 以上的计算机,但是由于 CPU 等核心芯片和操作系统等基础软件采用国外产品,使得我国只占有其中 17% 的利润,83% 的利润是国外的。

世界排名前十的互联网企业中,我国企业占四家(阿里巴巴、腾讯、百度和京东),中国电信、中国移动、华为、联想和小米等企业成为世界五百强企业。华为的年产值已超过 7000 亿元,超过了许多中小城市。

图 1-1 "天河一号"超级计算机

我国的超级计算机技术居世界领先水平,超级计算机荣登世界第一的次数居世界第一。2009 年 1 月 8 日,国防科学技术大学研制出"天河一号"超级计算机,运算速度居世界第一,如图 1-1 所示。2013 年,国防科学技术大学研制出"天河二号",运算速度居世界第一,并且连续 6 次获得世界第一,如图 1-2 所示。2016 年 6 月 21 日,中国"神威·太湖之光"超级计算机成为世界第一,并且其 CPU、操作系统、互联网络等核心部件完全国产,如图 1-3 所示。2018 年 5 月,"天河三号"原型机首次亮相,这是世界首台百亿亿次超级计算机,"天河三号"的运算能力是"天河二号"的 20 倍,是"天河一号"的 200 倍。

图 1-2 "天河二号"超级计算机

图 1-3 "神威·太湖之光"超级计算机

2018 年 8 月 28 日,中国科学院宣布中国已经研制出超导集成电路,并完成测试以及超导计算机体系结构设计。中国的超导计算机的运行速度是目前超级计算机的 154 倍,并且更节能。超导现象是指某些材料在一定的低温环境下,其电阻接近 0,从而具有超强的导电能力。利用超导材料制成的集成电路、计算机,可以节约大量的电能。超导计算机的能耗与传统超级计算机相比,将下降到千分之一。

在通信领域,华为公司在 5G 技术方面独占世界鳌头,而且在算法、芯片、操作系统等核心技术方面拥有自主知识产权,引领世界 5G 技术发展。

2. 量子信息技术高速发展

量子信息技术高速发展,推动了量子计算机、量子通信和量子密码的发展。

2007 年 2 月,加拿大 D-Wave System 公司研制出世界上第一台商用 16 位的量子计算机。2008 年 5 月提高到 48 位。2011 年 5 月提高到 128 位,每台售价 1000 万美元,被美国洛克希德·马丁公司购买,用于分析 F35 战机事故和研制新式武器。2013 年年初又提高到 512 位,每台售价 1500 万美元,被美国谷歌公司购买,用于研究人工智能和提高信息搜索速度。2015 年 8 月进一步提高到 1152 位,被美国 LOS Alamos 实验室购买,如图 1-4 所示。

图 1-4　加拿大 D-Wave System 的 1152 位量子计算机

应当指出,加拿大的量子计算机是专用型量子计算机,不是通用型量子计算机。因此,有些计算工作能够完成,有些计算工作不能够完成。

早在 2001 年,IBM 公司就研制出世界上第一台 7 位的示例型量子计算机,向世界证明了量子计算机在理论上的正确性和技术上的可行性。2011 年 9 月,美国加州大学圣塔芭芭拉分校(UCSB)研制出 9 位的冯·诺依曼体系结构量子计算机。2017 年年底,IBM 公司宣称已成功研制出 50 位的量子计算机,如图 1-5 所示。此外,Intel、微软、谷歌等公司也都在研制自己的量子计算机。需要指出,美国的量子计算机是通用型量子计算机。

图 1-5　美国 IBM 的 50 位量子计算机

我国的量子信息技术在一些领域居世界领先水平。早在 2009 年,量子密钥分发技术就已经在安徽芜湖电子政务系统中得到实际应用。2016 年 8 月,我国发射了世界第一颗量子科学实验卫星“墨子号”。2017 年,中国科学技术大学研制出 10 个光量子的量子计算机,计算能力超过以前的同类量子计算机,如图 1-6 所示。

近年来,中国科学家潘建伟领导的团队在量子计算领域取得了重大突破,成功构建了

图 1-6   中国科学技术大学的 10 位量子计算机

名为"九章"的光子量子计算原型机。这个原型机是基于光相干性和量子纠缠效应的光子计算平台。潘建伟团队利用先进的光学实验技术和量子纠缠的原理，成功实现了高效的量子计算操作。据公开发表的数据显示，"九章三号"相比上一代"九章二号"在处理高斯玻色取样的速度上提升了一百万倍。此外，"九章三号"还具备极高的计算效率，甚至可以在 $1\mu s$ 内计算出当前全球最快的超级计算机"前沿"（Frontier）需要约 200 亿年才能完成的复杂样本。

另外，我国第三代自主超导量子计算机"本源悟空"自 2024 年 1 月 6 日上线后，即向全球用户限时免费开放，接收全球量子计算任务。"本源悟空"由本源量子计算科技（合肥）股份有限公司（以下简称"本源量子"）自主研发，搭载 72 位自主超导量子芯片"悟空芯"，是目前我国最先进的可编程、可交付超导量子计算机。截至 2024 年 2 月 1 日上午 11 时，我国第三代自主超导量子计算机"本源悟空"已为全球 94 个国家和地区用户成功完成 142 233 个运算任务，全球远程访问"悟空"人次已突破 100 万。

1.1.2   信息安全形势严峻

信息安全形势严峻

当前，一方面是信息技术与产业的空前繁荣，另一方面是危害信息安全的事件不断发生。敌对势力的破坏、黑客攻击、病毒入侵、利用计算机犯罪、网络上的有害内容泛滥、隐私泄露等事件，对信息安全构成了极大威胁。根据苹果公司近日发布的数据泄露报告，2021 年和 2022 年，全球泄露了惊人的 26 亿条个人记录，仅 2022 年一年就泄露了约 15 亿条个人记录。2023 年，全球数据泄露规模创下历史新高，前 9 个月有 3.6 亿人的敏感数据遭泄露，比 2022 年全年高出 20%[3-4]。

1. 敌对势力的破坏

据美国国家安全局（National Security Agency，NSA）前雇员爱德华·斯诺登在 2013 年 4 月爆料：美国国家安全局针对中国进行了大规模的网络攻击，并把商务部、外交部、银行、电信公司、华为公司和清华大学等作为重点目标。

2017 年 3 月 8 日，维基解密宣称，他们获得了几千份美国中央情报局（CIA）在 2013—2016 年的网络攻击活动秘密文件。这些文件不仅显示了 CIA 具有网络攻击的巨大能力，拥有庞大的黑客攻击武器库，而且还说明 CIA 能够攻击基于 Windows、Android、iOS、macOS、Linux 的各种信息系统，包括计算机、路由器、手机、车载系统和家用电器等。

这些事实说明,美国已经成为世界网络和信息安全最大的威胁！2018 年以来,美国对我国实施贸易制裁和科技封锁,其根本目的是阻止中国的现代化发展,维持其"一国独霸"的霸主地位。

从中华人民共和国成立到如今,我国已经成功战胜了多次国外对我们的封锁。例如,20 世纪 50—70 年代,我国战胜了以美国为首的西方世界的封锁,建立了独立自主的经济体系。20 世纪 60 年代,我国战胜了苏联的技术封锁,独立自主地研制出"两弹一星",粉碎了外国对我国的核讹诈。

我们的国家早已今非昔比,外国的封锁只会给我们制造一些困难,不可能阻止我国胜利前进的步伐。

2. 黑客攻击

黑客攻击已经成为经常性、多发性的事件。目前在我国,只要是全国性或国际性的大型活动,都有可能遭到大量黑客的攻击。即使是体育或文艺活动,也会遭到黑客攻击。在国际上,黑客曾经攻破许多国家的政府网站,造成极大的不良影响。2011 年 6 月,据国外媒体报道,黑客集团 Lulz Security 与 Anonymous 结盟,把攻击目标锁定为世界各国的政府网站。但是,对国计民生影响最大的是对工业控制系统的攻击,以下是一些代表性事件。

- 2007 年,黑客入侵加拿大一个水利 SCADA 控制系统,破坏了取水调度的控制计算机。
- 2008 年,黑客入侵波兰某城市地铁系统,通过电视遥控器改变轨道扳道器,致使 4 节车厢脱轨。
- 2010 年,黑客入侵伊朗布什尔核工厂的工业控制计算机,利用 Stuxnet 病毒,摧毁了其大部分铀浓缩离心机,重挫了伊朗的核计划。
- 2011 年,黑客入侵美国伊利诺伊州城市供水系统的数据采集与监控系统,使其供水泵遭到破坏。
- 2012 年,黑客入侵美国两座电厂,利用 USB 病毒感染了每个工厂的工控系统,影响了正常发电,并窃取了经济数据。
- 2015 年,黑客入侵德国一家钢厂,操控并干扰了工厂的控制系统,不让高炉正常关闭。造成的不只是经济损失,还有设备及人身安全问题。此次事件导致该工厂损失惨重。
- 2015 年 12 月 23 日,乌克兰西部电力系统遭受黑客攻击,造成大面积停电,影响140 万人,停电时间长达 6h。
- 2019 年 3 月,委内瑞拉遭到美国网络黑客攻击,全国出现大规模停电,直接导致交通、医疗、通信及基础设施的瘫痪。
- 2020 年 1 月,美国关键基础设施网络安全服务商 Dragos 发布一份有关工业控制系统状态的最新报告,该报告显示:"黑客组织已经开展了广泛的密码喷洒攻击活动,而这些密码针对的正是美国的电力、石油和天然气公司,而且它们试图利用虚拟专用网(VPN)设备中的漏洞来初步访问目标 ICS 网络。据悉,攻击入侵活动贯穿整个 2019 年,并持续到今天。"

- 2023 年 11 月,黑客组织——"网络复仇者"对美国宾夕法尼亚州西部的阿里基帕市水务局的工业控制系统进行了网络攻击。该攻击涉及主动利用 Unitronics 可编程逻辑控制器(Programmable Logic Controller,PLC)。
- 2023 年 11 月,斯洛文尼亚最大电力供应商 Holding Slovenske Elektrarne(HSE)遭到勒索攻击。

3. 病毒入侵

计算机病毒入侵是人们最为熟悉的信息安全事件,计算机病毒等恶意代码是黑客攻击的主要武器之一。目前,计算机病毒已超过几万种,而且还在继续增加。追求经济和政治利益成为研制和使用计算机病毒的新特征。恶意软件的开发、生产、销售,形成了一条地下产业链。这是需要我们认真对付的。

理论上,任何算法既可以用软件实现,也可以用硬件实现。因此,计算机病毒既可以成为软件形式,也可以成为硬件形式。软件设计硬件技术和可编程集成电路技术的发展与应用,为硬件病毒奠定了技术和物质基础。与软件病毒相比,硬件病毒更难检测,而且无法清除。我国大量使用国外集成电路,因此遭受硬件病毒攻击的风险很大。

4. 利用计算机进行经济犯罪

利用计算机进行经济犯罪的数量已经超过了传统经济犯罪的数量。目前,网上银行和电信诈骗是恶性案件的高发区。钓鱼网站、伪造银行卡、网络诈骗、电信诈骗等犯罪行为,给人民群众造成严重的经济损失。

2016 年 2 月,黑客利用获得的孟加拉中央银行的 SWIFT 密码,企图通过 5 次转账转走 9.51 亿美元。后来,转账企图被发现,最终只成功转走了 1.01 亿美元。还有黑客用类似的手法从俄罗斯中央银行盗走 20 亿卢布。

5. 网络上有害内容泛滥

网络上有害内容泛滥,垃圾邮件满天飞,网络环境亟待规范和治理。创建网络精神文明成为我们的一项重要任务。在国外,一些国家的"颜色革命"都是伴随着网络上的"颜色舆论"而发生的。

6. 隐私泄露问题严重

隐私泄露问题十分严重。在国内外已经发生过多起个人隐私数据被泄露的严重事件。例如,2018 年 3 月,爆出美国 Facebook 公司泄露了 8000 万用户个人数据的丑闻,给用户造成不可估量的损失。在我国也有不法分子在网上公开出售个人信息数据,严重侵犯了公民的隐私权,由此引发了大量恶性治安事件,严重扰乱了社会治安。更普遍的一个问题是,几乎所有的手机用户都收到过骚扰电话,这也是个人隐私(手机号码)泄露所造成的。

7. 信息战、网络战愈演愈烈

信息技术的发展推动了军事革命,出现了信息战、网络战等新型战法和网军等新型军兵种。早在 1991 年海湾战争后,美国军方就提出信息战的概念,并于 1995 年成立了信息作战指导委员会。2009 年 10 月,美国正式成立网络作战司令部。2011 年 5 月 16 日,美国公布了"网络空间国际战略",7 月 14 日公布了"网络空间作战战略",提出"陆、海、空、天、网"5 维一体的美国国家安全概念。2017 年 8 月 18 日,前美国总统特朗普批准,将网络作战司令部升级为美军第十个联合作战司令部之一,地位与中央司令部等主要作战司令部持平。这意味着,美国真正将网络空间、陆地、海洋、天空、太空,并列为美军五大战场。2018 年,特朗普又赋予军方可以不受阻挠地部署网络武器的自由。美国正加速将全球拖入一场网络战争(如图 1-7 所示)。

图 1-7　美国网络作战部队

2022 年的俄乌网络认知战显示了新兴网络传媒,尤其是社交媒体的特殊作用,包括深度伪造、社交机器人、计算机视觉等人工智能技术的广泛应用,又进一步翻新"认知战"样式,助推"认知战"向海量化、多元化、精准化发展。例如,美国就利用社交机器人在推特等社交媒体上制造标签,迅速扩大声量,甚至形成以一批机器人账号助推一个机器人账号成为意见领袖的集团化网络,并以此引导国际社会对俄乌冲突的认知。

在两次海湾战争和科索沃战争中,美国都成功实施了信息作战。

早在 1991 年的第一次海湾战争中,美军就对伊拉克实施了信息作战。在第一次海湾战争前,伊拉克与美国关系恶化,而与法国关系较好。伊拉克军方通过法国,从美国进口了一批计算机打印设备,通过约旦转到伊拉克。这个信息被美军截获。美军随即派遣间谍潜入约旦,把这些打印设备调包成芯片内含有计算机病毒的打印设备。这些打印机被伊拉克毫无防范地连接到军方的计算机上。开战前,美军利用卫星激活了藏在打印机芯片中的计算机病毒。病毒导致伊拉克的防空指挥系统瘫痪,使伊拉克军队处于完全被动挨打的地位。综观这场战争可知,计算机病毒是美国打击伊拉克的第一批"巡航导弹"。

自 2008 年俄罗斯与格鲁吉亚战争以来,俄罗斯在 2014 年克里米亚冲突和 2022 年,俄乌冲突中均使用了大规模网络攻击手段。2022 年,俄乌网络战相较于俄罗斯此前两次网络行动表现出了参与方更多元、认知战更激烈、破坏性更强三个重要特征。

8. 科学技术进步对信息安全的挑战

科学技术的进步也对信息安全提出了新的挑战。由于量子计算机具有并行性,如果量子计算机的规模进一步提升,则许多现有公钥密码(RSA、ElGamal、ECC 等)将不再安全[5]。

理论分析表明,1448 位的量子计算机可以攻破 256 位的 ECC 密码,2048 位的量子计算机可以攻破 1024 位的 RSA 密码。

值得注意的是,我国第二代居民身份证采用了 256 位的 ECC 密码。许多国际电子商务系统采用了 1024 位的 RSA 密码。

2019 年 6 月 2 日,美国谷歌公司和瑞典的科学家找到一种方法,用 2000 位的量子计算机在 8h 内可破译 2048 位的 RSA 密码。

这些都说明，量子计算机技术的发展对信息安全提出了新的挑战。

即使到了量子计算时代，仍然需要确保信息安全，仍然需要使用密码。但是，在量子计算时代使用什么密码将是摆在人们面前的重大战略问题。显然，我们应当未雨绸缪，现在就要研究能够抵抗量子计算机攻击的安全密码，确保我国在量子计算时代的信息安全。

另外，随着信息技术的发展，出现了云计算、物联网、大数据和人工智能等新热点。由于它们的系统特点和工作环境不同，又引发出许多新的信息安全问题和需求。如果这些问题不解决，将影响这些系统的正常应用。

9. 我国在信息领域核心技术的差距，加剧了我国信息安全的严峻性

对于我国来说，信息安全形势的严峻性，不仅在于以上这些威胁，还在于我国在核心技术方面的差距。

2016 年，习近平总书记指出："同世界先进水平相比，同建设网络强国战略目标相比，我们在很多方面还有不小差距，特别是在互联网创新能力、基础设施建设、信息资源共享、产业实力等方面还存在不小差距，其中最大的差距在核心技术上。"

由于我国在核心技术方面与国外相比存在差距，我国不得不在 CPU 芯片、操作系统、数据库等基础软件和 EDA 等关键应用软件方面大量使用国外产品，这就使我国的信息安全形势更加严峻复杂。Windows 操作系统存在漏洞是人们熟知的，使用 Windows＋Office 的用户几乎每周都要打补丁，这是人们都很头疼而又无奈的事。2017 年，业界揭露出 Intel 公司的 CPU 芯片存在两个重大安全漏洞。2018 年，美国挑起了与我国的贸易摩擦，制裁打压我国企业，给华为、中兴等企业断供的事件，使我们更清楚地看到这一问题的严重性。

1.2 网络空间安全发展历程

网络空间安全历来都是非常受人们关注的问题，但在不同的发展时期，网络空间安全的侧重点和控制方式是有所不同的。大致说来，网络空间安全在其发展过程中经历了以下 4 个阶段。

1. 通信保密阶段

早在 20 世纪初期，通信技术还不发达，面对电话、电报、传真等信息交换过程中存在的安全问题，人们强调的主要是通信信息的保密性，对安全理论和技术的研究也只侧重于密码学，这一阶段可以简单称为通信安全，即 COMSEC(Communication Security)。

2. 信息安全阶段

20 世纪 60 年代后，半导体和集成电路技术的飞速发展推动了计算机软硬件的发展，计算机和网络技术的应用进入了实用化和规模化阶段，人们对安全的关注已经逐渐扩展为以保密性、完整性和可用性为目标的信息安全阶段，即 INFOSEC(Information Security)，具有代表性的成果就是美国的 TCSEC 和欧洲的 ITSEC 测评标准。

3. 信息保障阶段

20 世纪 80 年代开始,由于互联网技术的飞速发展,信息无论是对内还是对外都得到极大开放,由此产生的信息安全问题跨越了时间和空间,信息安全的焦点已经不仅局限于传统的保密性、完整性和可用性三个原则,由此衍生出了诸如可控性、抗抵赖性、真实性等其他原则和目标,信息安全也从单一的被动防护向全面而动态的防护、检测、响应、恢复等整体体系建设方向发展,即所谓的信息保障(Information Assurance)。这一点,在美国的IATF 规范中有清楚的表述。

4. 网络空间安全阶段

近十几年来,世界各国纷纷出台国家层面的网络空间安全战略。

(1)美国

布什政府于 2003 年 2 月 14 日发布了《确保网络空间安全的国家战略》,把网络空间安全提到国家安全的高度;奥巴马上台后,在 2011 年 5 月,发布了《网络空间行动战略》,从作战概念、防御策略、国内协作、国际联盟以及人才培养和技术创新 5 方面明确了美军网络空间行动的方向和准则;同年,美国白宫公布了《网络空间可信身份国家战略》,并发布了美国首份《网络空间国际战略》,阐述美国"在日益以网络相连的世界如何建立繁荣、增进安全和保护开放",这份战略文件称为美国在 21 世纪的"历史性政策文件"。2015年,美国颁布了《网络安全法》,并于 2016 年发布了《国家网络安全行动计划》,成立了"国家网络安全促进委员会",为国家网络空间安全领域的政策与规划提供咨询与指导,使美国有能力更好地控制网络空间安全;特朗普任职美国总统之后,美国国家网络安全战略进入了一个深度调整的阶段,先后发布了《国家安全战略报告》与《网络安全战略》;2023 年 3月 2 日,美国白宫又发布了新版的《国家网络安全战略》,详细阐述了美国政府改善数字安全的系统性方法,旨在帮助美国准备和应对新出现的网络威胁。美国白宫表示,网络空间是一种以反映美国价值观的方式实现自身目标的工具,必须从根本上改变在网络空间分配角色、责任和资源的方式,包括"重新平衡保卫网络空间的责任"以及"重新调整激励措施以支持长期投资";世界需要一种更有意识、更协调、资源更充足的网络防御方法,美国将与盟友和合作伙伴共同打造"可防御的""有弹性的""符合价值观的"数字生态系统。

(2)中国

我国于 2016 年发布了《国家网络空间安全战略》,明确了网络空间是国家主权的新疆域,已经成为与陆地、海洋、天空、太空同等重要的人类活动新领域,国家主权拓展延伸到网络空间,网络空间主权成为国家主权的重要组成部分。阐明了中国关于网络空间发展和安全的重大立场和主张,明确了战略方针和主要任务,其目的是维护国家在网络空间的主权、安全和发展利益。并先后颁布了《中华人民共和国网络安全法》《中华人民共和国密码法》《中华人民共和国数据安全法》《中华人民共和国个人信息保护法》。

2023 年 7 月,中共中央总书记、国家主席、中央军委主席习近平对网络安全和信息化工作做出重要指示,党的十八大以来,我国网络安全和信息化事业取得重大成就,党对网信工作的领导全面加强,网络空间主流思想舆论巩固壮大,网络综合治理体系基本建成,网络安全保障体系和能力持续提升,网信领域科技自立自强步伐加快,信息化驱动引领作用有效发挥,网络空间法治化程度不断提高,网络空间国际话语权和影响力明显增强,网络强国建设迈出新步伐。

(3) 其他国家

英国在 2009 年发布了《网络空间战略》,列举了英国在网络安全方面的优势和所面临的风险和挑战;2011 年发布新版《网络安全战略》,其目的是采取积极的态度应对网络威胁,更好地保护国家安全和公民权益。

欧盟在 2013 年发布了《欧盟网络安全战略》,其目的是建立开放、安全、可信的网络空间。

俄罗斯联邦在 2014 年发布了《网络安全战略构想》草案,其目的是通过确定国内外政策方面的重点、原则和措施保障俄罗斯联邦公民、组织和国家的网络安全。

德国在 2011 年发布了《德国网络安全战略》,其目的是大力推动网络空间安全建设,维持和促进经济与社会繁荣。

法国在 2011 年发布了《法国信息系统防御和安全战略》,其目的是要确保同胞、企业和国家在网络空间中的安全。

意大利在 2013 年发布了《网络空间安全战略框架》,该框架指出主要威胁包括网络犯罪、网络间谍、网络恐怖主义、网络战争等,强调要改善网络空间中每个"ICT(信息通信技术)节点"以及网络的安全性。

日本在 2013 年发布了《网络安全战略》,试图塑造全球领先、高延展和有活力的网络空间。

1.3 习近平网络强国思想

1.3.1 总体国家安全观

1. 发展情况

2014 年 4 月 15 日,中共中央总书记、国家主席、中央军委主席、中央国家安全委员会主席习近平主持召开中央国家安全委员会第一次会议并发表重要讲话。他强调,要准确把握国家安全形势变化新特点新趋势,坚持总体国家安全观,走出一条中国特色国家安全道路。

2015 年 4 月 20 日,提请十二届全国人大常委会第十四次会议进行二次审议的国家安全法草案,明确了总体国家安全观的内涵。根据草案二审稿,国家安全工作应当坚持总体国家安全观,以人民安全为宗旨,以政治安全为根本,以经济安全为基础,以军事、文化、社会安全为保障,以促进国际安全为依托,维护各领域国家安全,构建国家安全体系,走中国特色国家安全道路。

2018 年 4 月 17 日下午,中共中央总书记、国家主席、中央军委主席、中央国家安全委员会主席习近平主持召开十九届中央国家安全委员会第一次会议并发表重要讲话。习近平强调,要加强党对国家安全工作的集中统一领导,正确把握当前国家安全形势,全面贯彻落实总体国家安全观,努力开创新时代国家安全工作新局面,为实现"两个一百年"奋斗目标、实现中华民族伟大复兴的中国梦提供牢靠安全保障。

2021 年 4 月 14 日,总体国家安全观研究中心挂牌成立,秘书处设在中国现代国际关系研究院,成立专门机构对总体国家安全观进行系统研究,将对学习贯彻总体国家安全观发挥引领示范的关键作用。

2. 核心内容

2014 年 4 月 15 日上午,中共中央总书记、国家主席、中央军委主席、中央国家安全委员会主席习近平主持召开中央国家安全委员会第一次会议并发表重要讲话。习近平指出,贯彻落实总体国家安全观,必须既重视外部安全,又重视内部安全,对内求发展、求变革、求稳定、建设平安中国,对外求和平、求合作、求共赢、建设和谐世界;既重视国土安全,又重视国民安全,坚持以民为本、以人为本,坚持国家安全一切为了人民、一切依靠人民,真正夯实国家安全的群众基础;既重视传统安全,又重视非传统安全,构建集政治安全、国土安全、军事安全、经济安全、文化安全、社会安全、科技安全、信息安全、生态安全、资源安全、核安全等于一体的国家安全体系;既重视发展问题,又重视安全问题,发展是安全的基础,安全是发展的条件,富国才能强兵,强兵才能卫国;既重视自身安全,又重视共同安全,打造命运共同体,推动各方朝着互利互惠、共同安全的目标相向而行。

3. 包括领域

中国国家安全领域主要包括政治安全、国土安全、军事安全、经济安全、文化安全、社会安全、科技安全、网络安全、生态安全、资源安全、核安全、海外利益安全、生物安全、太空安全、极地安全和深海安全领域。

4. 核心要义

总体国家安全观是一个内容丰富、开放包容、不断发展的思想体系,其核心要义可以概括为五大要素和五对关系。五大要素就是要以人民安全为宗旨,以政治安全为根本,以经济安全为基础,以军事、科技、文化、社会安全为保障,以促进国际安全为依托。五对关系就是既重视发展问题,又重视安全问题;既重视外部安全,又重视内部安全;既重视国土安全,又重视国民安全;既重视传统安全,又重视非传统安全;既重视自身安全,又重视共同安全。总之,厘清五大要素、把握五对关系,是理解总体国家安全观的关键所在。

1.3.2　习近平网络强国战略思想

1. 网络强国思想的提出

党的十八大以来,习近平总书记先后提出"两个一百年"奋斗目标,做出分两个阶段实现第二个百年奋斗目标的战略安排,并明确新时代新征程党的中心任务是"团结带领全国各族人民全面建成社会主义现代化强国、实现第二个百年奋斗目标,以中国式现代化全面推进中华民族伟大复兴"。围绕这些目标,习近平总书记提出统揽伟大斗争、伟大工程、伟大事业、伟大梦想,统筹推进"五位一体"总体布局,协调推进"四个全面"战略布局;提出实施科教兴国战略、人才强国战略、创新驱动发展战略、乡村振兴战略、区域协调发展战略、可持续发展战略、军民融合发展战略等重大战略,还分别提出建设制造强国、科技强国、质量强国、航天强国、网络强国、交通强国、海洋强国、贸易强国、体育强国、文化强国、教育强国、人才强国、农业强国等强国目标。这些目标要求，为我们党团结带领全国各族人民踔厉奋发、勇毅前行、开创事业发展新局面提供了根本遵循。

2. 习近平网络强国战略思想

网络空间安全事关国家安全、社会稳定、经济发展和公众利益。必须加快国家网络空间安全保障体系建设，确保我国的网络空间安全。

党的十八大以来，以习近平同志为核心的党中央从进行具有许多新的历史特点的伟大斗争出发，重视互联网、发展互联网、治理互联网，统筹协调涉及政治、经济、文化、社会、军事等领域网络安全和信息化重大问题，做出一系列重大决策，实施一系列重大举措，推动了我国网信事业取得历史性成就，走出了一条中国特色治网之道。习近平同志围绕网络强国建设发表一系列重要论述，提出一系列新思想新观点新论断，为新时代网信事业发展提供了根本遵循。

2018年4月20日，习近平在《全国网络安全和信息化工作会议上的讲话》中明确了网络强国的战略思想和目标，具体内容如下："我们不断推进理论创新和实践创新，不仅走出一条中国特色治网之道，而且提出一系列新思想新观点新论断，形成了网络强国战略思想"。概括起来，主要有以下几方面。

第一，明确网信工作在党和国家事业全局中的重要地位。我们提出，没有网络安全就没有国家安全，没有信息化就没有现代化，网络安全和信息化事关党的长期执政，事关国家长治久安，事关经济社会发展和人民群众福祉，过不了互联网这一关，就过不了长期执政这一关，要把网信工作摆在党和国家事业全局中来谋划，切实加强党的集中统一领导。

第二，明确网络强国建设的战略目标。我们提出，要站在实现"两个一百年"奋斗目标和中华民族伟大复兴中国梦的高度，加快推进网络强国建设。要按照技术要强、内容要强、基础要强、人才要强、国际话语权要强的要求，向着网络基础设施基本普及、自主创新能力显著增强、数字经济全面发展、网络安全保障有力、网络攻防实力均衡的方向不断前进，最终达到技术先进、产业发达、攻防兼备、制网权尽在掌握、网络安全坚不可摧的目标。

第三，明确网络强国建设的原则要求。我们提出，要坚持创新发展、依法治理、保障安全、兴利除弊、造福人民的原则，坚持创新驱动发展，以信息化培育新动能，用新动能推动新发展；坚持依法治网，让互联网始终在法治轨道上健康运行；坚持正确网络安全观，筑牢国家网络安全屏障；坚持防范风险和促进健康发展并重，把握机遇挑战，让互联网更好地造福社会；坚持以人民为中心的发展思想，让亿万人民在共享互联网发展成果上有更多获得感。

第四，明确互联网发展治理的国际主张。我们提出，要坚持尊重网络主权、维护和平安全、促进开放合作、构建良好秩序等全球互联网治理的四项原则，倡导加快全球网络基础设施建设、打造网上文化交流共享平台、推动网络经济创新发展、保障网络安全、构建互联网治理体系等构建网络空间命运共同体的五点主张，强调发展共同推进、安全共同维护、治理共同参与、成果共同分享，携手建设和平、安全、开放、合作的网络空间。

第五，明确做好网信工作的基本方法。我们认识到，网信工作涉及众多领域，要加强统筹协调、实施综合治理,形成强大工作合力。要把握好安全和发展、自由和秩序、开放和自主、管理和服务的辩证关系,整体推进网络内容建设、网络安全、信息化、网络空间国际治理等各项工作。

习近平的这些重要思想,是做好网信工作的根本,必须长期坚持贯彻、不断丰富发展。

2016 年 4 月 19 日,在《网络安全和信息化工作座谈会上的讲话》中习近平提出:"'得人者兴,失人者崩'。网络空间的竞争,归根结底是人才竞争。建设网络强国,没有一支优秀的人才队伍,没有人才创造力迸发、活力涌流,是难以成功的。念好了人才经,才能事半功倍。"确保我国网络空间安全,人才是第一要素。因此,网络空间安全人才培养是我国国家网络空间安全保障体系建设的必备基础和先决条件。相比学历教育,在职培训是实现人才快速培养的一种有效手段。网络安全专业认证已经逐步成为各行业对网络安全人才认定的方式,网络安全领域从业者持证上岗已经成为大势所趋。

2017 年 10 月 18 日,习近平总书记在十九大报告中再次强调,"加快建设创新型国家和网络强国,确保我国的网络空间安全"。

2018 年 4 月 20 日,习近平总书记在网络安全与信息化委员会工作会议上指出:"要主动适应信息化要求、强化互联网思维,不断提高对互联网规律的把握能力、对网络舆论的引导能力、对信息化发展的驾驭能力、对网络安全的保障能力。核心技术是国之重器。没有核心技术,只能受制于人。要下决心、保持恒心、找准重心,加速推动信息领域核心技术突破。"

为贯彻落实习近平网络强国的思想,2016 年 12 月 27 日,国家互联网信息办公室和中央网络安全与信息化领导小组办公室联合发布了我国的《国家网络空间安全战略》。文件明确了确保我国网络空间安全和建设网络强国的战略目标。2017 年 3 月 1 日,外交部和国家互联网信息办公室共同发布了《国家网络空间国际合作战略》。文件明确规定了我国在网络空间领域开展国际交流合作的战略目标和中国主张。

1.4　网络空间安全学科简介

网络空间安全事关国家安全、社会稳定、经济发展和公众利益。我们必须加快国家网络空间安全保障体系建设,确保我国的网络空间安全。

确保我国网络空间安全,人才是第一要素。因此,网络空间安全人才培养是我国国家网络空间安全保障体系建设的必备基础和先决条件。网络空间安全学科与专业则是网络空间安全人才培养的基础平台。

1.4.1　网络空间安全有关概念

1. Cyberspace 与网络空间

网络空间安全有关概念

人类社会在经历了机械化、电气化之后,进入了一个崭新的信息化时代。信息时代,人们生存在物理世界、人类社会和信息空间组成的三元世界中。

为了刻画人类生存的信息环境或信息空间,人们创造了 Cyberspace 一词。早在 1982

年，加拿大作家威廉·吉布森（William Ford Gibson）在其短篇科幻小说《燃烧的铬》（*Burning Chrome*）中首次创造使用了 Cyberspace 一词，意指由计算机创建的虚拟信息空间。Cyberspace 在这里强调计算机爱好者在游戏机前体验到交感幻觉，体现了 Cyberspace 不仅是信息的简单聚合体，也包含信息对人类思想认知的影响。此后，随着信息技术的快速发展和互联网的广泛应用，Cyberspace 的概念不断丰富和演化。为了更好地理解 Cyberspace 的含义，我们从它的词源分析看起。cyber 一词起源于希腊语 kyber，意义是 to navigate（操控、控制），cyberspace 是 cybernectics（控制论）中的 cyber 和 inner space（精神空间）以及 brain space（大脑空间）中的 space 经吉布森组合而形成的一词。在《牛津大辞典》和《网络大词典》关于 Cyberspace 的词条中，Cyber 指的是计算机或计算机网络，space 表示"空间"，整个词可译为"赛博空间、信息空间、计算机空间、网络空间、网络电磁空间等"。

对于究竟什么是网络空间，很难给出一个确切的定义，由于其内涵和外延都在不断地发展，不同的国家或机构和不同的人从不同的角度都有不同的理解，下面介绍几个典型的定义。

2010 年，联合国国际电信联盟（ITU）把 Cyberspace 解释为"由计算机、计算机系统、网络及其软件、计算机数据、内容数据、流量数据以及用户等要素创建或组成的物理或非物理的交互领域"。

2018 年，美国国防部对 Cyberspace 的定义为"在全球信息环境中存在的一类领域（Domain）的整体，由各自相对独立的、信息技术基础设施组成的网络构成，包含因特网、通信网、计算机系统，以及嵌入网络中的处理器、控制器、设备等"。

2008 年，美国第 54 号总统令对 Cyberspace 进行了定义：Cyberspace 是信息环境中的一个整体域，它由独立且互相依存的信息基础设施和网络组成，包括互联网、电信网、计算机系统、嵌入式处理器和控制器系统。

我国著名信息安全专家张焕国教授也对 Cyberspace 做了解释：网络空间是信息时代人们赖以生存的信息环境，是所有信息系统的集合。他认为美国第 54 号总统令的定义总体是合理的，但列出许多具体系统和网络的做法，比较烦琐。而且，随着信息技术的发展，还会出现新的系统和新的网络，又需要对定义进行修改和调整。显然，这是不必要的。而他给出的定义既抓住了信息环境和信息系统这两大核心内容，而且表述简洁，无须随着新系统和新网络的出现而重新修改和调整定义。

中国《国家网络空间安全战略》对网络空间的描述为：互联网、通信网、计算机系统、自动化控制系统、数字设备及其承载的应用、服务和数据等组成的网络空间，正在全面改变人们的生产生活方式，深刻影响人类社会历史发展进程[9-11]。

2. Cybersecurity 与网络空间安全

Cybersecurity 是由 cyber 和 security 组合形成的一个词，它的内涵等同于 Cyberspace＋Security，直译为"网络空间安全"。2016 年 11 月，《中华人民共和国网络安全法》（*Cybersecurity Law of the People's Republic of China*）颁布，网络安全的官方英文翻译为"Cybersecurity"。因此，在我国官方出现的"网络安全"等同于"网络空间安全"。

众所周知,能源、材料、信息是支撑现代社会大厦的支柱。其中,能源和材料是物质的、具体的。信息是逻辑的、抽象的。信息论是信息科学的理论基础。信息论的基本观点告诉我们:系统是载体,信息是内涵。信息不能脱离系统而孤立存在。

人身安全是人们最关心的事情,也是人们最熟悉的安全问题。人身安全是人对其生存环境的基本要求,即要确保人身免受其生存环境的危害。因此,哪里有人,哪里就存在人身安全问题,人身安全是人的影子。同样,信息安全是信息对其生存环境的基本要求,即要确保信息免受其生存环境的危害。因此,哪里有信息,哪里就存在信息安全问题,信息安全是信息的影子。

网络空间既是人的生存环境,也是信息的生存环境,因此网络空间安全是人和信息对网络空间的基本要求。又因为网络空间是所有信息系统的集合,是复杂的巨系统,所以,网络空间的信息安全问题更加突出。

ISO/IEC 27032:2012 指出,Cybersecurity 是指在网络空间里保护信息的保密性、完整性、可用性。随后的注释说明:除了保护信息安全的三性之外,也可包含真实性、可问责性、不可否认性、可靠性等其他特性。该标准在 ISO/IEC 27000:2009 中信息安全定义基础上进行改编。从该定义可以看出,网络空间安全的核心内涵仍然是信息安全。这也符合信息论的基本观点,系统是载体,信息是内涵,没有信息安全就没有网络空间安全。

3. 数字安全和数据安全

传统意义上,数据是指人类对事物进行测量的结果。如今,数据的概念有了很多延展。一般而言,数据是指对客观事件进行记录并可以鉴别的符号,是对客观事物的性质、状态以及相互关系等进行记载的物理符号。这些物理符号具有抽象、非随机的特点。从数据的定义来看,数据具有两个特征,一个是差异性,另一个是规律性。差异性主要体现为数据多数描述的是事物的数量特征,现实世界中每件事、每个人、每种物都有不同的特征,因此反映于数据也会有各种不同的表现,甚至从表面看起来可能是杂乱无章的。规律性则主要体现为,数据是具有一定规律的,对数据进行分析研究,很重要的目的就是从数据中找出某种规律和关联。简而言之,正因为数据具有差异性,才有必要对数据进行研究与分析;也因为数据存在规律性,对其研究才有价值。

在 2021 年 6 月通过的《中华人民共和国数据安全法》中,数据是指任何以电子或者其他方式对信息的记录。数据安全则是指通过采取必要措施,确保数据处于有效保护和合法利用的状态,以及具备保障持续安全状态的能力。

而数字安全目前没有一个统一明确的定义。2023 年 2 月,中共中央、国务院印发《数字中国建设整体布局规划》,提出"筑牢可信可控的数字安全屏障"。与会专家介绍,数字安全是指保护计算机系统、网络及其数据的机密性、完整性和可用性,以及防止未经授权的访问、窃取、破坏、篡改和泄露。数字安全涵盖了多个方面,包括计算机安全、网络安全、移动设备安全、数据安全等。数字安全是一种更全面的概念,旨在保护整个数字生态系统,而数据安全更专注于确保数据的安全性,保护存储、传输和处理的数据。在实际应用中,两者通常是相互关联且相互支持的。

网络空间
安全学科
内涵

1.4.2 网络空间安全学科内涵

早期传统的信息安全强调信息(数据)本身的安全属性,认为信息安全主要研究确保信息的以下属性。

(1) 秘密性:信息不被未授权者知晓的属性。

(2) 完整性:信息是正确的、真实的、未被篡改的、完整无缺的属性。

(3) 可用性:信息可以随时正常使用的属性。

信息论的基本观点告诉我们:信息不能脱离它的载体而孤立存在。因此,我们不能脱离信息系统而孤立地谈论信息安全。也就是说,每当我们谈论信息安全时,一定不能回避信息系统的安全问题。这是因为,如果信息系统的安全受到危害,则必然会危害到存在于信息系统之中的信息的安全。据此,应当从信息系统角度来全面考虑信息安全的内涵。

图 1-8 信息系统安全的层次结构

从纵向来看,信息系统安全主要包括以下 4 个层面:设备安全、数据安全、行为安全和内容安全。其中,数据安全即是早期的信息安全。信息系统安全的层次结构如图 1-8 所示。

1. 设备安全

信息系统设备(硬设备和软设备)的安全是信息系统安全的首要问题。这里包括三方面。

(1) 设备的稳定性:设备在一定时间内不出故障的概率。

(2) 设备的可靠性:设备能在一定时间内正确执行任务的概率。

(3) 设备的可用性:设备随时可以正确使用的概率。

2. 数据安全

数据安全指采取措施确保数据免受未授权的泄露、篡改和毁坏。

(1) 数据的秘密性:数据不被未授权者知晓的属性。

(2) 数据的完整性:数据是正确的、真实的、未被篡改的、完整无缺的属性。

(3) 数据的可用性:数据可以随时正常使用的属性。

3. 行为安全

行为安全从主体行为的过程和结果来考察是否会危害信息安全,或者是否能够确保信息安全。从行为安全的角度来分析和确保信息安全,符合哲学上实践是检验真理唯一标准的基本原理。

(1) 行为的秘密性:行为的过程和结果不能危害数据的秘密性,必要时行为的过程和结果也应是保密的。

(2) 行为的完整性:行为的过程和结果不能危害数据的完整性,行为的过程和结果是预期的。

(3) 行为的可控性:当行为的过程偏离预期时,能够发现、控制或纠正。

行为安全是一种动态的安全。

4. 内容安全

内容安全是信息安全在政治、法律、道德层次上的要求,是语义层次的安全。

(1) 信息内容在政治上是健康的。

(2) 信息内容符合国家法律法规。

(3) 信息内容符合中华民族优良的道德规范。

设备安全、数据安全、行为安全属于系统层次的安全。内容安全是信息安全在政治、法律、道德方面的要求,属于语义层次上的安全。只有同时确保系统层次的安全和语义层次的安全,才能确保信息系统的安全。

人们通过长期的信息安全实践,总结出信息安全领域的一些共同性的规律。受物理学等许多领域中普遍有三大定律的启发,作者也把这些信息安全领域的共同性的规律称为信息安全三大定律,目的是使之更加醒目和便于记忆。遵循这些定律的指导,有利于把信息安全工作做好。这三大定律如下。

(1) 信息安全的普遍性定律:哪里有信息,哪里就有信息安全问题。

(2) 信息安全的中性定律:安全与方便是一对矛盾。

(3) 信息安全的就低性定律(木桶原理):信息系统的安全性取决于最薄弱部分的安全性。

信息论的基本观点还告诉我们:信息只有存储、传输和处理三种状态。因此,要确保信息安全,就必须确保信息在存储、传输和处理三种状态下的安全。

据此,我们给出网络空间安全学科的定义:网络空间安全学科是研究信息存储、信息传输和信息处理中的信息安全保障问题的一门新兴学科。网络空间安全学科是融合计算机、通信、电子、数学、物理、生物、管理、法律和教育等学科,并发展演绎而形成的交叉学科。网络空间安全学科与这些学科既有紧密的联系和渊源,又具有本质的不同,从而构成了一个独立的学科。网络空间安全学科具有自己特有的理论、技术和应用,并服务于信息社会。

目前,我国网络空间安全学科领域的本科专业有信息对抗技术专业、信息安全专业、保密管理专业、网络安全与执法专业和网络空间安全专业。

网络空间安全学科属于工学。但考虑到网络空间安全学科的多学科交叉性和现阶段我国网络空间安全学科下属专业的实际情况,允许学校给相应专业的毕业生授予工学、理学或管理学学士学位身份基公钥密码[12]。

专业与学科有着密切的关系,但两者又是不同的。学科是科学层面的概念,它有明确独立的内涵、研究方向及内容、理论基础和方法论基础。专业是培养本学科领域专业人才的教育组织实施形式。专业的设置必须遵循以下两点:一是专业的方向与内容要符合本学科的方向与内容;二是专业的设置必须适应社会对人才的需求。因此,一个学科下面允许设置一个或多个专业,专业的名称可以与学科名称相同,也可以与学科名称不同。例如计算机学科,学科名称是计算机科学与技术,目前设置的专业有计算机科学与技术、计算机技术、计算机工程、计算机应用、计算机软件、网络工程和多媒体技术等。

学科主要
研究方向
及内容

1.4.3 网络空间安全学科的主要研究方向及研究内容

当前,网络空间安全学科的主要研究方向有密码学、网络安全、系统安全、内容安全和信息对抗。可以预计,随着网络空间安全科学技术的发展和应用,一定还会产生新的网络空间安全研究方向,网络空间安全学科的研究内容将更加丰富[13-14]。

下面分别介绍这 5 个研究方向的研究内容。

1. 密码学

密码学由密码编码学和密码分析学组成,其中,密码编码学主要研究对明文信息进行编码以实现信息隐蔽,而密码分析学主要研究通过密文获取对应的明文信息。密码学研究密码理论、密码算法、密码协议、密码技术以及密码应用等科学技术问题[15]。其主要研究内容如下。

(1)对称密码。

(2)公钥密码。

(3)哈希函数。

(4)密码协议。

(5)新型密码:生物密码、量子密码、混沌密码等。

(6)密码管理。

(7)密码应用。

2. 网络安全

网络安全的基本思想是,针对不同的应用在网络的各个层次和范围内采取防护措施,以便能够对各种网络安全威胁进行检测发现,并采取相应的响应措施,确保网络设备安全、网络通信链路安全和网络的信息安全。其中,防护、检测和响应都需要基于一定的安全策略和安全机制。网络安全的研究包括网络安全威胁、网络安全理论、网络安全技术和网络安全应用等[16]。其主要研究内容如下。

(1)网络安全威胁。

(2)通信安全。

(3)协议安全。

(4)网络防护。

(5)入侵检测与态势感知。

(6)应急响应与灾难恢复。

(7)可信网络。

(8)网络安全管理。

3. 系统安全

这里的系统是指以计算机为中心的各种实际信息系统,而 1.2.2 节中的信息系统是一种抽象的系统,它包含所有的信息系统,两者的区别是明显的。

在以计算机为中心的各种实际信息系统中,有些系统是规模较小的,它可能就是一台计算机和一些应用软件。有些系统是复杂庞大的,例如,电子商务系统、电子政务系统、云计算系统、大数据处理系统等。

系统是信息的载体,因此系统应当确保存在于其中的信息的安全。系统安全的特点是从系统的底层和整体上考虑信息安全威胁并采取综合防护措施。它研究系统的安全威胁、系统安全的理论、系统安全的技术和应用。其主要研究内容如下。

(1) 系统的安全威胁。

(2) 系统的设备安全。

(3) 系统的硬件子系统安全。

(4) 系统的软件子系统安全。

(5) 访问控制。

(6) 可信计算。

(7) 系统安全等级保护。

(8) 系统安全测评认证。

(9) 应用信息系统安全。

4. 内容安全

信息内容安全简称内容安全,它是信息安全在政治、法律、道德层次上的要求。我们要求信息内容是安全的,就是要求信息内容在政治层面是健康的,在法律层面是符合我国法律法规的,在道德层面是符合中华民族优良的道德规范的。因此,信息内容安全是信息在语义层次上的安全[17]。

1995 年,西方七国信息会议首次提出"数字内容产业"(Digital Content Industry)的概念。我国将"数字内容产业"定义为基于数字化、网络化,利用信息资源创意、制作、开发、分销、交易的产品和服务的产业。显然,数字内容产业需要信息内容安全来保障。若不能确保信息内容的安全,将不能确保数字内容产业的健康发展。

目前学术界对内容安全的认识尚不一致。广义的内容安全既包括信息内容在政治、法律和道德方面的要求,也包括信息内容的保密、知识产权保护、隐私保护等多方面[18]。这里主要强调内容安全中的基本理论、基本技术和基本应用。其主要研究内容如下。

(1) 内容安全的威胁。

(2) 内容的获取。

(3) 内容的分析与识别。

(4) 内容安全管理。

(5) 信息隐藏。

(6) 隐私保护。

(7) 内容安全的法律保障。

5. 信息对抗

随着计算机网络的迅速发展和广泛应用,信息领域的对抗已经从电子对抗发展到信息对抗。

信息对抗是为从对方信息系统中获取有用信息,削弱、破坏对方信息设备和信息的使用效能,保障己方信息设备和信息正常发挥效能而采取的综合战术、技术措施,其实质是斗争双方利用电磁波和信息的作用来争夺电磁频谱和信息的有效使用和控制权。

信息对抗研究信息对抗的理论、信息对抗技术和应用。其主要研究内容如下。

(1) 通信对抗。

(2) 雷达对抗。

(3) 光电对抗。

(4) 计算机网络对抗。

1.4.4　网络空间安全学科的理论基础

网络空间安全学科是在计算机、通信、电子、数学、物理、生物、法律、管理和教育等学科的基础上交叉融合发展而来的,其理论基础与这些学科相关,但在学科的形成和发展过程中又丰富和发展了这些理论,从而形成了自己的学科理论基础。

1. 数学

数学是一切自然科学的理论基础,当然也是网络空间安全学科的理论基础[19]。

现代密码可以分为两类:一类是基于数学的密码,另一类是基于非数学的密码。虽然某些基于非数学的密码技术已经开始走向应用,例如,基于量子物理的量子密钥分发技术,但基于非数学的密码总体上还处在发展的初期阶段。目前广泛实际应用的密码仍然主要是基于数学的密码。

对于基于数学的密码,设计一个密码本质上就是设计一个数学函数,破译一个密码本质上就是求解一个数学难题,这就清晰地阐明了数学是密码学的理论基础。作为密码学理论基础之一的数学主要有代数、数论、概率统计等。

协议是网络的核心,因此协议安全是网络安全的核心。作为网络协议安全理论基础之一的数学主要有逻辑学等。

因为网络空间安全领域的斗争本质上是对抗双方之间的斗争,因此数学中的博弈论便成为网络空间安全的基础理论之一。

博弈论(Game Theory)是现代数学的一个分支,是研究具有对抗或竞争性质的行为的理论与方法[20]。一般称具有对抗或竞争性质的行为为博弈行为。在博弈行为中,参加对抗或竞争的各方具有各自不同的目标或利益,并力图选取对自己最有利或最合理的方案。博弈论研究的就是博弈行为中对抗各方是否存在最合理的行为方案,以及如何找到这个最合理的方案。博弈论考虑对抗双方的预期行为和实际行为,并研究其优化策略。博弈论的思想古已有之,我国古代的《孙子兵法》不仅是一部军事著作,而且是最早的一部博弈论专著。博弈论已经在经济、军事、体育和商业等领域得到广泛应用。网络空间安全领域的斗争无一不具有这种对抗性或竞争性,如网络的攻与防、密码的加密与破译、病毒的制毒与杀毒、信息的隐藏与提取等。

2. 信息论、控制论和系统论

信息论、控制论和系统论是现代科学的理论基础,也是网络空间安全学科的理论基础。

信息论是为解决现代通信问题而建立的;控制论是在解决自动控制问题中建立的;系

统论是为解决现代化大科学工程项目的组织管理问题而建立的。在开始时,它们都是独自形成的独立科学理论。但由于它们之间具有紧密的联系,因此在后来的应用和发展中互相渗透、互相作用,出现了趋向综合统一、形成统一学科的趋势。这些理论构成了网络空间安全学科的理论基础。

信息论对信息源、密钥、加密和密码分析进行了数学分析,用不确定性和唯一解距离来度量密码体制的安全性,阐明了密码体制、完善保密、纯密码、理论保密和实际保密等重要概念,把密码置于坚实的数学基础之上,标志着密码学作为一门独立学科的形成。因此,信息论成为密码学重要的理论基础之一[21-23]。

从信息论角度看,信息隐藏(嵌入)可以理解为在一个宽带信道(原始宿主信号)上用扩频通信技术传输一个窄带信号(隐藏信息)。尽管隐藏信号具有一定的能量,但分布到信道中任意特征上的能量是难以检测的。隐藏信息的检测是一个有噪信道中弱信号的检测问题。因此,信息论构成了信息隐藏的理论基础之一[24]。

控制论是研究机器、生命社会中控制和通信的一般规律的科学[25-26]。它研究动态系统在变化的环境条件下如何保持平衡状态或稳定状态。控制论中把"控制"定义为:为了改善受控对象的功能或状态,获取一些信息,并以这种信息为基础施加作用到该对象上。由此可见,控制的基础是信息,信息的获取是为了控制,任何控制又都依赖于信息反馈。

保护、检测、反应(PDR)策略是确保信息系统安全和网络安全的基本策略。在信息系统和网络系统中,系统的安全状态是系统的平衡状态或稳定状态。恶意软件的入侵打破了这种平衡和稳定。检测到这种入侵,便获得了控制的信息,进而杀灭这些恶意软件,使系统恢复安全状态。

系统论是研究系统的一般模式、结构和规律的科学[27]。系统论的核心思想是整体观念。任何一个系统都是一个有机的整体,不是各个部件的机械组合和简单相加。系统的功能是各部件在孤立状态下所不具有的。系统论的能动性不仅在于认识系统的特点和规律,更重要的是在于利用这些特点和规律去控制、管理、改造或创造一个系统,使它的存在和发展符合人的需求。

信息安全遵从"木桶原理","木桶原理"正是系统论的思想在信息安全领域的体现。

确保信息系统安全是一个系统工程,只有从系统的软硬件底层做起,从整体上综合采取措施,才能比较有效地确保信息系统的安全,这也是系统论的思想在信息安全领域的具体体现。

以上策略和观点已经经过信息安全的实践检验,证明是正确的,是行之有效的。它们符合控制论和系统论的基本原理,这也进一步表明,控制论和系统论是信息系统安全和网络安全的理论基础之一。

3. 计算理论

网络空间安全学科的许多问题是计算安全问题,因此计算理论也是网络空间安全学科的理论基础之一。这里主要包括可计算性理论和计算复杂性理论等。

可计算性理论是研究计算的一般性质的数学理论[28]。它通过建立计算的数学模型,精确区分哪些问题是可计算的,哪些问题是不可计算的。对于判定问题,可计算性理论研究哪些问题是可判定问题,哪些问题是不可判定问题。

计算复杂性理论使用数学方法对计算中所需的各种资源的耗费做定量的分析,并研究各类问题之间在计算复杂程度上的相互关系和基本性质[29]。计算复杂性理论是计算理论在可计算性理论之后的又一个重要发展。可计算性理论研究区分哪些问题是可计算的,哪些问题是不可计算的,但是这里的可计算是理论上的可计算,或原则上的可计算。而计算复杂性理论则进一步研究现实的可计算性,如研究计算一个问题类需要多少时间和存储空间,研究哪些问题是现实可计算的,哪些问题虽然是理论可计算的,但因计算复杂性太大而实际上是无法计算的。

所谓判定问题,是这样一类问题。它不是要计算出一个数值解,而是要求给出一种方法,用这种方法能够对一类问题做出确切的判定。如果这种方法是存在的、确定的,则这一类问题就是可判定的。如果这种方法不存在,则这一类问题就是不可判定的。

判定问题是广泛存在的。例如,"程序在计算机上运行能够停机吗"就是一个著名的判定问题,通常称为"停机问题"。要解决这个判定问题,就要给出一种方法,用这种方法能够判定所有的具体程序在计算机上运行是否能够停机。如果这种方法是存在的、确定的,则这个问题就是可判定的。如果这种方法不存在,则这个问题就是不可判定的。初看起来,"停机问题"好像很简单,但实际上这个问题是很困难的。已经证明"停机问题"是不可判定的。即不存在一种方法能够判定所有的具体程序在计算机上运行是否能够停机。这个问题难就难在要能够判定所有的程序。请注意,"停机问题"是不可判定问题,这只说明没有办法能够判定所有程序能否停机,并不是说某一个具体程序能否停机是不可判定的。实际上,许多具体程序的停机问题是可以判定的。例如,我们自己写一个简单程序,判定能否停机是比较容易的。

由于检测判断病毒要比检测判断停机困难得多,所以由"停机问题"不可判定可知,一般计算机病毒的检测是不可判定问题。这就告诉我们,没有一种方法能够检测所有的软件是否有病毒。但是,许多具体软件的计算机病毒检测又是可判定的。据此得知,一种技术方法只可能检测发现一部分病毒,不可能检测发现所有病毒。

众所周知,授权是计算机信息系统访问控制的核心。计算机信息系统是安全的,其授权系统必须是安全的。已经证明:一般意义上,对于给定的授权系统是否安全这一问题是不可判定问题,但是一些具体"受限"的授权系统的安全问题又是可判定问题[30]。由此可知,一般信息系统是否安全这一问题是不可判定的,但是一些具体"受限"的信息系统的安全问题又是可判定的。同样,一般软件系统的安全问题是不可判定的,而一些具体"受限"的软件系统的安全问题却又是可判定的。

十分遗憾,网络空间安全领域的许多问题都是不可判定的。这就告诉我们,解决信息安全问题是具有挑战性的,也是十分有趣的。

与计算复杂性类似,可判定问题也存在判定复杂性。有些问题虽然是理论可判定的,但因判定复杂性太高而实际上是无法判定的。这就说明可计算性理论是信息系统安全的理论基础之一。

本质上,密码破译就是求解一个数学难题,如果这个难题是理论不可计算的,则这个密码就是理论上安全的。如果这个难题虽然是理论可计算的,但是由于计算复杂性太高而实际上不可计算,则这个密码就是实际安全的,或计算上安全的。至今,只有"一次一密"密码是理论上安全的密码,其余的密码都只能是计算上安全的密码。因此,对于设计密码来说,要力争设计出正常应用高效方便而对手破译足够复杂的密码。这也说明计算复杂性理论是密码学的理论基础之一。

4. 密码学理论

虽然信息论奠定了密码学的基础。但是,密码学在其发展过程中已经超越了传统信息论,形成了自己的一些新理论,例如,单向陷门函数理论、公钥密码理论、零知识证明理论、安全多方计算理论,以及部分密码设计与分析理论。

从应用角度看,密码技术是网络空间安全的一种共性技术,许多网络空间安全领域都要应用密码技术。因此,密码学理论是网络空间安全学科的理论基础之一,而且是网络空间安全学科特有的理论基础。

5. 访问控制理论

访问控制是信息系统安全的核心问题。访问控制的本质是:允许授权者执行某种操作、获得某种资源;不允许非授权者执行某种操作、获得某种资源。信息系统中的身份认证便是一种最基本的访问控制。本质上,许多网络空间安全技术都可看作访问控制,例如,密码技术也可以看作一种访问控制,这是因为,在密码技术中密钥就是权限,拥有密钥就可以正确执行相应密码操作并获得需要的信息。没有密钥,就不能正确执行相应密码操作、不能获得需要的信息。只给合法用户分配密钥,不给非法用户分配密钥,就实现了访问控制。

访问控制理论包括访问控制模型及其安全理论。现在已有许多访问控制模型,例如,矩阵模型、BLP 模型、BIBA 模型、中国墙模型、基于角色的模型(RBAC)和基于属性的访问控制模型等。

从应用角度看,访问控制技术也是网络空间安全的一种共性技术,许多网络空间安全领域都要应用访问控制技术。因此,访问控制理论是网络空间安全学科的理论基础之一,而且是网络空间安全学科所特有的理论基础。

综上所述,数学、信息论、控制论、系统论、可计算性理论、计算复杂性理论、密码学理论和访问控制理论等是网络空间安全学科的理论基础。

1.4.5　网络空间安全学科的方法论基础

笛卡儿在 1637 年出版了著作《方法论》,研究论述了解决问题的方法,对西方人的思维方式和科学研究方法产生了极大的影响。笛卡儿在书中将研究方法划分为以下 4 步。

第一步:永不接受任何自己不清楚的真理。对自己不清楚的东西,不管是什么权威的结论,都可以怀疑。

第二步:将要研究的复杂问题尽量分解为多个比较简单的小问题,逐一解决。

第三步:将这些小问题从简单到复杂排序,从容易解决的问题入手。

第四步:将所有问题解决后,再综合检验,看问题是否彻底得到解决。

笛卡儿的方法论强调将复杂问题分解成一些细小的问题分别解决,是一种分而治之

网络空间
安全科学
的方法论

的思想，但是它忽视了各个部分的关联和彼此影响。近代科学的发展使科学家发现，许多复杂问题无法分解，或分解后的细小问题的性质之和并不能反映原问题的性质，因此必须用整体的思想和方法来处理，由此导致系统工程的出现，方法论由传统的方法论发展到系统性的方法论。系统工程的出现推动了环境科学、气象学、生物学、人工智能和软件工程的快速发展。

网络空间安全保障体系由信息基础设施、安全防御体系、技术规范与标准、法律法规和组织管理等组成。而网络空间安全保障体系的实施，必须以人为核心，这就成为一个复杂的巨系统。因此，解决网络空间安全领域的问题必须遵循一套科学的方法论，人们在网络空间安全保障的长期实践中逐渐形成了自己的方法论[31-32]。

网络空间安全学科的方法论是以解决网络空间安全问题为目标、以适应网络空间安全需求为特征的具体科学方法论，它既包含分而治之的传统方法论，又包含综合治理的系统工程方法论，并将这两者有机地融合为一体。网络空间安全学科的方法论与数学或计算机科学与技术等学科的方法论既有联系又有区别。具体概括为以下 4 个步骤。

（1）理论分析。

（2）逆向分析。

（3）实验验证。

（4）技术实现。

其中的逆向分析是网络空间安全学科所特有的方法论。这是因为网络空间安全领域的斗争本质上都是攻防双方的斗争，网络空间安全学科的每一分支都具有攻和防两方面，因此必须从攻和防两方面进行分析研究。例如，密码设计必须遵循公开设计原则，即假设对手知道密码算法、掌握足够的明密文数据、拥有足够的计算资源，在这样的条件下仍要确保密码是安全的。这就要求我们在进行密码设计时，必须了解密码破译的理论和技术，否则就无法设计出安全的密码。反过来，在进行密码破译时，必须了解密码设计的理论和技术，否则就无法有效破译密码。在进行信息系统安全和网络安全设计时，首先要进行安全威胁分析和风险评估，必须了解系统攻击和网络攻击的技术和方法，否则就无法设计出安全的信息系统和安全的网络系统。这些做法就是逆向分析方法论的具体应用，并且已被实践证明是正确的和有效的。

在运用网络空间安全学科的方法论分析和解决网络空间安全问题时，这 4 个步骤既可以独立运用，也可以结合运用。通常需要循环往复多次，才能较好地解决网络空间安全问题。

在运用网络空间安全学科的方法论分析和解决网络空间安全问题时，还应当注意以下几点。

（1）坚持"以人为核心"。这是因为，网络空间安全领域的对抗，本质上是人与人之间的对抗。不考虑人的因素，是不可能有效解决网络空间安全问题的。例如，当人们用杀病毒软件去查杀病毒时，表面上是杀病毒软件与病毒软件之间的斗争，但实际上是编写杀病毒软件的人与编写病毒软件的人之间的斗争。

众所周知，在确保网络空间安全的工作中，人是最积极的因素。但同时必须指出，人也是一个薄弱因素。这是因为人是有思想和情感的，人是会疲劳的。许多网络空间安全事件都是由于人的思想出了问题所造成的。因此,对人进行有效的政治思想教育和管理是十分必要的。

(2)强调底层性和系统性。即从系统的软硬件底层和系统整体上分析信息安全问题,从系统的软硬件底层和系统整体上综合采取措施解决信息安全问题。

(3)实行综合治理。这是因为,网络空间安全学科是多学科交叉融合形成的交叉学科,网络空间安全问题大都涉及多方面的问题,而且信息系统具有设备安全、数据安全、行为安全和内容安全等多层次的安全问题。因此,必须综合采取法律、管理、教育、技术多方面的措施综合治理,才能较好地解决网络空间安全问题。千万不能忽视法律、管理、教育的作用,许多时候它们的作用大于技术。"七分管理,三分技术"是信息安全领域的一句行话,是人们在长期的信息安全工作中总结出来的经验。就技术措施而言,每种信息安全技术都有自己的优势,同时也有自己的弱势,没有一种信息安全技术能够解决所有信息安全问题。而且,任何一种信息安全技术,只有融入信息系统才能发挥实际作用。因此,综合采用多种信息安全技术,将其融入信息系统,共同发挥最大实际效能,是解决信息安全问题的有效方法。

综上所述,我们应当遵循网络空间安全学科的方法论,坚持"以人为核心",强调底层性和系统性,实行综合治理。在解决具体网络空间安全问题时,坚持理论联系实际,运用定性分析与定量分析相结合,注意量变会引发质变,局部治理与综合治理相结合,追求整体效能。只有这样,才能较好地解决网络空间安全中的理论、技术和应用问题。

1.5 网络空间安全法律法规

法律法规是指国家按照统治阶级的利益和意志制定或者认可,并由国家强制力保证其实施的行为规范的总和,是人们在社会活动中必须遵守的纪律,是人们从事社会活动所不能逾越的行为底线,违反了就要受到惩罚。

信息安全法律法规是信息安全保障体系建设中的必要环节,它明确了信息安全的基本原则和基本制度、信息安全相关行为规范、信息安全中各方权利和义务以及违反信息安全的行为,并明确对这些行为进行相应的处罚[33]。

1.5.1 我国信息安全立法现状

本节主要介绍我国有关信息安全的主要法律和行政法规。我国有关信息安全管理的法律,从 1994 年 2 月 18 日国务院第 147 号令发布的《中华人民共和国计算机信息系统安全保护条例》,到近年来《中华人民共和国网络安全法》(以下简称《网络安全法》,见图 1-9)、《中华人民共和国密码法》(以下简称《密码法》,见图 1-10)、《中华人民共和国数据安全法》(以下简称《数据安全法》,见图 1-11)和《中华人民共和国个人信息保护法》(以下简称《个人信息保护法》,见图 1-12)的正式实施,已经初步形成了从法律、行政法规到部门规范的网络安全法律体系[34]。我国有关信息安全的主要法律法规见表 1-1。

我国信息安全立法现状

图 1-9 《中华人民共和国网络安全法》

图 1-10 《中华人民共和国密码法》

图 1-11 《中华人民共和国数据安全法》

图 1-12 《中华人民共和国个人信息保护法》

表 1-1 我国有关信息安全的主要法律和行政法规

类 别	发布部门	名 称
国家法律法规	全国人民代表大会	中华人民共和国宪法
		中华人民共和国刑法
	全国人民代表大会常务委员会	中华人民共和国国家安全法
		中华人民共和国预防未成年人犯罪法
		全国人大常委会关于维护互联网安全的决定
		中华人民共和国电子签名法
		中华人民共和国治安管理处罚法
		中华人民共和国侵权责任法
		中华人民共和国保守国家秘密法
		全国人大常委会关于加强网络信息保护的决定
		中华人民共和国网络安全法
		中华人民共和国密码法
		中华人民共和国数据安全法
		中华人民共和国个人信息保护法

续表

类　　别	发布部门	名　　称
行政法规	国务院	中华人民共和国计算机信息系统安全保护条例
		中华人民共和国计算机信息网络国际联网管理暂行规定
		商用密码管理条例
		中华人民共和国电信条例
		互联网信息服务管理办法
		计算机软件保护条例
		互联网上网服务营业场所管理条例
		信息网络传播保护条例
部门规范	国务院有关部门	计算机信息网络国际联网安全保护管理办法
		计算机信息系统保密管理暂行规定
		信息安全产品测评认证管理办法
		计算机病毒防治管理办法
		公用电信网间互联管理规定
		电子认证服务管理办法
		商用密码产品生产管理规定
		互联网电子邮件服务管理办法
		互联网安全保护技术措施规定
		信息安全等级保护管理办法
		通信网络安全防护管理办法

1.5.2　计算机犯罪有关《刑法》的法律条款

计算机犯罪有关《刑法》的法律条款

中国社会信息化从以计算机单机、互联网为中心的阶段,进入了以网络服务平台为中心的时期,计算机、互联网相关犯罪随之完成了三次蜕变:从20世纪90年代的计算机犯罪到21世纪初的网络犯罪,再转变为当前的网络空间犯罪。中国刑法及时回应了每次蜕变。1997年修订的《中华人民共和国刑法》(以下简称《刑法》)设立了"两点一面"的计算机犯罪立法,增设了非法侵入计算机信息系统罪和破坏计算机信息系统罪,对于利用计算机实施金融诈骗、盗窃、贪污等传统犯罪的,依照刑法有关规定定罪处罚。之后,为应对犯罪网络化发展,中国先后通过了《关于维护互联网安全的决定》(2000年)、《中华人民共和国刑法修正案(三)》(2001年)和《中华人民共和国刑法修正案(五)》(2005年)、《中华人民共和国刑法修正案(七)》(2009年)、《中华人民共和国刑法修正案(九)》(2015年),《中华人民共和国刑法修正案(十)》(2017年)增设了十多种涉及网络与数据的犯罪,建立了侵犯计算机数据及信息系统安全犯罪、传统犯罪网络化的刑事责任确认、妨害信息网络管理秩序犯罪、侵犯个人信息犯罪组成的"四位一体"的网络空间犯罪立法体系[35]。

《中华人民共和国刑法修正案(十)》关于计算机犯罪的主要条款如下。

第二百八十五条　违反国家规定,侵入国家事务、国防建设、尖端科学技术领域的计算机信息系统的,处三年以下有期徒刑或者拘役。

违反国家规定,侵入前款规定以外的计算机信息系统或者采用其他技术手段,获取该计算机信息系统中存储、处理或者传输的数据,或者对该计算机信息系统实施非法控制,情节严重的,处三年以下有期徒刑或者拘役,并处或者单处罚金;情节特别严重的,处三年以上七年以下有期徒刑,并处罚金。

提供专门用于侵入、非法控制计算机信息系统的程序、工具,或者明知他人实施侵入、非法控制计算机信息系统的违法犯罪行为而为其提供程序、工具,情节严重的,依照前款的规定处罚。

单位犯前三款罪的,对单位判处罚金,并对其直接负责的主管人员和其他直接责任人员,依照各款的规定处罚。

第二百八十六条　违反国家规定,对计算机信息系统功能进行删除、修改、增加、干扰,造成计算机信息系统不能正常运行,后果严重的,处五年以下有期徒刑或者拘役;后果特别严重的,处五年以上有期徒刑。

违反国家规定,对计算机信息系统中存储、处理或者传输的数据和应用程序进行删除、修改、增加的操作,后果严重的,依照前款的规定处罚。

故意制作、传播计算机病毒等破坏性程序,影响计算机系统正常运行,后果严重的,依照第一款的规定处罚。

单位犯前三款罪的,对单位判处罚金,并对其直接负责的主管人员和其他直接责任人员,依照第一款的规定处罚。

第二百八十七条　利用计算机实施金融诈骗、盗窃、贪污、挪用公款、窃取国家秘密或者其他犯罪的,依照本法有关规定定罪处罚。

1.5.3　涉互联网安全的刑事责任

涉互联网安全的刑事责任

第九届全国人民代表大会常务委员会第十九次会议通过了《全国人民代表大会常务委员会关于维护互联网安全的决定》,主要条款如下。

一、为了保障互联网的运行安全,对有下列行为之一,构成犯罪的,依照刑法有关规定追究刑事责任:

(一)侵入国家事务、国防建设、尖端科学技术领域的计算机信息系统。

(二)故意制作、传播计算机病毒等破坏性程序,攻击计算机系统及通信网络,致使计算机系统及通信网络遭受损害。

(三)违反国家规定,擅自中断计算机网络或者通信服务,造成计算机网络或者通信系统不能正常运行。

二、为了维护国家安全和社会稳定,对有下列行为之一,构成犯罪的,依照刑法有关规定追究刑事责任:

(一)利用互联网造谣、诽谤或者发表、传播其他有害信息,煽动颠覆国家政权、推翻社会主义制度，或者煽动分裂国家、破坏国家统一。

（二）通过互联网窃取、泄露国家秘密、情报或者军事秘密。

（三）利用互联网煽动民族仇恨、民族歧视，破坏民族团结。

（四）利用互联网组织邪教组织、联络邪教组织成员，破坏国家法律、行政法规实施。

三、为了维护社会主义市场经济秩序和社会管理秩序，对有下列行为之一，构成犯罪的，依照刑法有关规定追究刑事责任：

（一）利用互联网销售伪劣产品或者对商品、服务做虚假宣传。

（二）利用互联网损坏他人商业信誉和商品声誉。

（三）利用互联网侵犯他人知识产权。

（四）利用互联网编造并传播影响证券、期货交易或者其他扰乱金融秩序的虚假信息。

（五）在互联网上建立淫秽网站、网页，提供淫秽站点链接服务，或者传播淫秽书刊、影片、音像、图片。

四、为了保护个人、法人和其他组织的人身、财产等合法权利，对有下列行为之一，构成犯罪的，依照刑法有关规定追究刑事责任：

（一）利用互联网侮辱他人或者捏造事实诽谤他人。

（二）非法截获、篡改、删除他人电子邮件或者其他数据资料，侵犯公民通信自由和通信秘密。

（三）利用互联网进行盗窃、诈骗、敲诈勒索。

五、利用互联网实施本决定第一条、第二条、第三条、第四条所列行为以外的其他行为，构成犯罪的，依照刑法有关规定追究刑事责任。

六、利用物联网实施违法行为，违反社会治安管理，尚不构成犯罪的，由公安机关依照《治安管理处罚法》予以处罚；违反其他法律、行政法规，尚不构成犯罪的，由有关行政管理部门依法给予行政处罚；对直接负责的主管人员和其他直接责任人员，依法给予行政处分或纪律处分。

利用互联网侵犯他人合法权益，构成民事侵权的，依法承担民事责任。

1.5.4　《中华人民共和国网络安全法》

2016 年 11 月 7 日，第十二届全国人民代表大会常务委员会第二十四次会议通过《中华人民共和国网络安全法》（以下简称《网络安全法》），自 2017 年 6 月 1 日起施行。

长期以来，我国网络安全法律法规体系建设滞后，没有一部真正意义上的网络安全法。《网络安全法》的通过，解决了我国网络安全"基本法"的问题，我国网络安全工作从此有了基础性的法律框架[36-37]。

《网络安全法》共七章七十九条，第一章总则；第二章网络安全支持与促进；第三章网络运行安全；第四章网络信息安全；第五章监测预警与应急处置；第六章法律责任；第七章附则。《网络安全法》在内容方面有 6 个突出的亮点，一是确立了我国网络空间主权原则；二是规定了网络产品和服务提供者、网络运营者保证网络安全的法定义务；三是明确了政府职能部门的监管职责，完善了监管体制；四是强化了网络运行安全，明确了重点保护对象为关键信息基础设施，彰显了个人信息保护原则；五是明确规定了网络产品和服务、网络关键设备和网络安全产品的强制性要求的准则；六是强化了危害网络安全责任人处罚[38]。《网络安全法》的基本内容如下。

1. 关于维护网络主权和战略规划

网络主权是国家主权在网络空间的体现和延伸，网络主权原则是我国维护国家安全和利益、参与网络国际治理与合作所坚持的重要原则。为此，《网络安全法》第一条把"为了保障网络安全，维护网络空间主权和国家安全、社会公共利益，保护公民、法人和其他组织的合法权益，促进经济社会信息化健康发展，制定本法"作为立法宗旨。第二条规定，"在中华人民共和国境内建设、运营、维护和使用网络，以及网络安全的监督管理，适用本法"，宣示了对我国境内相关网络活动的管辖权。第五条规定，"国家采取措施，监测、防御、处置来源于中华人民共和国境内外的网络安全风险和威胁，保护关键信息基础设施免受攻击、侵入、干扰和破坏，依法惩治网络违法犯罪活动，维护网络空间安全和秩序"，对攻击、破坏我国关键信息基础设施的境内外组织和个人，如造成严重后果将依法追究法律责任，充分体现了我国保护网络主权不受侵犯、维护网络空间秩序的坚定立场。同时，按照安全与发展并重的原则，设专章（第二章）对国家网络安全战略和重要领域网络安全规划、促进网络安全的支持措施做了规定。

2. 明确规定了政府各部门的职责权限，使网络安全监管体制法制化

《网络安全法》第八条规定，"国家网信部门负责统筹协调网络安全工作和相关监督管理工作。国务院电信主管部门、公安部门和其他有关机关依照本法和有关法律、行政法规的规定，在各自职责范围内负责网络安全保护和监督管理工作。县级以上地方人民政府有关部门的网络安全保护和监督管理职责，按照国家有关规定确定"，将现行的网络安全监管体制法制化，将制度上升为法律，用法律条款明确规定了网信部门与其他相关网络监管部门的职责分工。这种一个部门牵头、多部门协同的监管体制，符合当前互联网与现实社会全面融合的特点，满足我国监管需要，解决了监管工作分工不明、责权不清的现实问题，对提高监管效率和治理效果具有积极意义。

3. 关于保障网络产品和服务安全

维护网络安全，首先要保障网络产品和服务的安全。《网络安全法》主要做了以下规定：第二十二条规定了网络产品、服务的提供者不得设置恶意程序，及时向用户告知安全缺陷、漏洞等风险，持续提供安全维护服务，没有经过用户同意不得收集用户的信息，应当遵循相关法律法规提供个人信息保护，明确了网络产品和服务提供者的安全义务；第二十三条规定将网络关键设备和网络安全专用产品的安全认证和安全检测制度上升为法律并进行了必要的规范；第三十五条规定"关键信息基础设施的运营者采购网络产品和服务，可能影响国家安全的，应当通过国家网信部门会同国务院有关部门组织的国家安全审查"，建立了关键信息基础设施运营者采购网络产品、服务的安全审查制度。

4. 关于保障网络运行安全

保障网络运行安全必须落实网络运营者第一责任人的责任。据此，《网络安全法》第

二十一条规定将现行的网络安全等级保护制度上升为法律,要求网络运营者按照网络安全等级保护制度的要求,采取相应的管理措施和技术防范等措施,履行相应的网络安全保护义务。

为了保障关键信息基础设施安全,维护国家安全、经济安全和保障民生,《网络安全法》设专节对关键信息基础设施的运行安全做了规定,指出国家对公共通信和信息服务、能源、交通、水利、金融、公共服务、电子政务等重要行业和领域的关键信息基础设施实行重点保护,并对关键信息基础设施安全保护办法的制定、负责安全保护工作的部门、运营者的安全保护义务、有关部门的监督和支持等做了规定(见《网络安全法》第三十一条至三十九条)。

5. 关于保障网络数据安全

随着云计算、大数据等技术的发展和应用,网络数据安全对维护国家安全、经济安全,保护公民合法权益,促进数据利用至为重要。为此,《网络安全法》做了以下几方面的规定:①要求网络运营者采取数据分类、重要数据备份和加密等措施,防止网络数据泄露或者被窃取、篡改(见《网络安全法》第二十一条);②加强对公民个人信息的保护,防止公民个人信息数据被非法获取、泄露或者非法使用(见《网络安全法》第四十条至第四十五条);③要求关键信息基础设施的运营者在中华人民共和国境内运营中收集和产生的个人信息和重要数据应当在境内存储。因业务需要,确需向境外提供的,应当按照规定进行安全评估(见《网络安全法》第三十七条)。

6. 关于保障网络信息安全

2012 年,全国人大常委会关于加强网络信息保护的决定对规范网络信息传播活动做了原则规定。《网络安全法》坚持加强网络信息保护的决定确立的原则,进一步完善了相关管理制度。①确立决定规定的网络身份管理制度即网络实名制,以保障网络信息的可追溯(见《网络安全法》第二十四条);②明确网络运营者处置违法信息的义务,规定网络运营者发现法律、行政法规禁止发布或者传输的信息的,应当立即停止传输该信息,采取消除等处置措施,防止信息扩散,保存有关记录,并向有关主管部门报告(见《网络安全法》第四十七条);③规定发送电子信息、提供应用软件不得含有法律、行政法规禁止发布或者传输的信息(见《网络安全法》第四十八条);④为维护国家安全和侦查犯罪的需要,公安机关、国家安全机关依照法律规定,可以要求网络运营者提供必要的支持与协助(见《网络安全法》第二十八条);⑤赋予有关主管部门处置违法信息、阻断违法信息传播的权力(见《网络安全法》第五十条)。

7. 关于监测预警与应急处置

为了加强国家的网络安全监测预警和应急制度建设,提高网络安全保障能力,《网络安全法》做了以下规定:①要求国务院有关部门建立健全网络安全监测预警和信息通报制度,加强网络安全信息收集、分析和情况通报工作(《网络安全法》第五十一条、第五十二条);②建立网络安全应急工作机制,制定应急预案(《网络安全法》第五十三条);③规定预警信息的发布及网络安全事件应急处置措施(《网络安全法》第五十四条至第五十六条);④为维护国家安全和社会公共秩序,处置重大突发社会安全事件,对网络管制做了规定（《网络安全法》第五十七条至五十八条）。

8. 关于网络安全监督管理体制

为加强网络安全工作,《网络安全法》规定：国家网信部门负责统筹协调网络安全工作和相关监督管理工作,并在一些条款中明确规定了其协调和管理职能。同时规定,国务院电信主管部门、公安部门和其他有关机关按照各自职责负责网络安全保护和监督管理相关工作(《网络安全法》第八条)。此外,《网络安全法》还对违反本法规定的法律责任、相关用语的含义等做了规定[39]。

1.5.5 《中华人民共和国密码法》

《中华人民共和国密码法》

2019 年 10 月 26 日,第十三届全国人大常委会第十四次会议审议通过《中华人民共和国密码法》(以下简称《密码法》),自 2020 年 1 月 1 日起施行。《密码法》是总体国家安全观框架下,国家安全法律体系的重要组成部分,其颁布实施将极大提升密码工作的科学化、规范化、法治化水平,有力促进密码技术进步、产业发展和规范应用,切实维护国家安全、社会公共利益以及公民、法人和其他组织的合法权益,同时也将为密码部门提高"三服务"能力提供坚实的法治保障。

《密码法》共五章四十四条,重点规范了以下内容。

1. 什么是密码

《密码法》第二条规定,"本法所称密码,是指采用特定变换的方法对信息等进行加密保护、安全认证的技术、产品和服务"。密码是保障网络与信息安全的核心技术和基础支撑,是解决网络与信息安全问题最有效、最可靠、最经济的手段;它就像网络空间的 DNA,是构筑网络信息系统免疫体系和网络信任体系的基石,是保护党和国家根本利益的战略性资源,是国之重器。第六条至第八条明确了密码的种类及其适用范围,规定核心密码用于保护国家绝密级、机密级、秘密级信息,普通密码用于保护国家机密级、秘密级信息,商用密码用于保护不属于国家秘密的信息。对密码实行分类管理,是党中央确定的密码管理根本原则,是保障密码安全的基本策略,也是长期以来密码工作经验的科学总结。

2. 谁来管密码

《密码法》第四条规定,要坚持党管密码的根本原则,依法确立密码工作领导体制,并明确中央密码工作领导机构,即中央密码工作领导小组(国家密码管理委员会),对全国密码工作实行统一领导;要把中央确定的领导管理体制,通过法律形式固定下来,变成国家意志,为密码工作沿着正确方向发展提供根本保证。中央密码工作领导小组负责制定国家密码重大方针政策,统筹协调国家密码重大事项和重要工作,推进国家密码法治建设。《密码法》第五条确立了国家、省、市、县四级密码工作管理体制。国家密码管理部门(即国家密码管理局)负责管理全国的密码工作;县级以上地方各级密码管理部门(即省、市、县级密码管理局)负责管理本行政区域的密码工作;国家机关和涉及密码工作的单位在其职责范围内负责本机关、本单位或者本系统的密码工作。

3. 怎么管密码

《密码法》第二章(第十三条至第二十条)规定了核心密码、普通密码的主要管理制度。

核心密码、普通密码用于保护国家秘密信息和涉密信息系统,有力地保障了中央政令军令安全,为维护国家网络空间主权、安全和发展利益构筑起牢不可破的密码屏障。《密码法》明确规定,密码管理部门依法对核心密码、普通密码实行严格统一管理,并规定了核心密码、普通密码使用要求,安全管理制度以及国家加强核心密码、普通密码工作的一系列特殊保障制度和措施。核心密码、普通密码本身就是国家秘密,一旦泄密,将危害国家安全和利益。因此,有必要对核心密码、普通密码的科研、生产、服务、检测、装备、使用和销毁等各个环节实行严格统一管理,确保核心密码、普通密码的安全。《密码法》第三章(第二十一条至第三十一条)规定了商用密码的主要管理制度。商用密码广泛应用于国民经济发展和社会生产生活的方方面面,涵盖金融和通信、公安、税务、社保、交通、卫生健康、能源、电子政务等重要领域,积极服务"互联网+"行动计划、智慧城市和大数据战略,在维护国家安全、促进经济社会发展以及保护公民、法人和其他组织合法权益等方面发挥着重要作用。《密码法》明确规定,国家鼓励商用密码技术的研究开发、学术交流、成果转化和推广应用,健全统一、开放、竞争、有序的商用密码市场体系,鼓励和促进商用密码产业发展。一是坚决贯彻落实"放管服"改革要求,充分体现非歧视和公平竞争原则,进一步削减行政许可数量,放宽市场准入,更好地激发市场活力和社会创造力;二是由商用密码管理条例规定的全环节严格管理调整为重点把控产品销售、服务提供、使用、进出口等关键环节,管理方式上由重事前审批转为重事中事后监管,重视发挥标准化和检测认证的支撑作用;三是对于关系国家安全和社会公共利益,又难以通过市场机制或者事中事后监管方式进行有效监管的少数事项,规定了必要的行政许可和管制措施。按照上述立法思路,《密码法》规定了商用密码的主要管理制度,包括商用密码标准化制度、检测认证制度、市场准入管理制度、使用要求、进出口管理制度、电子政务电子认证服务管理制度以及商用密码事中事后监管制度。

4. 怎么用密码

对于核心密码、普通密码的使用,《密码法》第十四条要求:在有线、无线通信中传递的国家秘密信息,以及存储、处理国家秘密信息的信息系统,应当依法使用核心密码、普通密码进行加密保护、安全认证。对于商用密码的使用,一方面,第八条规定公民、法人和其他组织可以依法使用商用密码保护网络与信息安全,对一般用户使用商用密码没有提出强制性要求;另一方面,为了保障关键信息基础设施安全稳定运行,维护国家安全和社会公共利益,《密码法》第二十七条要求关键信息基础设施必须依法使用商用密码进行保护,并开展商用密码应用安全性评估,要求关键信息基础设施的运营者采购涉及商用密码的网络产品和服务,可能影响国家安全的,应当依法通过国家网信部门会同国家密码管理部门等有关部门组织的国家安全审查。党政机关存在大量的涉密信息、信息系统和关键信息基础设施,都必须依法使用密码进行保护。此外,由于密码属于两用物项,《密码法》第十二条还明确规定,任何组织或者个人不得窃取他人加密保护的信息或者非法侵入他人的密码保障系统,不得利用密码从事危害国家安全、社会公共利益、他人合法权益等违法犯罪活动[40]。

1.5.6 《中华人民共和国数据安全法》

《中华人民共和国数据安全法》(以下简称《数据安全法》)已由中华人民共和国第十三届全国人民代表大会常务委员会第二十九次会议于 2021 年 6 月 10 日通过,现予公布,自 2021 年 9 月 1 日起施行。《数据安全法》作为我国数据安全领域的首部基础性法律,也是国家安全领域的一部重要法律,标志着我国以数据安全保障数据开发利用和产业发展全面进入法治化轨道。

《数据安全法》全文共七章五十五条,通过明确适用范围、监管机构、关键安全制度、保护义务、开发利用以及法律责任等方面,构建形成了我国数据安全保护基本框架要求。主要内容包括总则、数据安全与发展、数据安全制度、数据安全保护义务、政务数据安全与开放、法律责任、附则[41]。

1. 总则

总则部分给出了数据和数据安全的定义,说明了数据安全法的定位、保护目标、适用范围、国家层面上数据安全的责任人、各个层面数据安全的监管职责、个人和组织如何合理使用数据、开展数据处理活动的前提条件、数据安全应该全民参与、行业应该积极参与数据安全的保护工作、国家应该积极参与国际数据安全的交流与合作,以及投诉的渠道和相关处理工作。

2. 数据安全与发展

数据安全与发展部分说明了数据安全和产业发展的关系、大数据战略的应用、数据在公共服务的应用、国际合作的数据方面的出口要求和贸易摩擦的处理方式、数据处理活动首先要通过管理制度进行安全保障、数据处理活动和研发开发数据新技术的前提是为人造福、所有的数据处理活动都需要加强风险管理、重要数据应该有加强的风险评估活动、数据出境的安全管理、数据不允许用非法方式进行收集和使用、征信行业数据必须可溯源可审计、数据处理服务必须有相关牌照、公安机关和国家安全机关可以授权获取各类数据、国内数据不允许在国家未授权的情况下提供给外国暴力机关,指引数据安全的生态发展,促进数据安全标准的建立,指导数据安全的评估和认证、征信市场的规范性、数据安全人才的培养、数据的分级分类保护工作、数据的国家层面的风险管理工作、数据安全事件的应急处置工作、数据安全事件的国家级别的安全审查工作。

3. 政务数据安全与开放

政务数据安全与开放部分说明了国家将大力推进电子政务服务建设更好地为经济社会的发展赋能、国家机关需依法对数据合理使用并保密、如何保障政务数据安全、电子政务数据的保存方责任、电子政务数据的公示原则、电子政务开放的前提,而且规定法律、法规授权的具有管理公共事务职能的组织为履行法定职责开展数据处理活动,适用本章规定。

4. 法律责任

法律责任部分说明数据处理风险的整改、未履行数据保护的处罚,指出对境外提供重要数据的后果、数据征信行业机构未合法获取数据的后果、如何配合国家暴力机关调取数据的后果、未对数据安全进行保护的国家机关责任人的后果、未对数据安全进行有效监管的后果、扰乱正当处理数据的后果、给他人造成损害的后果。

最后,在附则中指出了国家秘密数据的执行守则,以及军事数据安全保护不属于本法管辖。

1.5.7　《中华人民共和国个人信息保护法》

2021 年 8 月 20 日,第十三届全国人民代表大会常务委员会第三十次会议通过《中华人民共和国个人信息保护法》(以下简称《个人信息保护法》),自 2021 年 11 月 1 日起施行[42]。明确了个人信息处理活动中的权利义务边界,是我国第一部个人信息保护方面的专门性法律,是首部完整规定个人信息处理规则的法律。其第一条明确指出,该部法律"根据宪法"制定,意味着个人信息保护权上升为公民的一项基本权利[43]。

《个人信息保护法》全文共八章七十四条,主要内容如下。

1. 明确了我国个人信息及相关概念的定义

明确规定了个人信息、敏感个人信息、个人信息的处理、个人信息处理者以及自动化决策、去标识化、匿名化等相关概念的定义。

2. 明确了本法的适用范围

明确在中华人民共和国境内处理自然人个人信息的活动适用本法。强调了三种情况下必要的域外适用效力,包括:以向境内自然人提供产品或者服务为目的;为分析、评估境内自然人的行为;法律、行政法规规定的其他情形。同时,对相关情况下境外主体提出明确的合规。

3. 构建了个人信息保护的基本制度

翻开个人信息保护法,个人信息保护的基本原则和各项制度清晰、全面,个人信息权益的保护架构已经搭建起来。全国人大常委会法工委经济法室副主任杨合庆介绍:"个人信息保护法确立了个人信息处理应遵循的原则,强调处理个人信息应当遵循合法、正当、必要和诚信原则,具有明确、合理的目的并与处理目的直接相关,采取对个人权益影响最小的方式,限于实现处理目的的最小范围,公开处理规则,保证信息质量,采取安全保护措施等,这些原则应当贯穿于个人信息处理的全过程、各环节。"

"告知—同意"是个人信息保护法确立的个人信息保护核心规则,是保障个人对其个人信息处理知情权和决定权的重要手段。个人信息保护法要求处理个人信息,应当在事先充分告知的前提下取得个人同意,个人信息处理的重要事项发生变更的应当重新向个人告知并取得同意。而且个人信息保护法中要求,处理者在履行告知义务时,应当使用清晰易懂的语言和显著的方式进行告知。

4. 回应了个人信息保护的热点问题

"大数据杀熟"是个人信息保护领域的另一个热点问题。一些企业通过掌握消费者的经济状况、消费习惯、对价格的敏感程度等信息,对消费者在交易价格等方面实行歧视性的差别待遇，误导、欺诈消费者。对此，个人信息保护法明确规定：个人信息处理者利用个人信息进行自动化决策，应当保证决策的透明度和结果公平、公正，不得对个人在交易价格等交易条件上实行不合理的差别待遇。

本法规定处理敏感个人信息应当取得个人的单独同意。

个人信息保护法以"个人信息处理者的义务"专章规范相关内容，专门规定了提供重要互联网平台服务、用户数量巨大、业务类型复杂的个人信息处理者的相关义务。

5. 构建个人信息的监管处罚制度

完善的权利设置，体现了保护个人信息的决心；而强有力的监管与处罚措施，则是对违法处理个人信息行为有效的震慑。

要落实监管措施，首先需要一个强有力的执法主体。对此，个人信息保护法明确国家网信部门和国务院有关部门在各自职责范围内负责个人信息保护和监督管理工作。为了加强个人信息保护监管执法的协同配合，个人信息保护法还进一步明确了国家网信部门在个人信息保护监管方面的统筹协调作用，并对其统筹协调职责做出具体规定。

个人信息保护法根据个人信息处理的不同情况，对违法处理个人信息的行为设置了不同梯次的行政处罚。对情节严重的违法行为，最高可处五千万元或上一年度营业额百分之五的罚款，并可以对相关责任人员做出相关从业禁止的处罚。

个人信息保护法还对侵害众多个人权益的民事公益诉讼做了规定。对此，2021年8月21日，最高人民检察院下发《关于贯彻执行个人信息保护法推进个人信息保护公益诉讼检察工作的通知》，要求各级检察机关深刻领会个人信息保护法设置公益诉讼条款的重要意义，进一步增强检察履职的责任感和紧迫感，切实加大办案力度，推动公益诉讼条款落地落实。

在信息处理中，个人面对的往往不是普通的私人主体，而是强大的、组织化的信息处理机构；加之信息时代下个人信息处理通常是动态化、复杂化的，因此，国家需要以行政执法、公益诉讼等积极行动保护个人信息安全。个人信息保护法以严密的制度、严格的标准、严厉的责任，构建了权责明确、保护有效、利用规范的个人信息处理和保护制度规则[44]。

1.5.8 《中华人民共和国计算机信息系统安全保护条例》

《中华人民共和国计算机信息系统安全保护条例》

1994年2月18日，中华人民共和国国务院令第147号发布了《中华人民共和国计算机信息系统安全保护条例》。该条例是我国在信息系统安全保护方面最早制定的一部法规，也是我国信息系统安全保护最基本的一部法规，它确立了我国信息系统安全保护的基本原则，为以后相关法规的制定奠定了基础。条例的宗旨是保护计算机信息系统的安全，促进计算机的应用和发展，保障社会主义现代化建设的顺利进行。该条例中计算机信息系统的概念，是指由计算机及其相关的和配套的设备、设施和网络构成的，按照一定的应用目标和规则对信息进行采集、加工、存储、传输、检索等处理的人机系统。

该条例有如下适用范围。

（1）条例适用于组织和个人。

（2）中华人民共和国境内的计算机信息系统的安全保护适用本条例。

（3）未联网的微型计算机的安全保护不适用本条例。

（4）军队的计算机信息系统安全保护工作，按照军队的有关法规执行。

计算机信息系统安全保护的内容：保障计算机及其相关的和配套的设备、设施和网络的安全，运行环境的安全，保障信息的安全，保障计算机功能的正常发挥，维护计算机信息系统的安全运行。其中，重点维护国家事务、经济建设、国防建设、尖锐科学技术等重要领域的计算机信息系统的安全。

该条例明确确定了安全监督的职权和义务。公安机关对计算机信息系统保护工作行使下列监督职权。

（1）监督、检查、指导计算机信息系统安全保护工作。

（2）查处危害计算机信息系统安全的违法犯罪案件。

（3）履行计算机信息系统安全保护工作的其他监督职责。

同时，若公安机关发现影响计算机信息系统安全的隐患时，应当及时通知使用单位采用保护措施。在紧急情况下，可以就涉及计算机信息系统安全的特定事项发布专项通令。

另外，该条例还系统设置了以下安全保护的制度。

（1）计算机信息系统实行安全等级保护。

（2）计算机机房应当符合国家标准和国家有关规定。

（3）进行国际联网的计算机信息系统，由计算机信息系统的使用单位报省级以上人民政府公安机关备案。

（4）运输、携带、邮寄计算机信息媒体进出境的，应当如实向海关申报。

（5）计算机信息系统的使用单位应当建立健全安全管理制度，负责本单位计算机信息系统安全保护工作。

（6）国家对计算机信息系统安全专用产品的销售实行许可证制度。

（7）对计算机信息系统中发生的案件，有关使用单位应当在24h内向当地县级以上人民政府公安机关报告。

（8）故意输入计算机病毒以及其他有害数据危害计算机信息系统安全的，或者未经许可出售计算机信息系统安全专用产品的，由公安机关处以警告或者相应的罚款。

这里的计算机病毒是指编制或者在计算机程序中插入的破坏计算机功能或者毁坏数据，影响计算机使用，并能自我复制的一组计算机指令或者程序代码。

这里的计算机信息系统安全专用产品是指用于保护计算机信息系统安全的专用硬件和软件产品。

 ## 1.6 信息安全标准

技术标准
的基本知识

1.6.1 技术标准的基本知识

现代标准化是近二三百年发展起来的，蒸汽机的出现和工业革命的开始将标准化问题提上了日程。在日常生活中，到处都可以见到按照标准生产的产品，如电源插头、电器的电压等。试想一下，如果人们不按照统一的标准去生产，可能会出现插头无法插入插座的情况。中国的 220V 电器到美国必须要进行电压转换才能使用。那么，什么是标准呢？学术界对标准的概念和标准化开始探讨始于 20 世纪 30 年代。目前广为使用的标准的定义是由 ISO/IEC(2004) 正式发布的文件给出的，其中标准的定义是："为在一定范围内获得最佳秩序，经协商一致建立并由公认机构批准，为共同使用和重复使用，对活动及结果提供规则、指导或给出特性的文件。"该定义有一个注："标准宜以科学、技术和经验的综合成果为基础，以促进最佳的公共效益为目的。"标准化的定义是："为了在一定范围内获得最佳秩序，对现实问题或潜在问题制定共同使用和重复使用的条款的活动。"[45]

通俗地讲，标准是通过标准化活动，按照规定的程序经协商一致制定，为各种活动或其结果提供规则、指南或特性，供共同使用和重复使用的文件。标准以科学、技术和经验的综合成果为基础。标准化是为了在既定范围内获得最佳秩序，促进共同效益，对现实问题或潜在问题确立共同使用和重复使用的条款以及编制、发布和应用文件的活动。标准化以制定、发布和实施标准达到统一，确立条款并共同遵循，来实现最佳效益。

从定义看，标准是标准化活动的结果。标准具有民主性，是各利益相关方协商一致的结果，反映的是共同意愿，而不是个别利益；标准具有权威性，标准要按照规定程序制定，必须由能够代表各方利益，并为社会所公认的权威机构批准发布；标准具有系统性，需要协调处理标准化对象各要素之间的关系，统筹考虑使系统性能和秩序达到最佳；标准具有科学性，来源于人类社会实践活动，其产生的基础是科学研究和技术进步的成果，是实践经验的总结。

标准比法律柔软，比道德坚硬，比产业规划细致，比货币政策、财政政策微观，是国家治理体系中的一个重要内容，与其他国家治理工具形成良好的互补。标准对促进信息通信技术产业发展及推广应用发挥着极其重要的作用[46]。统一标准是互联互通、信息共享、业务协同的基础。如果没有标准，互联网不会发展到今天这种规模，例如，因特网的标准化工作就对因特网的发展起到了非常重要的作用。

标准产生的基础是"科学、技术和经验的综合成果"，这奠定了标准的科学性和先进性。标准的产生要经过协商一致制定并由公认机构批准。协商一致是指：普遍同意，表征为对实质性问题、有关重要方面没有坚持反对意见，并且按程序对有关各方面的观点进行了研究和对争议经过了协调。协商一致并不意味着没有异议。简言之，协商一致是指有关各界的重要一方对标准中的实质性问题普遍接受，没有坚持反对意见，但并不是说所有各方全无异议。为了保证标准的严肃性和权威性，标准需经公认机构批准，这是非常必要的。这里的公认机构，自然是权威机构，一般包括政府主管部门、标准化组织或团体（包括国际组织或区域组织）、从事标准化工作的协会或学会，等等。

制定标准一般指制定一项新标准，是指制定过去没有而现在需要进行制定的标准。它是根据生产发展的需要和科学技术发展的需要及其水平来制定的，因而它反映了当前的生产技术水平。制定这类标准的工作量最大，工作要求最高，所用的时间也较多。它是一个国家的标准化工作的重要方面，反映了这个国家的标准化工作面貌和水平。

一个新标准制定后，由标准批准机关给一个标准编号（包括年代号），同时标明它的分类号，以表明该标准的专业隶属和制定年代。

修订标准是指对一项已在生产中实施多年的标准进行修订。修订部分主要是生产实践中反映出来的不适应生产现状和科学技术发展那一部分,或者修改其内容,或者予以补充,或者予以删除。修订标准不改动标准编号,仅将其年代号改为修订时的年代号。

在我国,依据《中华人民共和国标准化法》将标准划分为国家标准、行业标准、地方标准和企业标准 4 个层次级别。各层次之间有一定的依从关系和内在联系,形成一个覆盖全国又层次分明的标准体系。此外,为适应某些领域标准快速发展和快速变化的需要,于 1998 年规定的 4 级标准之外,增加了一种"国家标准化指导性技术文件",作为对国家标准的补充,其代号为 GB/Z。符合下列情况之一的项目,可以制定指导性技术文件:①技术尚在发展中,需要有相应的文件引导其发展或具有标准化价值,尚不能制定为标准的项目;②采用国际标准化组织、国际电工委员会及其他国际组织(包括区域性国际组织)的技术报告的项目。指导性技术文件仅供使用者参考。

依据《中华人民共和国标准化法》的规定,国家标准、行业标准均可分为强制性和推荐性两种属性的标准。保障人体健康、人身、财产安全的标准和法律、行政法规规定强制执行的标准是强制性标准,其他标准是推荐性标准。省、自治区、直辖市标准化行政主管部门制定的工业产品安全、卫生要求的地方标准,在本地区域内是强制性标准。

强制性标准是由法律规定必须遵照执行的标准。强制性标准以外的标准是推荐性标准,又叫非强制性标准。推荐性国家标准的代号为 GB/T,强制性国家标准的代号为 GB。行业标准中的推荐性标准也是在行业标准代号后加个 T,如 JB/T 即机械行业推荐性标准,不加 T 即为强制性行业标准。

1.6.2　信息安全有关的主要标准化组织

1. 国际标准化组织

信息安全有关的主要标准化组织

1906 年,根据国际电工会议的决议,创立了世界范围的标准化组织国际电工委员会(International Electro Technical Commission,IEC),它是世界上最早的国际性电工标准化机构。在 1918—1928 年 10 年间,有 18 个国家正式成立了国家标准团体。这些机构成立后不久,就开始意识到通过共同协作来达到标准化的国际性协调与统一的必要。1926 年,国际标准化协会(ISA)成立,并于同年成立了国际标准化组织(International Organization for Standardization,ISO)。ISO 组织成立后即同 IEC 达成协定,由国际电工委员会担负电气与电子工程领域的标准化工作,并由国际标准化组织担负包括除电气与电子工程以外所有技术领域的标准化工作。这是两个专门从事标准化工作的国际组织,它们的活动范围不仅在工业领域,而且在某种程度上包括农业和其他经济领域。现在,国际标准化组织有 89 个国家的标准化团体成员。

ISO 和 IEC 成立了第一联合技术委员会 JTC1(Join Technical Commission 1)制定信息技术领域国际标准,下辖 19 个分技术委员会 SC(Sub-technical Commission)和功能标准化专门组 SGFS(Special Group for Functional Standardization)等特别工作小组,还有 4 个管理机构,即一致性评定特别工作小组、信息技术任务组、注册机构特别工作组和业务分析与计划特别小组。

SC27 是 JTC1 中专门从事信息安全通用方法及技术标准化工作的分技术委员会,其工作职责如下。

　　(1) 确定信息技术系统安全服务的一般需求(包括需求的方法学)。

　　(2) 研究制定相关安全技术和机制(包括登记规程和安全部件间的相互关系)。

　　(3) 研究制定安全指南(如说明性的文档、风险分析等)。

　　(4) 研究制定管理支撑文档和标准(如词汇、安全评估准则等)。

　　(5) 研究制定用于完整性、鉴别和抗抵赖性等服务的密码算法标准,同时根据国际认可的策略,研究并制定用于保密性服务的密码算法标准。

　　目前,SC27下设三个工作组:第一工作组(WG1)为需求、安全服务及指南工作组;第二工作组(WG2)为安全技术与机制工作组;第三工作组(WG3)为安全评估准则工作组。

　　在信息安全标准化方面,IEC除了同ISO联合成立的JTC1下属几个分委员会外,还在电磁兼容等方面成立技术委员会,并制定相关国际标准,如信息技术设备安全(IEC 60950)。与信息安全标准化相关的技术委员会有:TC56—可靠性;TC74—IT设备安全和功效;TC77—电磁兼容;CISPR—无线电干扰特别委员会等。

　　美国的信息技术标准主要由ANSI、NIST制定。其电子工业协会(EIA)和通信工业协会(TIA)也制定了部分信息标准。欧洲的ECMA主要在世界范围内制定与计算机及计算机应用有关的标准。IETF主要制定与因特网有关的标准。另外,还有ITU、IEEE、EDTI和OMG等组织制定有关的信息技术标准。

　　除上述主要标准化组织外,CEN/ISSS、ETSI、3GPP、3GPP2、OASIS等区域性标准组织、专业协会或社会团体也制定了一些安全标准,虽然它们不是国际标准,但由于其制定与使用的开放性,部分标准已成为信息产业界广泛接受和采纳的事实标准。

2. 我国的标准化组织

　　1978年5月,国务院成立了国家标准总局以加强标准化工作的管理。同年以中华人民共和国名义参加了国际标准化组织(ISO)。1979年7月,国务院颁发了《中华人民共和国标准化管理条例》。1988年12月29日,第七届全国人大常委会第五次会议通过了《中华人民共和国标准化法》,并以国家主席令颁布,于1989年4月1日起施行,这标志着我国以经济建设为中心的标准工作,进入法制管理的新阶段。党的十八大以来,我国进入新时代中国特色社会主义建设时期,也是标准化事业的全面提升期,这一时期党中央国务院高度重视标准化工作。习近平总书记指出,"标准助推创新发展,标准引领时代进步""中国将积极实施标准化战略,以标准助力创新发展、协调发展、绿色发展、开放发展、共享发展"。要求必须加快形成推动高质量发展的标准体系。

　　1) 全国信息安全标准化技术委员会

　　为了加强信息安全标准化工作的组织协调力度,在国家质量技术监督局领导下,国家标准化管理委员会于2002年批准成立"全国信息安全标准化技术委员会",英文名称为National Information Security Standardization Technical Committee(简称信安标委,委员会编号为TC260),专门从事信息安全标准化的技术工作,负责全国信息安全技术、安全机制、安全管理、安全评估等领域的标准化工作,统一、协调、申报信息安全国家标准项目,组织国家标准的送审、批报工作,向国家标准化管理委员会提出信息安全标准化工作的方针、政策和技术措施等建议。

2024 年 1 月"全国信息安全标准化技术委员会"更名为"全国网络安全标准化技术委员会",英文名称为 National Technical Committee on Cybersecurity Standardization Administration of China,简称"网安标委"。

网安标委下设 8 个工作组和一个特别工作组,组织结构如图 1-13 所示。

图 1-13　网安标委组织结构

2) 密码行业标准化技术委员会

为满足密码领域标准化发展需求,充分发挥密码科研、生产、使用、教学和监督检验等方面专家作用,更好地开展密码领域的标准化工作,2011 年 10 月,经国家标准化管理委员会和国家密码管理局批准,成立"密码行业标准化技术委员会"(以下简称"密标委"),英文名称为 Cryptography Standardization Technical Committee(CSTC)。

密标委是在密码领域内从事密码标准化工作的非法人技术组织,归口国家密码管理局领导和管理,主要从事密码技术、产品、系统和管理等方面的标准化工作。密标委委员由政府、企业、科研院所、高等院校、检测机构和行业协会等有关方面的专家组成。密标委目前下设秘书处和总体、基础、应用、测评 4 个工作组。

1.6.3　我国的网络安全标准

网络安全标准是确保信息安全产品和系统在设计、研发、生产、建设、使用、测评中保证其一致性、可靠性、可控性的技术规范和技术依据。没有科学系统的信息安全标准,信息化建设的安全可靠就无法保证,就难以保证国家安全和国家利益。网络安全标准在网络安全保障体系建设中发挥着基础性和规范性的作用。网络安全标准化是支撑国家信息安全保障体系建设,关系国家信息安全的大事,各个国家都高度重视网络安全标准化工作[47]。

我国从 20 世纪 80 年代开始,在全国信息技术标准化技术委员会信息安全分技术委员会和各部门的努力下,本着积极采用国际标准的原则,转化了一批国际信息安全基础技术标准,为我国信息安全技术的发展做出了一定贡献。同时,公安部、国家安全部、国家保密局、国家密码管理委员会等相继制定、颁布了一批网络安全的行业标准,为推动信息安全技术在各行业的应用和普及发挥了积极的作用。

截至 2023 年 12 月,已发布网络安全国际标准 188 项[48],已发布网络安全国家标准378 项[49]。

1.《涉及国家秘密的信息系统分级保护管理办法》

2003 年 9 月,中央办公厅、国务院办公厅转发的《国家信息化领导小组关于加强信息安全保障工作的意见》(中办发〔2003〕27 号)提出了"实行信息安全等级保护"的要求,并指出"对涉及国家秘密的信息系统,要按照党和国家有关保密规定进行保护";2004 年,中共中央保密委员会印发的《关于加强信息安全保障工作中保密管理的若干意见》(中保委发〔2004〕7 号)明确提出建立涉密信息系统分级保护制度;2005 年,国家保密局印发了《涉及国家秘密的信息系统分级保护管理办法》(国保发〔2005〕16 号)初步提出了涉密信息系统分级保护管理办法;2006 年 2 月,四部委又联合印发《信息安全等级保护管理办法(试行)(公通字〔2006〕7 号)》,制定了信息安全等级保护管理办法;2008 年 6 月,印发了《信息安全等级保护管理办法》(公通字〔2007〕43 号),提出了信息安全等级保护具体的管理办法和定级指导意见。同年 7 月下发的《关于开展全国重要信息系统安全等级保护定级工作的通知》,全面、系统地对等级保护工作进行了部署。根据管理办法,涉密信息应当依据信息安全等级保护的基本要求,按照有关涉密信息系统分级保护的管理规定和技术标准,结合系统实际情况进行保护。

涉密信息系统分级保护是指涉密信息系统的建设使用单位根据分级保护管理办法和有关标准,对涉密信息系统分等级实施保护。因此,涉密信息系统建设使用单位必须充分了解分级保护工作方面的政策要求,并熟练掌握和运用涉密信息系统分级保护的标准。

涉密信息系统分级保护是国家信息安全等级保护的重要部分,涉密信息系统根据涉密程度,按照秘密级、机密级、绝密级进行分级保护;凡是用于处理、传输和存储国家秘密的信息系统(网络)都应按照分级保护的要求进行建设、使用和管理。

国家保密局是涉密信息系统分级保护工作的主管部门。国家保密工作部门负责全国涉密信息系统分级保护工作的指导、监督和检查;地方各级保密工作部门负责本行政区域涉密信息系统分级保护工作的指导、监督和检查。涉密信息系统的建设使用单位则负责本单位涉密信息系统分级保护的具体实施工作。

涉密信息系统建设使用单位应依据《涉及国家秘密的信息系统分级保护管理办法》确定系统等级,结合本单位业务需求和涉密信息制定安全保密需求,依据国家保密标准BMB17—2006《涉及国家秘密的信息系统分级保护技术要求》,BMB20—2007《涉及国家秘密的信息系统分级保护管理规范》和 BMB23—2008《涉及国家秘密的信息系统分级保护方案设计指南》,设计系统安全保密方案。在工程实施过程中,应按照 BMB18—2006《涉及国家秘密的信息系统工程监理规范》的要求进行工程监理。工程实施结束后,涉密信息系统建设使用单位应当向保密工作部门提出申请,由国家保密局的涉密信息系统测评机构依据国家保密标准 BMB22—2007《涉及国家秘密的计算机信息系统分级保护测评指南》,对涉密信息系统进行安全保密测评。在系统投入使用前,涉密信息系统建设使用单位应当按照《涉及国家秘密的信息系统审批管理规定》向国家保密工作部门申请进行系统审批,涉密信息系统通过审批后方可投入使用。已投入使用的涉密信息系统,其建设使用单位在按照分级保护要求完成系统整改后,应当向保密工作部门备案[50]。

2. 网络安全等级保护

《网络安全法》第二十一条提出“国家实行网络安全等级保护制度。网络运营者应当按照网络安全等级保护制度的要求,履行下列安全保护义务,保障网络免受干扰、破坏或者未经授权的访问,防止网络数据泄露或者被窃取、篡改”。《网络安全法》出台之后,国家有关法律法规和文件中将“信息安全”调整为“网络安全”,将“信息安全等级保护制度”调整为“网络安全等级保护制度”。因此,本书中所说的网络安全等级保护也就是我们传统所说的信息系统安全等级保护。

网络安全等级保护制度是国家在国民经济和社会信息化的发展过程中,提高信息安全保障能力和水平,维护国家安全、社会稳定和公共利益,保障和促进信息化建设健康发展的一项基本制度。实行网络安全等级保护制度,能够充分调动国家、法人和其他组织及公民的积极性,发挥各方面的作用,达到有效保护的目的,增强安全保护的整体性、针对性和实效性,使信息系统安全建设更加突出重点、统一规范、科学合理,对促进我国网络安全的发展将起到重要推动作用[51]。

1) 等级保护 1.0 时代

网络安全等级保护最基本的法规是 1994 年的国务院 147 号令《中华人民共和国计算机信息系统安全保护条例》,在其中第九条规定“计算机信息系统实行安全等级保护,安全等级的划分标准和安全等级保护的具体办法,由公安部会同有关部门制定”,确立了公安部网络安全保卫局、各省区市及各地市县网络警察大队在等级保护工作上的监督管理职能。

为规范网络安全等级保护的实施,国家制定了一系列技术标准,其中最主要的是《计算机信息系统安全等级保护划分准则》(GB 17859),在这个基本等级划分标准的基础之上,制定了一整套适合技术类、管理类及产品类的明细划分标准。

等级保护 1.0 时代信息系统等级保护相关标准主要有 GB/T 22239—2008《信息安全技术信息系统安全等级保护基本要求》、GB/T 22240—2008《信息安全技术信息系统安全等级保护定级指南》、GB/T 25058—2008《信息安全技术信息系统安全等级保护实施指南》、GB/T 25070—2010《信息安全技术信息系统等级保护安全设计要求》、GB/T 28448—2012《信息安全技术信息系统安全等级保护测评要求》、GB/T 28449—2012《信息安全技术信息系统安全等级保护测评过程指南》。等级保护标准体系如图 1-14 所示。

2) 等级保护 2.0 时代

2017 年 6 月 1 日起《中华人民共和国网络安全法》开始施行。为了配合《中华人民共和国网络安全法》的实施,同时适应云计算、大数据、物联网、移动互联、工业控制系统等新技术、新应用情况下,网络安全等级保护工作的开展,对 GB/T 22239—2008 进行了修订。修订的思路是针对共性保护需求提出安全通用要求,针对云计算、大数据、物联网、移动互联、工业控制系统等新技术、新应用领域的个性化安全保护需求提出安全扩展要求,形成新的网络安全等级保护基本要求标准。

图 1-14　等级保护标准体系

目前,GB/T 25058—2019《信息安全技术网络安全等级保护实施指南》、GB/T 22240—2020《信息安全技术网络安全等级保护定级指南》,GB/T 22239—2019《信息安全技术网络安全等级保护基本要求》、GB/T 25070—2019《信息安全技术网络安全等级保护设计技术要求》、GB/T 28448—2019《信息安全技术网络安全等级保护测评要求》、GB/T 28449—2018《信息安全技术网络安全等级保护测评过程指南》、GB/T 36627—2018《信息安全技术网络安全等级保护测试评估技术指南》、GB/T 36958—2018《信息安全技术网络安全等级保护安全管理中心技术要求》、GB/T 36959—2018《信息安全技术网络安全等级保护测评机构能力要求和评估规范》都已完成编制/修订并发布[52]。

3) 等级保护 2.0 与 1.0 的比较

2019 年 5 月 10 日,GB/T 22239—2019《信息安全技术网络安全等级保护基本要求》

发布。GB/T 22239—2019 与 GB/T 22239—2008 相比,重点在以下几方面进行了修订。

(1) 标准名称的变化。

标准名称最初是《信息安全技术信息系统安全等级保护基本要求》,后改为《信息安全技术信息安全等级保护基本要求》,为了与《中华人民共和国网络安全法》保持一致,最后改为《信息安全技术网络安全等级保护基本要求》。

(2) 等级保护对象的变化。

等级保护对象由原来的信息系统扩展到基础信息网络、云计算平台/系统、大数据应用/平台/资源、物联网、采用移动互联技术的系统、工业控制系统等。

(3) 安全要求的变化。

原来是安全要求,现在是安全通用要求和安全扩展要求。安全通用要求是不管等级保护对象形态是什么都必须满足的要求,并且分别针对云计算、移动互联、物联网、工业控制系统提出其特殊要求为安全扩展要求。

(4) 安全分类的变化。

GB/T 22239—2008 中,技术要求分为物理安全、网络安全、主机安全、应用安全、数据安全及备份恢复,管理要求分为安全管理制度、安全管理机构、人员安全管理、系统建设管理、系统运维管理。GB/T 22239—2019 中,技术要求分为安全物理环境、安全通信网络、安全区域边界、安全计算环境、安全管理中心,管理要求分为安全管理制度、安全管理机构、安全管理人员、安全建设管理、安全运维管理。

(5) 关于安全管理中心。

第二级及以上增加了"安全管理中心",其中,二级实现"系统管理"和"审计管理",三级及以上实现"系统管理""审计管理""安全管理""集中管控"。

(6) 关于可信验证。

在第一级至第四级的"安全通信网络""安全区域边界""安全计算环境"中增加了"可信验证"控制点。

另外,取消了原来控制点的 S、A、G 标注,增加附录 A 描述等级保护对象的定级结果和安全要求之间的关系,说明如何根据定级结果选择安全要求。调整了原来附录 A 和附录 B 的顺序,增加附录 C 描述网络安全等级保护总体框架和关键技术,增加附录 D~H 分别描述云计算应用场景、移动互联应用场景、物联网应用场景、工业控制系统应用场景、大数据应用场景。

4) 等级保护实施流程

对等级保护对象实施等级保护的基本流程根据 GB/T 25058—2019《信息安全技术网络安全等级保护实施指南》分为五大阶段:等级保护对象定级与备案阶段、总体安全规划阶段、安全设计与实施阶段、安全运行与维护阶段、定级对象终止阶段。对等级保护对象实施等级保护的基本流程如图 1-15 所示。

由于在开展等级保护试点工作时,大量等级保护对象已经建设完成,因此根据实际情况逐步形成了定级、备案、差距分析(也叫差距测评)、建设整改、验收测评、定期复查为流程的等级保护工作流程。这与等级保护实施指南中规定的针对等级保护对象生命周期的五大阶段略有一定差异。具体等级保护流程见图 1-16。

图 1-15　对等级保护对象实施等级保护的基本流程

图 1-16　网络安全等级保护工作流程

（1）定级。

根据等级保护对象在国家安全、经济建设、社会生活中的重要程度，以及一旦遭到破坏、丧失功能或者数据被篡改、泄露、丢失、损毁后，对国家安全、社会秩序、公共利益以及公民、法人和其他组织的合法权益的侵害程度等因素，GB/T 22240—2020《信息安全技术 网络安全等级保护定级指南》对等级保护对象的安全保护等级分为以下 5 级。

第一级，等级保护对象受到破坏后，会对相关公民、法人和其他组织的合法权益造成损害，但不损害国家安全、社会秩序和公共利益。

第二级，等级保护对象受到破坏后，会对相关公民、法人和其他组织的合法权益产生严重损害，或者对社会秩序和公共利益造成损害，但不损害国家安全。

第三级，等级保护对象受到破坏后，会对社会秩序和公共利益造成严重危害，或者对国家安全造成危害。

第四级，等级保护对象受到破坏后，会对社会秩序和公共利益造成特别严重危害，或者对国家安全造成严重危害。

第五级，等级保护对象受到破坏后，会对国家安全造成特别严重危害。

（2）备案。

新建第二级以上等级保护对象，应当在投入运行后 30 日内，由其运营、使用单位到所在地设区的市级以上公安机关办理备案手续。所在地的公安机关网安部门对其进行备案审核，10 个工作日之内将结果反馈给备案单位，符合要求并且定级准确的颁发公安部统一监制的备案证明，对定级不准确的进行重新定级，对备案材料不齐全的，应当当场或者在 5 日内一次性告知其补正内容。

（3）安全建设和整改。

等级保护对象规划、设计、建设和维护应当同步落实相应的安全措施。运营、使用单位应当按照国家网络安全等级保护管理规范和技术标准，使用符合国家有关规定，满足等级保护对象安全保护等级需求的信息技术产品，开展等级保护对象的安全建设或者改建工作。

（4）等级保护对象等级测评。

等级保护对象建设完成后，二级以上的等级保护对象的运营使用单位应当选择符合国家规定的测评机构进行测评合格方可投入使用。已投入运行等级保护对象在完成系统整改后也应当进行测评。经测评，等级保护的对象安全状况未达到安全保护等级要求的，运营使用单位应当制定方案进行整改。

3. 商用密码标准

我国密码标准体系研究经历了不断发展的历程。最新的密码标准体系从应用维、管理维和技术维三个维度来刻画。应用维是按标准适用的不同应用领域划分，如金融领域、交通领域、能源领域等。管理维是指国家标准、行业标准等不同管理属性，如密码国家标准和密码行业标准，前者是基础性、通用性的密码标准，对全社会各行业、各领域的密码应用具有指导作用，而后者则主要由密码行业内单位在密码产品设计、研发、检测等环节遵循使用。技术维是从密码技术自身的体系层次出发，对密码标准从技术角度进行归类，从而形成密码标准的技术体系框架,如图 1-17 所示[53]。

图 1-17 密码标准体系框架

我国密码标准国际化,工作成绩喜人。以 SM2、SM3、SM4、SM9、ZUC 等密码算法为代表的中国密码标准经过多年努力在国际化推进上已取得显著进展,继 2011 年我国自主研制的 ZUC(祖冲之)密码算法被 3GPP 组织采纳为新一代宽带无线移动通信系统(LTE)国际标准后,2017 年 11 月,SM2 和 SM9 数字签名算法正式成为 ISO 国际标准,这标志着我国向 ISO/IEC 贡献中国智慧和中国标准取得重要突破,将进一步促进我国在密码技术和网络空间安全领域的国际合作和交流。

1) SM 系列密码标准

SM2 椭圆曲线公钥密码算法(简称 SM2 算法)于 2010 年 12 月首次公开发布,2012 年成为中国商用密码标准(标准号为 GM/T 0003—2012),2016 年成为中国国家密码标准(标准号为 GB/T 32918—2016);2016 年 SM9 成为中国国家密码标准(标准号为 GB/T 0044—2016);2017 年又相继发布了有关 SM2 的两个密码算法标准;2017 年 11 月,SM2 和 SM9 数字签名算法正式成为 ISO 国际标准。有关标准如下。

(1) GB/T 32918—2016 系列标准[50]。

GB/T 32918.1—2016《信息安全技术 SM2 椭圆曲线公钥密码算法第 1 部分:总则》给出了 SM2 椭圆曲线公钥密码算法涉及的必要数学基础知识与相关密码技术,以帮助实现其他各部分所规定的密码机制。本部分适用于基域为素域和二元扩域的椭圆曲线公钥密码算法的设计、开发、使用。

GB/T 32918.2—2016《信息安全技术 SM2 椭圆曲线公钥密码算法第 2 部分:数字签名算法》规定了 SM2 椭圆曲线公钥密码算法的数字签名算法,包括数字签名生成算法和验证算法,并给出了数字签名与验证示例及其相应的流程。本部分适用于商用密码应用中的数字签名和验证,可满足多种密码应用中的身份鉴别和数据完整性、真实性的安全需求。

GB/T 32918.3—2016《信息安全技术 SM2 椭圆曲线公钥密码算法第 3 部分：密钥交换协议》规定了 SM2 椭圆曲线公钥密码算法的密钥交换协议，并给出了密钥交换与验证示例及其相应的流程。本部分适用于商用密码应用中的密钥交换，可满足通信双方经过两次或可选三次信息传递过程，计算获取一个由双方共同决定的共享秘密密钥（会话密钥）。

GB/T 32918.4—2016《信息安全技术 SM2 椭圆曲线公钥密码算法第 4 部分：公钥加密算法》规定了 SM2 椭圆曲线公钥密码算法的公钥加密算法，并给出了消息加解密示例和相应的流程。本部分适用于商用密码应用中的消息加解密，消息发送者可以利用接收者的公钥对消息进行加密，接收者用对应的私钥进行解密，获取消息。

GB/T 32918.5—2017《信息安全技术 SM2 椭圆曲线公钥密码算法第 5 部分：参数定义》规定了 SM2 椭圆曲线公钥密码算法的曲线参数，并给出了数字签名与验证、密钥交换与验证、消息加解密示例。

GB/T 35275—2017《信息安全技术 SM2 密码算法加密签名消息语法规范》定义了使用 SM2 密码算法的加密签名消息语法。本标准适用于使用 SM2 密码算法进行加密和签名操作时对操作结果的标准化封装。

GB/T 35276—2017《信息安全技术 SM2 密码算法使用规范》定义了 SM2 密码算法的使用方法，以及密钥、加密与签名等的数据格式。本标准适用于 SM2 密码算法的使用，以及支持 SM2 密码算法的设备和系统的研发和检测。

GB/T 32905—2016《信息安全技术 SM3 密码杂凑算法》规定了 SM3 密码杂凑算法的计算方法和计算步骤，并给出了运算示例。本标准适用于商用密码应用中的数字签名和验证、消息认证码的生成与验证以及随机数的生成，可满足多种密码应用的安全需求。

SM3 密码杂凑算法是三类基础密码算法之一，它可以将任意长度的消息压缩成固定长度的摘要，主要用于数字签名和数据完整性保护等。SM3 密码杂凑算法的消息分组长度为 512b，输出摘要长度为 256b。该算法于 2012 年发布为密码行业标准（GM/T 0004—2012），2016 年发布为国家密码杂凑算法标准（GB/T 32905—2016）。

GB/T 32907—2016《信息安全技术 SM4 分组密码算法》标准规定了 SM4 分组密码算法的算法结构和算法描述，并给出了运算示例。本标准适用于商用密码产品中分组密码算法的实现、检测和应用。

SM4 分组密码算法简称为 SM4 算法，为配合 WAPI 无线局域网标准的推广应用，SM4 算法于 2006 年公开发布，2012 年 3 月发布成为国家密码行业标准（标准号为 GM/T 0002—2012），2016 年 8 月发布成为国家标准（标准号为 GB/T 32907—2016）[55]。

（2）GM/T 0044—2016 系列标准[56]。

GM/T 0044.1—2016《SM9 标识密码算法》描述了必要的数学基础知识与相关密码技术，以帮助实现本标准其他各部分所规定的密码机制。本部分适用于商用密码算法中标识密码的实现、应用和检测。本标准规定使用 Fp（素数 $p > 2191$）上椭圆曲线。

GM/T 0044.2—2016《SM9 标识密码算法第 2 部分：数字签名算法》规定了用椭圆曲线对实现的基于标识的数字签名算法，包括数字签名生成算法和验证算法，并给出了数字签名与验证算法及其相应的流程。本部分适用于接收者通过签名者的标识验证数据的完整性和数据发送者的身份，也适用于第三方确定签名及所签数据的真实性。

GM/T 0044.3—2016《SM9 标识密码算法第 3 部分：密钥交换协议》规定了用椭圆曲线对实现的基于标识的密钥交换协议，并提供了相应的流程。该协议可以使通信双方通过对方的标识和自身的私钥经两次或可选三次信息传递过程，计算获取一个由双方共同决定的共享秘密密钥。该秘密密钥可作为对称密码算法的会话密钥。协议中选项可以实现密钥确认。本部分适用于密钥管理与协商。

GM/T 0044.4—2016《SM9 标识密码算法第 4 部分：密钥封装机制和公钥加密算法》规定了用椭圆曲线对实现的基于标识的密钥封装机制和公钥加密与解密算法，并提供相应的流程。利用密钥封装机制可以封装密钥给特定的实体。公钥加密与解密算法即基于标识的非对称密码算法，该算法使消息发送者可以利用接收者的标识对消息进行加密，唯有接收者可以用相应的私钥对该密文进行解密，从而获取消息。本部分适用于密钥封装和对消息的加解密。

GM/T 0044.5—2016《SM9 标识密码算法第 5 部分：参数定义》规定了 SM9 标识密码算法的曲线参数，并给出了数字签名算法、密钥交换协议、密钥封装机制、公钥加密算法示例。

2) 祖冲之密码标准

祖冲之算法，简称 ZUC，是一个面向字设计的序列密码算法，其在 128b 种子密钥和 128b 初始向量控制下输出 32b 的密钥字流，祖冲之算法于 2011 年 9 月被 3GPP LTE 采纳为国际加密标准（标准号为 TS 35.221），即第 4 代移动通信加密标准，2012 年 3 月被发布为国家密码行业标准（标准号为 GM/T 0001—2012），2016 年 10 月被发布为国家标准（标准号为 GB/T 33133—2016）[57]。

GB/T 33133.1—2016《信息安全技术祖冲之序列密码算法第 1 部分：算法描述》给出了祖冲之序列密码算法的一般结构，基于该结构可实现本标准其他各部分所规定的密码机制。本部分适用于祖冲之序列密码算法相关产品的研制、检测和使用，可应用于涉及非国家秘密范畴的商业应用领域。

ZUC 算法是中国自主设计的流密码算法，是中国第一个成为国际密码标准的密码算法，其标准化的成功，是中国在商用密码算法领域取得的一次重大突破，体现了中国商用密码应用的开放性和商用密码设计的高能力，必将增大中国在国际通信安全应用领域的影响力[58]。

习题

1. 习近平网络强国思想是什么？
2. 根据自己的切身体会，阐述我国社会信息化的发展。
3. 写一个小型调查报告，用实例说明确保信息安全的重要性。
4. 什么是网络空间？为什么网络空间存在严峻的信息安全问题？
5. 信息安全的三大定律是什么？它对我们的学习和工作有什么作用？
6. 什么是网络空间安全学科？学科与专业有什么区别？

7. 网络空间安全学科的主要研究方向及内容是什么？你对哪些方向感兴趣？

8. 网络空间安全学科的理论基础是什么？这些理论基础对我们的专业学习和研究工作有什么指导意义？

9. 网络空间安全学科的方法论是什么？在运用这一方法论分析和解决问题时，应当注意什么？

10. 信息安全法律法规有几大类别？请举例说明。

11.《中华人民共和国网络安全法》从哪一年开始实施？它的实施具有什么意义？

12.《中华人民共和国密码法》从哪一年开始实施？

13.《中华人民共和数据安全法》从哪一年开始实施？

14. 数据安全的定义是什么？

15.《中华人民共和个人信息保护法》从哪一年开始实施？结合自己的个人隐私保护谈谈其实施的意义。

16. 个人信息包含哪些？个人信息处理包含哪些操作？

17.《刑法》第 285～287 条的内容是什么？

18. 互联网安全的刑事责任具体条款有哪些？

19. 全国信息安全标准化技术委员会的组织架构是什么？

20. 国际上专门从事信息安全通用方法及技术标准化工作的组织是什么？

21. 信息安全标准化工作的意义是什么？

22.《信息安全等级保护基本要求》的主要内容是什么？有什么意义？

23. 举例说明中国商用密码标准有哪些。

24. 简述信息安全分级保护和信息安全等级保护。

 参考文献

［1］ 中国科学院信息领域战略研究组. 中国至 2050 年信息科技发展路线图［M］. 北京：科学出版社，2009.

［2］ 李国杰. 信息科学技术的长期发展趋势和我的战略取向［J］. 中国科学：信息科学，2010，40(1)：128-138.

［3］ 沈昌祥，张焕国，冯登国，等. 信息安全综述［J］. 中国科学(E 集：信息科学)，2007，37(2)：129-150.

［4］ Shen C X，Zhang H G，Feng D G，et al. Survey of information security［J］. Science in China Series F，2007，50(3)：273-298.

［5］ 张焕国，王后珍，杨昌，等. 抗量子计算密码［M］. 北京：清华大学出版社，2015.

［6］ 张焕国，赵波，等. 可信计算［M］. 武汉：武汉大学出版社，2011.

［7］ 张焕国，赵波，王骞，等. 可信云计算基础设施关键技术［M］. 北京：机械工业出版社，2019.

［8］ Gibsob W. Burning chrome［M］. Harper Collins UK，1982.

［9］ 张焕国，韩文报，来学嘉，等. 网络空间安全综述［J］. 中国科学：信息科学，2016，46(2)：125-164.

［10］ Zhang H G，Han W B，Lai X J，et al. Survey of syberspace Security［J］. Science China：Information Sciences，2015，58(11)：1-43.

［11］ 张焕国，杜瑞颖. 网络空间安全学科简论［J］. 网络与信息安全学报，2019，5(3)：4-18.

[12]　信息安全类专业教学指导委员会信息安全专业规范项目组. 信息安全专业指导性专业规范[M].
　　　北京：清华大学出版社,2014.

[13]　张焕国,王丽娜,杜瑞颖,等. 信息安全学科体系结构研究[J]. 武汉大学学报理学版,2010,56：
　　　614-620.

[14]　张焕国,杜瑞颖,傅建明,等. 论信息安全学科[J]. 网络安全,2014,56：619-620.

[15]　张焕国,唐明. 密码学引论[M]. 3 版. 武汉：武汉大学出版社,2015.

[16]　刘建伟、王育民. 网络安全：技术与实践[M]. 3 版. 北京：清华大学出版社,2017.

[17]　石文昌,梁朝晖. 信息系统安全概论[M]. 北京：电子工业出版社,2008.

[18]　周学广,任延珍,等. 信息内容安全[M]. 武汉：武汉大学出版社,2012.

[19]　覃中平,张焕国,乔秦宝,等. 信息安全数学基础[M]. 北京：清华大学出版社,2006.

[20]　张维迎. 博弈论与信息经济学[M]. 上海：上海人民出版社,2004.

[21]　Shannon C E. A mathematical theory of communication[J]. Bell System Technical Journal,1948,
　　　27(4)：623-656.

[22]　Shannon C E. Communication theory of secrecy system[J]. Bell System Technical Journal,1949,
　　　28(4)：656-715.

[23]　王育民,李晖,梁传甲. 信息论与编码理论[M]. 北京：高等教育出版社,2005.

[24]　王育民,张彤,黄继武. 信息隐藏：理论与技术[M]. 北京：清华大学出版社,2006.

[25]　Wiener N. Cybernetics or control and communication in the animal and the machine[M]. New
　　　York：Wiley,1948.

[26]　维纳. 控制论(或关于在动物和机器中控制和通信的科学)[M]. 2 版. 北京：科学出版社,2009.

[27]　李喜先,等. 工程系统论[M]. 北京：科学出版社,2007.

[28]　杨东屏. 可计算理论[M]. 北京：科学出版社,1999.

[29]　陈志东,徐宗本. 计算数学——计算复杂性理论与 NPC/NP 难问题求解[M]. 北京：科学出版
　　　社,2001.

[30]　周锡龄. 计算机数据安全原理[M]. 上海：上海交通大学出版社,1987.

[31]　张伟刚. 科研方法论[M]. 天津：天津大学出版社,2006.

[32]　金观涛. 控制论与科学方法论[M]. 北京：新星出版社,2005.

[33]　黄波,刘洋洋. 信息安全法律法规汇编与案例分析[M]. 北京：清华大学出版社,2012.

[34]　王伟昌,詹承豫. 国家信息安全立法的思考[J]. 法制博览,2015,(24)：30-3.

[35]　皮勇. 论中国网络空间犯罪立法的本土化与国际化[J]. 比较法研究,2020,(01)：135-154.

[36]　中华人民共和国网络安全法[J]. 新疆农垦科技,2017,40(01)：80-82.

[37]　本刊编辑部. 《中华人民共和国网络安全法》出台[J]. 中国信息化,2017,(01)：31.

[38]　张启浩,谢力. 《中华人民共和国网络安全法》解读[J]. 智能建筑,2017,(09)：12-16.

[39]　朗胜. 关于《中华人民共和国网络安全法(草案)》的说明[J]. 中国信息安全,2015,(08)：52-55.

[40]　《中华人民共和国密码法》解读[J]. 网信军民融合,2019,(12)：50-52.

[41]　刘桂锋,阮冰颖,刘琼. 加强数据安全防护　提升数据治理能力：《中华人民共和国数据安全法
　　　(草案)》解读[J]. 农业图书情报学报,2021,33(04)：4-13.

[42]　《中华人民共和国个人信息保护法》11 月 1 日起施行[J]. 信息技术与标准化,2021,(09)：4.

[43]　向继志. 强化隐私保护技术与标准工作　推进个人信息保护法治化进程：专访中国科学院院士
　　　冯登国[J]. 中国信息安全,2020,(11)：24-28.

[44]　周小铃,吴超. 个人信息保护法出台,改变了什么？[J]. 协商论坛,2021,(09)：41-43.

[45]　王平. 标准和标准化概念的多学科观点(之一)：早期学者的研究和 ISO 的定义[J]. 标准科学,

2019,(07)：28-34.

[46] 刘回春. 标准化成为国家治理的重要内容[J]. 中国质量万里行,2020,(01)：22-25.

[47] 胡啸. 信息安全标准化工作概述[J]. 信息技术与标准化,2008,(07)：23-28.

[48] 全国信息技术标准化技术委员会官方网. https://www.tc260.org.cn/front/bzcx/yfgjbz.html.

[49] 全国信息技术标准化技术委员会官方网. https://www.tc260.org.cn/front/bzcx/yfgbqd.html.

[50] 谯正宁. 浅析涉密信息系统分级保护建设[J]. 科技信息,2010,(29)：501+514.

[51] 吴宇新. 信息安全等级保护初探[C]. 公安部第三研究所. 第二届全国信息安全等级保护技术大会会议论文集. 公安部第三研究所：《信息网络安全》北京编辑部,2013：451-452.

[52] 甘清云. 国标《信息系统安全等级保护基本要求》修订浅析[J]. 网络安全技术与应用,2019,(12)：1-2.

[53] 田敏求,夏鲁宁,张众,等. 我国密码行业标准综述（上）[J]. 信息技术与标准化,2019,(03)：43-48.

[54] 信息安全国家标准目录 2018 版.

[55] 吕述望,苏波展,王鹏,等. SM4 分组密码算法综述[J]. 信息安全研究,2016,2(11)：995-1007.

[56] 国家密码局官方网站. http://www.sca.gov.cn/app-zxfw/zxfw/bzgfcx.jsp.

[57] 冯秀涛. 祖冲之序列密码算法[J]. 信息安全研究,2016,2(11)：1028-1041.

[58] 冯秀涛. 3GPP LTE 国际加密标准 ZUC 算法[J]. 信息安全与通信保密,2011,(12)：45-46.

第 2 章

密码学基础

2.1　密码学概述

密码的起源

2.1.1　密码的起源

　　早在远古时代，人类就能够感知身边各种自然现象所隐含的信息。这种能力使人类在地球上得以生存繁衍，并逐渐成为地球上占据统治地位的物种。随着早期人类部落的日益发展，人们开发出属于自己的各种复杂的系统——语言系统、数字系统和文字系统。这些系统展现了古人类表达抽象思维过程、有条理地组织劳作和创造象征符号的能力，并创造出人类最初的密码。为了揭示这些古老的系统是如何发展、演变及具备何种功能，考古学家们不得不采用密码分析技术来研究那些支离破碎的实物证据。

　　对于古人类而言，能否在严酷的环境下生存下去，主要取决于人们对主宰世界的自然规律的感知和理解能力。不同形态的云隐藏着不同的信息，远古人类通过观察云的特征来解密天气信息，理解并掌握不同形态的云所蕴含的含义，以预测当时的天气，以判断是否会刮风或下雨。狩猎是人类学习"解密"信息的最早的实践之一，人类狩猎的天赋可以追溯到十万年前甚至更久。猎人在狩猎的过程中，会根据猎物遗留的足印、活动痕迹、啃食的草木等迹象，解读其中隐藏的信息，以判断猎物的种类、踪迹和活动规律等，如图 2-1 所示。在语言及文字诞生之前，古人类通过手势、肢体语言及丛林符号向同族或其他部落的狩猎者发出信号和指令，以协调狩猎行动。这可以看成是古人类采用的一种原始的秘密信息传递和解读方式。

图 2-1　猎人通过辨识动物脚印追踪猎物

1. 古代岩画

在远古时代就出现了岩画艺术,这些岩画形式多样,呈现了当时人类的活动场景。这些岩画不以精确地刻画人类或动物外形为目的,而是将一些象征性图案以某种方式排列组合来传达不同的信息,这是人类通过图形化符号来传递信息的最早手段之一。1940年,法国西南部道尔多尼州乡村的四个少年在带着一条狗在追捉野兔的过程中无意中发现了一个巨大的史前艺术殿堂,里面有 17 000 多年前人类留下的大量洞窟岩画,这就是后来被称为"史前罗浮宫"的拉斯科洞窟岩画。拉斯科洞窟岩画描绘了大量的狩猎场面,也包含很多象征符号。其中最令人瞩目的是所谓的"中国马",因其形体颇似中国的蒙古马种而得名。画中的马正处于怀孕期,它表达了人们祈求繁殖的愿望。图 2-2 为法国拉斯科洞窟中的部分岩画。

图 2-2   法国拉斯科洞窟岩画

挪威的阿尔塔岩画形成于公元前 4200 年至公元前 500 年之间,它分布在 5000m 长的临海斜坡上。这些图画内容十分丰富,有人物、动物、几何图形等,还有许多狩猎的场面。这些图画都有一定的象征意义,如鱼象征渔业发达,人的形象则被认为是消灭敌人的咒符。图 2-3 为挪威阿尔塔岩画。

图 2-3   挪威阿尔塔岩画

我国宁夏银川也有贺兰山岩画,有千余幅个体图形的岩画分布在沟谷两侧绵延 600多米的山岩石壁上。根据岩画图形和西夏刻记分析,贺兰山岩画是不同时期先后刻制的,大部分是春秋战国时期的北方游牧民族所为,也有其他朝代和西夏时期的画像,距今有3000～10 000 年的历史。画面艺术造型粗犷浑厚,构图朴实,姿态自然,写实性较强。以人首像为主的占总数的一半以上,其次为牛、马、驴、鹿、鸟、狼等动物图形。这些岩画揭示了原始氏族部落自然崇拜、生殖崇拜、图腾崇拜、祖先崇拜的文化内涵,是研究中国人类文化史、宗教史、原始艺术史的文化宝库。图 2-4 是中国宁夏贺兰山岩画。

正是因为古人们将当时人类的生活和劳动信息隐藏于岩画之中,我们今天才有可能通过解读这些信息,还原远古时代人类所处的生活环境和一系列生活场景。这是不是可

图 2-4　中国宁夏贺兰山岩画

以看成古人采用的某种信息隐藏方式呢?而现代人们对这些岩画的解读,是不是也可以看作一种对岩画所隐藏的信息进行解密呢?

2. 古文字的形成

大约在 5500 年前,在早期的农业和商业活动中,人们需要记录所存储和交易的物资、生活用品和交易内容。在这种背景下,人们发明了最早用来对信息进行编码的书写系统。约公元前 3400 年前,在美索不达米亚地区的苏美尔,古人发明了使用雕刻符号来计数的泥币。在经历数千年之后,一种基于不同语言的数字和文字系统慢慢传播到整个西亚地区。与此同时,在南非、中国和美洲中部,也各自形成了各自的文字系统。这些成就彰显了人类的巨大进步。人类越来越精通于计数和书写等抽象思维,并在此基础上促进了立法、测重、造币、数学、几何和代数等知识的发展,人类的发展史便得以记载。

楔形文字是由古苏美尔人所创,属于象形文字,如图 2-5 所示。关于楔形文字的描述,最早来自一位西班牙的外交官加西亚·席瓦尔·菲格罗亚。他于 1618 年在波斯波利斯看到了用楔形文字书写的碑文,并将这种楔形文字描述成"三角形的,形如微缩的金字塔"。尽管牛津大学的语言学家托马斯·海德对这种文字进行了推广,但他并不相信这些图案是文字,认为它们只不过是建筑物的装饰而已。

图 2-5　古代波斯发现的楔形文字

1802 年,打开楔形文字之谜的钥匙被一位德国文字学家格奥尔格·弗里德里·希格罗特芬德发现。希格罗特芬德在一位来自希腊的语言学家的帮助下,破译了楔形文字。他的破译方法更像是密码分析学,而非语言学。希格罗特芬德的伟大成就在于他成功破译了一门失传已久的古老语言,将人类有文字记载的历史提前了 3000 年。

大约在 30000 年前,猎人开始使用木棍或骨头来记录猎物数量。人类在记录事物的过程中,创建了计数系统。从楔形文字中的数字符号,到罗马数字符号,再到阿拉伯数字,世界上大部分地区的数字系统经历了漫长的演变过程。这个数字演变的过程,其实是长期以来人们对古代世界存在的难以辨识的各种计数方式的解读过程,最终形成了当今世界广泛采用的"阿拉伯数字"。

斐斯托斯圆盘(Phaistos Disc)于 1908 年在希腊克里特岛的斐斯托斯皇宫遗址被发现,现存于希腊的伊拉克里翁考古博物馆,如图 2-6 所示。圆盘上的符号是用活字印模在泥盘尚湿时压印上去的,因此斐斯托斯圆盘也被认为是迄今所知最早的活字印刷文献。圆盘的正反两面共刻有 241 个象形符号,这些符号在圆盘的两面都以顺时针方向由外向内螺旋排布,表示了人物、动物、植物、工具等 45 种不同的事物。虽然近来有学者认为它上面记载的是某种古代天文历法,但至今还没有任何学者能解密这些文字图案的意义。

图 2-6　斐斯托斯圆盘正反面图案

3. 古代隐写术

消息隐藏,尤其是在战争或国家安全中的应用,可以追溯到好几个世纪以前。早在字母表和数字编码发明之前,人们就开发出很多精妙的技巧来隐藏消息,其中一些方法至今仍在使用。这些方法尽管不是非常严格的加密过程,但是其主旨与密码学的目标是相同的,而如今我们称这种技术为"隐写术"。

大约在公元前 499 年,希腊贵族希斯提亚埃乌斯为了安全地把机密信息传送给米利都的阿里斯塔格鲁斯,怂恿他起兵反叛波斯人,想出一个绝妙的主意:剃光传信奴隶的头发,在其头顶上写下密信,等头发重新长出来,再将他派往米利都送信。信使携带了密信,但他却不知道密信的内容。等他到达目的地,对方只要剃光信使的头发,就可以获得密信的内容。

古人也采用蜡封技术隐藏信息。大约在公元前 480 年,一个因被流放而居住在波斯的希腊人,发现波斯国王薛西斯欲派强大的军队进攻希腊,想给自己的祖国发送警报。他设法找到一对表面封蜡的书写板,将表面的蜡费力刮掉,将报警消息写在木板上,并重新用蜡封上。希腊人在获得这对书写板后,猜出消息被隐藏在蜡层之下,便刮掉蜡封,获得了报警消息,提前为应对波斯王国的攻击做好了战争准备。

隐藏信息的另一种方法就是使用隐写墨水。早在公元 1 世纪,智慧的古罗马人就利用大戟科植物汁液风干后透明、加热后变棕色的特性,提取大戟科植物的汁液,发明了隐写墨水。此外,人们也发现洋葱、柠檬汁等也可以用于制作隐写墨水。

4. 古代战争密码

外交和战争是最早使用编码和密码的两个重要领域。人们传说编码和密码的应用起源于古希腊。考虑到希腊人对文字和数字的迷恋,这种说法也不足为奇。

人们所熟知的最古老的密码装置就是密码棒,如图 2-7 所示。在公元前 7 世纪,密码棒在古希腊的军事重镇斯巴达就得到广泛使用。所谓密码棒就是一根木棒,信息的发送者会用羊皮纸或皮带一圈接一圈地缠绕在木棒上,然后发信者沿着木棒的长边逐行写下完整的信息。解开缠绕在木棒上写满信息的带子后,会得到一个看上去毫无意义的字母带。这条字母带随后会被秘密地传送给接收者。如果信息被写在皮带上,信使可以将此皮带反过来扎在腰上,以便隐藏皮带上的信息。此后,接收者将皮带再次缠绕在自己的密码棒上(假设此密码棒与发送者的密码棒具有相同的直径和面数),就可以读出被隐藏的信息。

图 2-7　斯巴达密码棒

5. 达·芬奇密码筒

由小说改编的同名电影《达·芬奇密码》中出现的密码筒,是根据达·芬奇手稿复制出来的,如图 2-8 所示。此密码筒造型古典,设计优雅,内含文艺复兴特质,符合达·芬奇的睿智风格。在《达·芬奇密码》小说中也有提到这种密码筒。按照故事情节,密码筒里藏匿着关于郇山隐修会乃至整个基督教的最大秘密。要打开密码筒,必须解开一个 5 位数的密码。密码筒上有 5 个转盘,每个转盘上有 26 个字母,可能作为密码的排列组合多达 11 881 376 种。达·芬奇密码筒上安装有字母拨号盘,当拨号盘旋转到特定位置拼出正确口令时,密码筒就会自动分成两半。寄信人在使用这种密码筒时,需要事先将写有秘密消息的草质信纸和一小瓶醋同时放进筒内。如果密码筒被强行砸破,里面的醋瓶子就会破裂,流出来的醋将使信纸立即溶解,信纸上的信息就会消失。密码筒的这种设计可以有效防止暴力破解。

图 2-8　达·芬奇密码筒

从上述故事中可以体会到,密码的发展史与人类的文明史相生相伴。人类文明的发展史就是一部密码的演化史。从古人类采用的符号标记,到古文字的形成和解读;从宗教图案中的隐喻,到古代隐写术;从古希腊斯巴达密码棒,到达·芬奇密码筒设计,古人们这

古典密码

些五彩斑斓的创新和杰作,无不体现了古人在秘密传递上的智慧,给现代人留下了宝贵的财富,并一步一步地将密码学推向了以数学为基础的古典密码的时代[1]。

2.1.2　古典密码

古典密码有着悠久的历史。虽然这些密码大都比较简单,很容易破译,现在已经很少采用,但是研究这些密码的原理,对于理解、构造和分析现代密码都是十分有益的。

提起古典密码,就必须提到一个人,此人就是古罗马的将军和独裁者盖乌斯·尤利乌斯·恺撒(公元前 100—公元前 44 年)。恺撒大帝是一位伟大的历史学家和作家,不仅可以用拉丁文和希腊文写作,而且热衷于密写术。他在高卢地区参加竞选时,采用字母代换的方法给罗马的同事和朋友写了密信,这是历史上第一个有记载的密码体制。150 年后,史学家苏维托尼乌斯将恺撒用到的密写方法写入他的著作《罗马十二帝王传》(*Twelve Caesars*),书中记载了恺撒曾用此方法对重要的军事信息进行加密。后来,密码学家们又发明了各种形式的代换密码,如单表代换、多表代换、多字母代换等。虽然这些密码看似简单,但却充分展现了人类无穷的智慧和创造性。

1. 代换密码

代换密码(Substitution Ciphers)根据一定的规则依次将一个(或多个)明文字母代换为一个(或多个)密文字母,以实现对明文的保密。代换密码的特点是保持明文字母的位置和次序不变,但改变字母的内容。根据采用代换表格的个数及每次代换字母的个数,代换密码可以分为单表代换、多表代换和多字母代换等。

1) 单表代换——恺撒密码

恺撒密码(Caesar Cipher)可看作一个简单的字母顺序的"移位",明文字母和密文字母之间的对应关系可以通过一个映射表来表示,将输入的每个明文字母,依次查表得到对应的密文字母。因此,恺撒密码是一个单表代换。4 字母移位的恺撒密码字母表如表 2-1 所示。从表中可以看出,密文字母表向前移动了 4 个字母,因此 A 被 E 替代,M 被 Q 替代,以此类推。

表 2-1　4 字母移位的恺撒密码

明文	A	B	C	D	E	F	G	H	I	J	K	L	M	N	O	P	Q	R	S	T	U	V	W	X	Y	Z
密文	E	F	G	H	I	J	K	L	M	N	O	P	Q	R	S	T	U	V	W	X	Y	Z	A	B	C	D

如果明文信息为: REINFORCEMENTS ON THE WAY

那么密文信息为: VIMRJSVGIQIRXW SR XLI AEC

实际上,不一定移动 4 个字母的位置,也可以移动 K 个字母位置。广义的恺撒密码指移动 K 个位置的加密体制,因此又可称为移位密码。如果将 26 个字母用数字 0~25 表示,采用广义恺撒密码加密的过程在数学上可以表示为

$$C = M + K \pmod{26}$$

其中,M 是明文字母,C 是密文字母,K 是密钥。mod 26 是模算术运算,当 $M+K>26$ 时,就减去 26,余数就是模运算的结果。密钥 K 可能的取值只有 1~25,即密钥空间为集

合$\{1,2,\cdots,25\}$,共有 25 个元素。因此,这种加密方法对于密码专家来说并不安全。在唯密文攻击中,若已知明文是有意义的话语且猜出加密者使用了恺撒移位代换加密信息,那么破译者采用穷举法最多尝试 25 次就可以解密。

2) 多表代换——维吉尼亚密码

为了增加密码破译的难度,人们在恺撒单表代换密码的基础上扩展出多表代换密码,即明文字母到密文字母的变换采用多个映射表,其中,最有名的当属"维吉尼亚密码"。布莱斯·德·维吉尼亚(1523—1596 年)是法国的职业外交家。他在罗马任职期间,对密码学产生了浓厚的兴趣。意大利当时是欧洲的密码学研究中心。他退休后,出版了一系列以密码学为主题的书,其中有一本书的名字为《密写方式的数字约定》。此书中记载了许多编码和密码方法,其中包括贝拉索的表格法。维吉尼亚对贝拉索的表格法做了改进,将字母表扩展到 26×26,发明了自动密钥系统。维吉尼亚密码代表了密码学理论发展的一个转折点。

有趣的是,维吉尼亚密码在 18 世纪才得到广泛应用,并一直用到 19 世纪末。此密码在当时被公认是很安全的,曾被称为"不可破译的密码"。维吉尼亚密码的基本原理很简单,但与恺撒密码相比,其加密过程就稍显复杂。

维吉尼亚密码的加密过程描述如下。

第 1 步:构造维吉尼亚多表代换字母表方阵。

将 26 个字母构成的字母表连续向左移位 1 次,组成 26×26 的字母表方阵。方阵的第一行是明文字母,方阵的左边第一列按照从上至下的顺序编号,如表 2-2 所示。

表 2-2 维吉尼亚多表代换字母表方阵

	a	b	c	d	e	f	g	h	i	j	k	l	m	n	o	p	q	r	s	t	u	v	w	x	y	z
1	B	C	D	E	F	G	H	I	J	K	L	M	N	O	P	Q	R	S	T	U	V	W	X	Y	Z	A
2	C	D	E	F	G	H	I	J	K	L	M	N	O	P	Q	R	S	T	U	V	W	X	Y	Z	A	B
3	D	E	F	G	H	I	J	K	L	M	N	O	P	Q	R	S	T	U	V	W	X	Y	Z	A	B	C
4	E	F	G	H	I	J	K	L	M	N	O	P	Q	R	S	T	U	V	W	X	Y	Z	A	B	C	D
5	F	G	H	I	J	K	L	M	N	O	P	Q	R	S	T	U	V	W	X	Y	Z	A	B	C	D	E
6	G	H	I	J	K	L	M	N	O	P	Q	R	S	T	U	V	W	X	Y	Z	A	B	C	D	E	F
7	H	I	J	K	L	M	N	O	P	Q	R	S	T	U	V	W	X	Y	Z	A	B	C	D	E	F	G
8	I	J	K	L	M	N	O	P	Q	R	S	T	U	V	W	X	Y	Z	A	B	C	D	E	F	G	H
9	J	K	L	M	N	O	P	Q	R	S	T	U	V	W	X	Y	Z	A	B	C	D	E	F	G	H	I
10	K	L	M	N	O	P	Q	R	S	T	U	V	W	X	Y	Z	A	B	C	D	E	F	G	H	I	J
11	L	M	N	O	P	Q	R	S	T	U	V	W	X	Y	Z	A	B	C	D	E	F	G	H	I	J	K
12	M	N	O	P	Q	R	S	T	U	V	W	X	Y	Z	A	B	C	D	E	F	G	H	I	J	K	L
13	N	O	P	Q	R	S	T	U	V	W	X	Y	Z	A	B	C	D	E	F	G	H	I	J	K	L	M
14	O	P	Q	R	S	T	U	V	W	X	Y	Z	A	B	C	D	E	F	G	H	I	J	K	L	M	N
15	P	Q	R	S	T	U	V	W	X	Y	Z	A	B	C	D	E	F	G	H	I	J	K	L	M	N	O
16	Q	R	S	T	U	V	W	X	Y	Z	A	B	C	D	E	F	G	H	I	J	K	L	M	N	O	P
17	R	S	T	U	V	W	X	Y	Z	A	B	C	D	E	F	G	H	I	J	K	L	M	N	O	P	Q
18	S	T	U	V	W	X	Y	Z	A	B	C	D	E	F	G	H	I	J	K	L	M	N	O	P	Q	R
19	T	U	V	W	X	Y	Z	A	B	C	D	E	F	G	H	I	J	K	L	M	N	O	P	Q	R	S
20	U	V	W	X	Y	Z	A	B	C	D	E	F	G	H	I	J	K	L	M	N	O	P	Q	R	S	T
21	V	W	X	Y	Z	A	B	C	D	E	F	G	H	I	J	K	L	M	N	O	P	Q	R	S	T	U
22	W	X	Y	Z	A	B	C	D	E	F	G	H	I	J	K	L	M	N	O	P	Q	R	S	T	U	V
23	X	Y	Z	A	B	C	D	E	F	G	H	I	J	K	L	M	N	O	P	Q	R	S	T	U	V	W
24	Y	Z	A	B	C	D	E	F	G	H	I	J	K	L	M	N	O	P	Q	R	S	T	U	V	W	X
25	Z	A	B	C	D	E	F	G	H	I	J	K	L	M	N	O	P	Q	R	S	T	U	V	W	X	Y
26	A	B	C	D	E	F	G	H	I	J	K	L	M	N	O	P	Q	R	S	T	U	V	W	X	Y	Z

第 2 步:由"关键字"决定选择哪个代换表。

与恺撒密码不同,每个明文字母采用维吉尼亚多表代换方阵对应的潜在密文字母均有 26 种可能。例如,如果选择第 5 行,那么明文字母"a"就被加密为"F";如果选择第 22 行,那么字母"a"就被加密为"W"。

现在,对于加密者而言,关键是如何在 26 个代换表中选择一个代换表进行明文字母的代换。维吉尼亚通过采用"关键字"或"关键文本"来决定代换表的选用顺序。这个"关键字"可以是一个英文单词,或者是一个短语,或者是一串数字,它们就是后面即将讲到的"密钥"概念的雏形。

例如,可以选择被加密的机密信息为"wait for attack command","关键字"选择"SECRET WORD",那么可以得到明文-关键字对应表,如表 2-3 所示。

表 2-3　明文-关键字对应表

明文	w	a	i	t	f	o	r	a	t	t	a	c	k	c	o	m	m	a	n	d
关键字	S	E	C	R	E	T	W	O	R	D	S	E	C	R	E	T	W	O	R	D
密文	P	F	L	L	J	I	O	P	L	X	T	H	N	U	T	G	J	P	F	H

第 3 步:在"关键字"控制下对明文加密。

关键字的第一个字母"S"对应密钥方阵的第 19 行,则明文字母"w"被"P"替换;关键字的第二个字母"E"对应于密钥方阵的第 5 行,则明文字母"a"被"F"替换。以此类推,得到加密后的密文为"PFLL JIO PLXTHN UTGJPFH"。

上面的加密过程通过查表的方式完成。其实可以将查表法转换成一种更简单的方法:如果把 A~Z 的 26 个英文字母编号为 1~26,上述加密过程可以转换为模 26 加法运算,如表 2-4 所示。

表 2-4　明文-关键词对应表

明文	w	a	i	t	f	o	r	a	t	t	a	c	k	c	o	m	m	a	n	d
编码	23	1	9	20	6	15	18	1	20	20	1	3	11	3	15	13	13	1	14	4
关键字	S	E	C	R	E	T	W	O	R	D	S	E	C	R	E	T	W	O	R	D
编码	19	5	3	18	5	20	23	15	18	4	19	5	3	18	5	20	23	15	18	4
密文	P	F	L	L	K	I	O	P	L	X	T	H	N	U	T	G	J	P	F	H
mod 26	16	6	12	11	11	9	15	16	12	24	20	8	14	21	20	7	10	16	6	8

为了破译该密文,必须知道加密所采用的关键字,知道了关键字,解密只需要执行与加密相反的模运算。例如,要对第一个密文字母"P"解密,只需要做加密的逆计算:

$$16-19 \bmod 26 = 26 + (16-19) \bmod 26 = 42-19 = 23$$

运算结果为 23,所对应的明文字母即为"w"。为了进一步提高维吉尼亚密码的安全性,有两种选择:一是打乱表格法方阵的逻辑顺序,二是引入更加复杂的关键字,如可以采用与明文长度相同的字母和数字组合。在实际应用中,可以将成千上万个复杂的关键字收集起来编成册,就形成了"密码本",双方可以共享此密码本进行保密通信。

在发明维吉尼亚密码的 300 年后,一个叫查尔斯·巴贝奇的英国发明家宣称他已成功破译了此密码。巴贝奇精通密码学的数学基础,着手寻找可能出现在维吉尼亚密文中的重复循环。他通过搜索重复的密文中的字母串而推导出关键字的长度。应英国情报部门的要求，他没有公布破解维吉尼亚的具体方法。巴贝奇的破译方法不可避免地依赖于大量的比较计算，为此他还发明了一台可以做差分计算的计算机。

维吉尼亚密码的优点是它有相对复杂的密钥，相同的明文字母将被加密为不同的密文字母，增加了破译的难度。但它的缺点依然存在，如果密文足够长，会有大量重复的密文串出现，通过计算重复密文串之间的公因子，分析者可能猜出密钥的长度。

3) 多字母代换——普莱费尔密码

普莱费尔密码是一种多字母代换密码，由电报机的发明者之一查尔斯·惠斯通爵士（1802—1875 年）和政治家莱昂·普莱费尔爵士（1818—1898 年）于 1854 年发明，并由莱昂·普莱费尔倡导在英国军队和政府部门使用。查尔斯·惠斯通是英国著名的物理学家，他一生在电学、光学、乐音等多方面为科学技术的发展做出了重要贡献。莱昂·普莱费尔是英国的科学家、政治家。他出生于孟加拉国，曾先后在圣安德鲁斯大学、安德森学院和爱丁堡大学学习，后在英国政府部门任职。因普莱费尔在推动此密码的普及和应用中做出了贡献，故人们将此密码以他的名字命名。

普莱费尔密码的基本思想是：将明文中的双字母组合作为一个单元，并将这些单元转换为密文的双字母组合，加密的三个步骤为：编制密码表，整理明文，编写密文。

第 1 步：编制密码表。

普莱费尔算法基于一个 5×5 的字母矩阵，该矩阵使用一个密钥构造而成：从左至右、从上至下填入该密钥的字母（去除重复字母），然后再将 26 个英文字母中余下的字母以字母表顺序填入矩阵剩余空间（注：字母 I 和 J 被算作同一个字母）。例如，当关键词（密钥）为 harpsichord（一种 15 世纪至 19 世纪初用的键盘乐器）时，就可以写出 5×5 的矩阵密码表，如表 2-5 所示。

从表 2-5 中可以看出，密钥表共有 25 个字母，I 和 J 均视同 I。先填写密钥字母，去除重复的字母，再用其他字母补齐。

表 2-5 普莱费尔密码表

H	A	R	P	S
I	C	O	D	B
E	F	G	K	L
M	N	Q	T	U
V	W	X	Y	Z

第 2 步：整理明文。

将明文消息拆分为成对的二合字母，每个二合字母必须由不同的字母组成，如果两个同样的字母同时出现在一个二合字母中，要在它们之间插入一个 x；在结尾只剩下单个字母的情况下，在结尾处也添加一个 x。例如，明文 help I really need somebody，进行明文整理后就变成 he lp ir ea lx ly ne ed so me bo dy。

第 3 步：编写密文。

以表 2-5 的密钥表为参考，对二合字母按以下三种方式进行代换。

(1) 同行代换规则：若二合字母位于同一行，则每个明文字母由其右侧的字母代换，若明文字母是某行的最后一个字母，则由该行的第一个字母代换。例如，ps 代换为 sh。

(2) 同列代换规则：若二合字母位于同一列，则每个明文字母由它下方的字母代换，若明文字母是某列的最后一个字母，则由该列的第一个字母代换。例如，hv 代换为 ih。

（3）不同行不同列代换规则：若二合字母不位于同一行或同一列，则明文第一个字母将由与第一个字母同行、与第二个字母同列的字母替换；明文第二个字母将由与第二个字母同行、与第一个字母同列的字母代换。例如，明文 ns 代换为密文 ua。

根据以上代换规则，明文信息经过代换加密后得出的密文如表 2-6 所示。

表 2-6　经普莱费尔密码加密的明文-密文对照表

明文	he	lp	ir	ea	lx	ly	ne	ed	so	me	bo	dy
密文	im	ks	oh	fh	gz	kz	mf	ki	rb	vm	id	kp

接收者解密时，只要他知道关键词，只需简单地将以上加密过程反向进行，就可以得到明文。因此，要想破译该密码，必须要猜出关键词是什么，也就是要知道密钥。

在电影《国家宝藏 2》中，英国女王曾向美国内战中的南方同盟写过两封关于黄金城的密信，以期南方同盟获得巨额财富，从而战胜北方政府，其中第二封信就是用普莱费尔密码加密的。普莱费尔密码使用方便且可以令英文字母的频度分析法失效，因此有人称它为"坚不可破"的密码。它在 1854—1855 年的克里米亚战争和 1899 年的布尔战争中被广泛应用，直到 1915 年的第一次世界大战时期才被破解。

虽然普莱费尔密码可以令英文字母的频度分析法失效，但仍然可以用二合字母的频度分析法进行破译。英语中有很多常见的二合字母对，如 th、he、an、in、er、re、es 等，通过分析密文二合字母出现的频度，就可以将相同频度的密文二合字母与明文二合字母相对应，从而破译该密码。

2. 置换密码

置换密码（Permutation Ciphers）又称换位密码（Transposition Ciphers），它根据一定的规则重新排列明文，以便打破明文的结构特性。置换密码的特点是保持明文的所有字符不变，只是利用置换打乱了明文字符的位置和次序，也就是说，它改变了明文的结构，不改变明文的内容。这一特点与代换密码截然不同。置换密码是古典密码的重要一员。人类仅通过对明文字母进行重新排序，就可以实现对明文的加密。虽然置换密码的设计思想简单，但它们对现代密码的贡献却不可磨灭。

置换密码的字母置乱规则有很多种类，根据字母置乱以及恢复的编码规则不同，置换密码可以分为栅格换位、矩阵换位和列换位等。

1）栅格换位

假如明文为下面一句话：

Send the battle map to me before enemy troops come.

可以采用两行锯齿形排列的栅格，将以上明文字母按照从上至下、从左至右的顺序写到栅格中，如图 2-9 所示。

图 2-9　两行栅格换位

按照从上至下、从左至右的顺序读出密文为：

SNTE ATE ATMBFR EEY RO SO EEDHBT LMPOE EOENMT OPCM

其实，换位并不一定局限于两行栅格，也可以采用 4 行栅格来对以上消息加密，如图 2-10 所示。

图 2-10　4 行栅格换位

按照从上至下、从左至右的顺序读出密文为：

SEEM RYS EHBLMO EOE MT PC NTATAT BFEER OOEDTP ENOM

2）矩阵换位

假如明文为下面一句话：

Launch hacker attacks to paralyze the target networks.

可以构造一个任意维数的矩阵，将明文消息按行从上至下、从左至右的顺序写入矩阵。例如，可以构造一个 6×8 的矩阵，并将明文写入矩阵，如图 2-11 所示。

l	a	u	n	c	h	h	a
c	k	e	r	a	t	t	a
c	k	s	t	o	p	a	r
a	l	y	z	e	t	h	e
t	a	r	g	e	t	n	e
t	w	o	r	k	s		

图 2-11　6×8 换位矩阵

按列从上至下、从左至右的顺序读出密文如下：

LCCATT AKKLAW UESYRON RT ZGRCAOEE KHT PTTSHT AHNAAREE

其实，许多换位方法都是可行的。不一定非要依次按行填充矩阵，再依次按列读出密文，也可以沿对角线方向，或按螺旋旋进或旋出方向，或其他任何方式读出密文。对于解密者来说，只需要按照读取密文的顺序将字母填回矩阵，然后按照加密时明文填充的顺序读出即可。

如果密文被破译者截获，而且怀疑发信者采用这种加密方式，那么只能猜测加密矩阵的行列数。因密文有 46 个字母，因此破译者可以猜出的加密矩阵有很多，如 2×23，2×24，3×16，4×12，5×10，6×8，7×7，8×6，10×5，12×4，16×3，24×3，23×2 等。有关矩阵换位密码的破译方法，读者可以参考文献[2]。

3. 弗纳姆密码

1917 年，美国 AT&T 公司的工程师弗纳姆（Gillbert Vernam）为电报通信设计了一种非常简单易行的密码,被称为弗纳姆密码(Vernam Cipher)。

弗纳姆密码是最简单的密码体制之一。若假定消息是长为 n 的比特串:

$$M = b_1 b_2 \cdots b_n \in \{0,1\}^n$$

那么密钥也是长为 n 的比特串:

$$K = k_1 k_2 \cdots k_n \in_U \{0,1\}^n$$

(这里注意到符号"$\in_U$"表示均匀随机地选取 K)。一次加密 1b,通过将每个消息比特和相应的密钥比特进行比特异或(XOR,$\oplus$)运算来得到密文串 $c = c_1 c_2 \cdots c_n$,即

$$c_i = b_i \oplus k_i, \quad 1 \leqslant i \leqslant n$$

这里运算 $\oplus$ 定义为

$\oplus$	0	1
0	0	1
1	1	0

因为 $\oplus$ 是模 2 加,所以减法等于加法,因此解密与加密相同。

考虑 $M = C \oplus K \in \{0,1\}^n$,则弗纳姆密码是代换密码的特例。如果密钥串只使用一次,那么弗纳姆密码就是一次一密加密体制。一次一密弗纳姆密码提供的保密性是在信息理论意义上安全的,或者说是无条件安全的。理解这种安全性的一种简单方法如下。

如果密钥 K 等于 $C \oplus K$(逐比特模 2 加),则任意明文 M 都能够产生特定的密文 C,所以密文消息串 C 不能提供给窃听者关于明文消息串 M 的任何信息。

一次一密弗纳姆密码也称为一次一密密码。原则上,只要加密密钥是永不重复的真随机数,那么任何代换密码都可以看成一次一密密码。然而,习惯上只有使用逐比特异或运算的密码才称为一次一密密码。一次一密密码的安全性完全取决于密钥的随机性。若密钥是真随机数,那么产生的密文流也是真随机数。

但是在实际应用中,一次一密密码存在以下两个难点。

(1) 产生大规模的随机密钥有困难。密钥流的长度必须与明文的长度相同,当明文很长时,提供和保存这种规模的随机数是相当艰巨的任务。

(2) 密钥的分配和保护存在困难。对每一条明文消息加密,都需要给发送方和接收方提供等长的密钥。因此,大量密钥的分发就成了问题。正是因为存在以上困难,在实际中一次一密很少使用,主要用于对安全性要求很高、数据传输量不大的保密通信。

与其他代换密码(如使用模 26 加的移位密码)相比,逐位异或运算(模 2 加)在电子电路中更容易实现,因为这个原因,逐位异或运算被广泛应用在现代单钥加密算法的设计中。因此,弗纳姆密码是序列密码(Sequence Cipher)的雏形。序列密码也称为流密码(Stream Cipher),在今天的计算机和通信系统中均得到广泛应用。

本节介绍了代换密码、置换密码和弗纳姆密码。这些密码在计算机发明之前,确实很难破解,在早期的军事和情报领域发挥了不小的作用。但是,随着计算机的发明,破译这些古典密码在今天看来是轻而易举的事情,但是古典密码的设计思想仍然对现代密码的设计产生了不可磨灭的影响。古典密码的两个基本工作原理——代换和置换,仍是构造现代对称密码算法的最重要的核心技术。在后面介绍的现代对称密码 DES 和 AES 的设

计中,仍然可以看到代换和置换这两个基本运算的影子。同时,一次一密密码也深远地影响着现代序列密码的设计。

2.1.3　机械密码

机械密码

在计算机发明之前,所有的密码编码和解密都要通过手工进行操作。这样做的缺点很多,一是容易出错,二是速度太慢。因此,人们就想方设法采用一些硬件的机械设备来取代繁重的人工加密和解密操作。于是,历史上便出现了许多机械密码机,这些机械密码机设计精巧,令人印象深刻。最具代表性的当属第二次世界大战时期纳粹德国采用的恩尼格玛(ENIGMA)密码机。本节主要介绍 ENIGMA 密码机的设计,以及破译 ENIGMA 密码机的故事。

1. ENIGMA 密码机

1918 年,德国发明家亚瑟·谢尔乌比斯(1878—1929 年)出于商业目的发明了一台机械密码机,取名为 ENIGMA,并为其申请了专利,如图 2-12 所示。ENIGMA 看起来像是一个装满了复杂而精致元件的盒子,它的机械构造相当巧妙,令每个深入研究 ENIGMA 的人赞叹不已。这种密码机很快就吸引了德国军方的注意。在之后的十几年,其编码规则设计越来越复杂。

图 2-12　ENIGMA 密码机及插接板设计

据英国于 1923 年出版的关于第一次世界大战的官方历史资料透露,德国在第一次世界大战时,其加密的消息能被英军轻易读取。因此,德国军方意识到他们需要使用一个更安全的加密系统。军方让公司在商用机基础上增加了更复杂的设计,最终采购了超过 30 000 台的 ENIGMA 密码机。在第二次世界大战期间,德国国防军、空军和海军分别为 ENIGMA 密码机编制发行了日用密码本。ENIGMA 密码机的美妙之处在于它是机械编码系统,所以其加解密速度非常快,而且几乎消除了人为错误。

用 ENIGMA 密码机加密时,输入明文即可产生加密文本,可以通过无线电传输,接收者只需输入加密后的信息,机器就会生成解密后的明文。如果没有获得密码本,ENIGMA 密码机在当时被认为几乎是坚不可摧的密码系统。

ENIGMA 密码机的工作原理如下。

(1) 操作员在键盘上按下字母 U 键,U 键触发电流在保密机中流动。

(2) 在插接板上,所有转接的字母首先在这里被代换加密,如 U 加密为 L。

(3) 经过插接板后,L 字母电脉冲直接进入 1 号扰码转盘。

(4) L 字母电脉冲穿过扰码转盘 1 后到达一个不同的输出点,这也是 2 号扰码转盘上另一个字母的输入点。每输入一个字母,1 号扰码转盘会旋转一格。

(5) 输入字母电脉冲穿过 2 号扰码转盘到达一个不同的输出点,这也是 3 号扰码转盘上另一个字母的输入点。当 1 号扰码转盘旋转一圈完成 26 个字母循环时,就会拨动 2 号扰码转盘旋转一格,这个过程一直会不断重复。

(6) 输入字母电脉冲穿过 3 号扰码转盘到达一个不同的输出点,到达反射器。当 2 号扰码转盘旋转一圈完成 26 个字母循环时,就会拨动 3 号扰码转盘旋转一格,这个过程一直会不断重复。

(7) 反射器和转子一样,它将一个字母连在另一个字母上,但它并不像转子那样转动。当每个字母电脉冲到达反射器时,反射器将此电脉冲经由不同的路径反射回去,穿过 3 号、2 号、1 号扰码转盘到达插接板,例如,电脉冲到达字母 V。

(8) 因在插接板上 V 和 S 相连,此时显示板上的 S 指示灯就会点亮。操作员就可以在这里看到加密结果,即字母 U 被加密为字母 S。

ENIGMA 的密钥空间非常大,因其使用了三个转子,使每个字母有 $26 \times 26 \times 26 = 17\,576$ 种代换的可能性;插接板上两两交换 6 对字母的可能性数目非常巨大,有 100 391 791 500 种;三个转子存在 123-132-231-213-321-312 的组合,初始扰码转盘的可能排列状态增加了 6 倍。总的密钥数量达到 $26^3 \times 6 \times 100\,391\,791\,500$,密钥空间可达到 10^{16} 的数量级,基本上可以看成一个天文数字。自从德国军队引进 ENIGMA 以来,每个人都认为 ENIGMA 密码机牢不可破。

对 ENIGMA 的破译要追溯到 20 世纪 30 年代,在波兰认识到德国入侵其领土的野心后,波兰密码局率先破解了 ENIGMA 密码系统。在破译初期,按照波兰与法国的协议,法国将许多 ENIGMA 的材料交给了波兰,波兰人很快着手建立 ENIGMA 机的复制品。为了破译 ENIGMA,波兰密码局从曾处于德国统治区的波兹南大学招募了数位优秀的数学家加入密码破译队伍,这些数学家都能够说流利的德语,对破译德军密码起到了很大帮助。被称为密码研究波兰“数学三杰”的亨里克·佐加尔斯基、杰尔兹·罗佐基和马里安·雷杰夫斯基为破译 ENIGMA 做出了突出贡献,特别是马里安·雷杰夫斯基,他在破译 ENIGMA 中起到关键作用。

第二次世界大战爆发后,德国对 ENIGMA 进行了升级,波兰人再也无法破解升级后的 ENIGMA 密码机。1939 年 6 月 30 日,波兰人将自己的全部成果交到英法同事们手中,希望盟国能够利用他们的成果破解德军新的密码。

布莱切利庄园是一座安静的乡间别墅,坐落于白金汉郡乡间,在破解 ENIGMA 密码机的战争中,经历了最为严峻的考验。1939 年,这座别墅作为新建立的政府信号密码学校的总部,取代“第 40 室”成为英国的解密中心。每当战争爆发,别墅中就挤满了形形色色的由数学家、科学家、历史学家和语言学家组成的密码分析人员。丘吉尔称这里的工作人员为“会生金蛋但从不咯咯叫的鹅”。

在布莱切利庄园密码分析中心招募的各类专家中,有一个极有天赋的来自剑桥大学的年轻数学家阿兰·图灵(Alan Turing)(1912—1954年),他一直从事二进制数学理论和可编程计算机方面的研究。在波兰已经取得的进展基础上,图灵着手设计并改进"炸弹"(Bomb)系统,分析ENIGMA机新增的扰码转盘的设置。1940年3月,图灵率领的破译团队采用"炸弹"系统,成功破译了德军升级版的ENIGMA密码机。

德军对英空战屡次失败后,希特勒开始怀疑ENIGMA密码机是否安全,于是命令德军对考文垂进行一次空袭实验。"炸弹"很快译出了德军的情报。丘吉尔为使德军相信ENIGMA未被破译,权衡再三决定放弃考文垂。1940年11月14日19时许,德军炸弹如雨点儿般落入考文垂,居住着25万人的繁华城市变成了"死城"。空袭过后,德军对ENIGMA密码机更加依赖。在"炸弹"的帮助下,英国人在后续的战争中,赢得大不列颠空战、大西洋海战、北非反击战的胜利。当盟军从诺曼底登陆重返欧洲大陆后,丘吉尔对情报局局长说:"还记得吧,从考文垂以后,我们一直捏着德国人的脉搏打这场世界大战!"

第二次世界大战期间,上至德军统帅部,下至陆海空三军,都把ENIGMA密码机作为标准配置使用,对ENIGMA密码机的安全性过度自信,最终只会饱尝因ENIGMA密码机被破译所带来的苦果。在对第二次世界大战进行评估时,战史专家认为盟国成功破解ENIGMA密码机,使第二次世界大战至少提早两年结束,也因此拯救了成千上万人的生命。

2. 其他机械密码机

在第二次世界大战时期,除了德军使用的ENIGMA密码机之外,英国、美国、日本等国家也设计了很多类型的机械密码机。英国设计制造了一个类似于ENIGMA的密码机,称为Type X Mark Ⅲ密码机,如图2-13(a)所示。美国则开发了比英国的X型密码机更为先进的SIGABA密码机(也称为M-134-C),如图2-13(b)所示。日本设计制造了一种被称为"紫色"(PURPLE)的密码机,如图2-13(c)所示。

(a)　　　　　　　　　(b)　　　　　　　　　(c)

图2-13　第二次世界大战时期英、美、日使用的密码机

"紫色"是美国军队给日本外务省(外交部)在第二次世界大战期间使用的一种机械式密码机所起的名字。那时美国人习惯用颜色来命名日本人的各种密码,如此前日本外交官使用的密码被称为"红色"。日军所使用的"紫色"密码机叫作"九七式欧文印字机暗号

机 B 型"或称紫色机,紫色密码机的构造和西方国家使用的密码机不太一样,不是用转盘,而是采用了一种步进开关式电气机械加密装置。步进式开关是指一端输入、多端输出的电信号控制开关,当时常用于电话交换机中。紫色密码机的工作原理与德国转轮式加密的 ENIGMA 机有类似之处,紫色密码机内部线路把 26 个字母分成了辅音和元音字母两组,编码方法不同。辅音字母组有三个编码单元,而元音字母组只有一个编码单元,更易破解。"紫色"很快就被美国陆军所属的"信号情报局"于 1942 年 6 月破译。日本偷袭珍珠港事件与"紫色"密码机密切相关。日本大使在偷袭了珍珠港之后才把断交国书交给美国,使珍珠港事件成了无可狡辩的偷袭。事实上,日本的密电在事件发生前就送到了大使馆,但大使馆在解密的时候耽搁了些时间,等解出密电时,日本海军已经偷袭了珍珠港。

破解"紫色"密码机的弗里德曼和罗莱特设计了与 ENIGMA 工作原理相似的 SIGABA。他们在设计时避免了 ENIGMA 的转子机械运动简单的缺点,美国陆军称这种密码机为 SIGABA,海军称为 ECM。其工作原理类似于德国的 ENIGMA,都使用了转子。SIGABA 有 15 个转盘,其中 10 个可以拿出来重新排列装进不同的位置,转盘旋转的方向可正可反。采用的复杂机械动作使 SIGABA 密码更像是随机产生的,大大增加了破解难度。事实上,SIGABA 是第二次世界大战期间唯一没有被敌方破解的密码装置。

除了著名的 ENIGMA 和"紫色"密码机之外,在第二次世界大战期间及之后还出现了很多形形色色的机械密码机,如图 2-14 所示。C-36 由瑞典密码学家鲍里斯·哈格林设计,并于 1937 年 10 月开始为瑞典海军所用。M-209 是美军在第二次世界大战中使用的便携式机械密码机,朝鲜战争期间也被广泛使用。CX-52 是瑞士的 Crypto AG 公司于 1952 年制作的密码机。CD-57 是瑞士的 Crypto AG 公司于 1957 年制作的密码机。

图 2-14　世界各国研制的机械密码机

这些机械密码机中,有一部分很快就被破解了,另一部分则直到服役期结束都没有被破译。这些密码机虽然很少被提及,但它们独具匠心的构思与精巧绝伦的设计,着实在机械密码史上留下了浓墨重彩的一笔。

现代密码学

2.1.4 现代密码学

现代密码学的诞生并不是偶然的,它是信息科学理论与技术不断发展的结晶。众所周知,1946 年 2 月 14 日,世界上第一台通用电子数字计算机 ENIAC 在美国宾夕法尼亚大学诞生,这台占地面积 $167m^2$、重达 30t 的庞然大物,计算速度达到了当时机电设备计算速度的 1000 倍。电子数字计算机的发明,标志着人类进入了数字时代。

谈起现代密码学,就必须提到一个人,他就是信息论的鼻祖 Claude Shannon(1916—2001 年)。1949 年,Shannon 公开发表了 *Communication theory of secrecy systems*(保密系统的通信理论)[3],开辟了用信息论研究密码学的新方向。这篇文章是他在 1945 年为贝尔实验室撰写的一篇机密报告 *A Mathematical Theory of Cryptography*[4-5]的基础上完成的,对于研究密码的人来说是需要认真阅读的一篇经典著作。此文奠定了现代密码理论的基础。可以说,最近几十年密码领域的几个重要进展都与 Shannon 这篇文章所提出的思想有密切关系。波士顿环球报称此文将密码从艺术变成为科学。该文发表后促使 Shannon 被聘为美国政府密码事务顾问,成为密码学的先驱、近代密码理论的奠基人。

1. 保密通信系统的数学模型

Shannon 以概率统计的观点对消息源、密钥源、接收和截获的消息进行数学描述和分析,用不确定性和唯一解距离来度量密码体制的保密性,阐明了密码系统、完善保密性、纯密码、理论保密性和实际保密性等重要概念,从而大大深化了人们对于保密学的理解。这使信息论成为研究密码编码学和密码分析学的一个重要理论基础,宣告了科学的密码学时代的到来。图 2-15 为保密系统的数学模型框图。

图 2-15　保密系统的数学模型框图

2. 正确区分信息隐藏和信息保密

Shannon 在引论中就明确区分了**信息隐藏**(隐匿信息的存在)和**信息保密**(隐匿信息的真意),以及模拟保密变换和数字信号加密(密码)的不同之处。Shannon 称后者为真保密系统。

信息隐藏也被称为"信息隐匿"或"信息隐形"。到目前为止,信息隐藏还没有一个准确和公认的定义。一般认为,信息隐藏是信息安全研究领域与密码技术紧密相关的一大分支。信息隐藏和信息加密都是为了保护秘密信息的存储和传输,使之免遭敌手的破坏和攻击,但两者之间有着显著的区别。信息加密是利用单钥或双钥密码算法把明文变换成密文并通过公开信道送到接收者手中。由于密文是一堆乱码,攻击者监视着信道的通信,一旦截获到乱码,就可以尝试利用已有的对各种密码体制的攻击方法进行破译了。由此可见,信息加密所保护的是信息的内容。信息隐藏则不同,秘密信息被嵌入表面上看起来无害的宿主信息中,攻击者无法直观地判断他所监视的信息中是否含有秘密信息。换句话说,含有隐匿信息的宿主信息不会引起别人的注意和怀疑。信息隐藏的目的是使敌手不知道哪里有秘密,它隐藏了信息的存在形式。这就好比隐形飞机不能被雷达探测到,从而避免了被袭击的危险[6]。

众所周知,密码算法的安全性是靠不断增加密钥的长度来提高的,然而随着计算机计算能力的迅速增长,密码的抗攻击能力始终面临着新的挑战。如今令人们欣喜的是,信息隐藏技术的出现和发展,为信息安全的研究和应用拓展了一个新的领域。而且,由于近年来各国政府出于国家安全方面的考虑,对密码的使用场合及密码强度都做了严格的限制,这就更加激发了人们对信息隐藏技术研究的热情。

3. 密码系统与通信系统的对偶性

通信系统是对抗系统中存在的干扰(系统中固有的或敌手有意施放的),实现有效、可靠的信息传输。Shannon 说:"从密码分析者来看,一个保密系统几乎就是一个通信系统。待传的消息是统计事件,加密所用的密钥按概率选出,加密结果为密文,这是分析者可以利用的,类似于受扰信号。"

在密码系统中,对消息 m 的加密变换的作用类似于向消息注入噪声。密文 c 就相当于经过有扰信道得到的接收消息。密码分析员相当于有扰信道下原接收者。所不同的是,这种干扰不是信道中的自然干扰,而是发送者有意加进的、可由己方完全控制、选自有限集合的强干扰(即密钥),目的是使敌方难于从截获的密文 c 中提取出有用信息,而己方可方便地除去发端所加的强干扰,恢复出原来的信息。

通信系统中的信息传输、处理、检测和接收,密码系统中的加密、解密、分析和破译都可用信息论观点统一地分析研究。密码系统本质上也是一种信息传输系统,是普通通信系统的对偶系统。

4. Shannon 信息论是现代密码的理论基础

20 世纪 70 年代以前,密码的应用大部分都在政府和军事领域。直到 20 世纪 70 年代发生的两件事将密码学带入公众视野,并正式拉开了现代密码学的帷幕。现代密码学有两个重要标志:一是美国制定并于 1977 年 1 月 15 日批准公布了公用数据加密标准 DES;二是 Diffie 与 Hellman 发表了《密码学的新方向》一文[7],首次提出了公钥密码体制的构想和理论方法。这两件事在密码学的发展史上具有里程碑意义。

20 世纪 60 年代末开始了通信与计算机相结合,通信网迅速发展,人类开始向信息化社会迈进。这就要求信息作业的标准化,加密算法当然也不能例外。标准化对于技术发展、降低成本、推广使用有重要意义。

DES(Data Encryption Standard)标准的公开对于分组密码理论和算法设计的发展起了极大的促进作用。另外,DES、EES(Escrowed Encryption Standard)、AES(Advanced Encryption Standard)的曲折发展历史过程也为全世界如何制定适于信息化社会公用的密码标准算法提供了有益的启示。

制定信息化社会所需的公用标准密码算法的正确途径是公开、公正地进行,公开征集算法方案,公开、公正地评价和选定标准算法,最后要完整公布选定的标准算法。只有这样才能保证集众人智慧的算法强度,只有这样才能使应用算法的人相信它能够保护自己的隐私和数据的安全,也才能在较大范围,如全国甚至在世界范围推广使用,为 Internet 的安全互联互通和电子商务提供技术支撑。

值得一提的是,虽然美国开发 EES 作为替代 DES 的一个标准算法失败了,但它却发展了密码的可控性理论和技术,大大推进了密钥托管和密钥恢复技术的发展。这类技术在当今电子商务和电子政务系统中有重要作用。

DES 及后来的许多分组密码设计中都充分体现了 Shannon 在 1949 年的论文中所提出的设计强密码的思想。在古典密码学中,"代换"和"置换"是两个重要的加密变换。在此基础上,Shannon 对此做了进一步的发展,提出了"扩散"(Diffusion)和"混淆"(Confusion)的两个重要概念,它们迄今仍然对现代密码的设计产生重要的影响。

组合(Combine):由简单易于实现的密码系统进行组合,构造较复杂的、密钥量较大的密码系统。Shannon 曾给出两种组合方式,即加权和法和乘积法。

扩散(Diffusion):将每一位明文及密钥尽可能迅速地散布到较多位密文中去,以便隐蔽明文的统计特性。

混淆(Confusion):使明文和密文、密钥和密文之间的统计相关性极小化,使统计分析更为困难。

Shannon 曾用揉面团来形象地比喻"扩散"和"混淆"的作用,密码算法设计中要巧妙地运用这两个概念。与揉面团不同的是,首先密码变换必须是可逆的,但并非任何"混淆"都是可逆的;二是密码变换和逆变换应当简单易于实现。分组密码的多次迭代就是一种前述的"乘积"组合,它有助于快速实现"扩散"和"混淆"。

分组密码设计中将输入分段处理、非线性变换,加上左、右交换和在密钥控制下的多次迭代等完全体现了上述 Shannon 构造密码的思想。可以说,Shannon 在 1949 年发表的论文为现代分组密码设计提供了基本指导思想。

5. 公钥密码学的教父

Shannon 在 1949 年就指出:"好密码的设计问题,本质上是寻求一个困难问题的解,相对于某种其他条件,我们可以构造密码,要破译它(或在过程中的某点上要破译它)等价于解某个已知数学难题。"这句话含义深刻。受此思想启发,Diffie 和 Hellman 在 1976 年提出了公钥密码体制。因此,人们尊称 Shannon 为公钥密码学教父。

首先,1976 年 Diffie 和 Hellman 提出的公钥(双钥)密码体制,以及后续提出的所有双钥密码算法,如 RSA、Rabin、背包、ElGamal、ECC、NTRU、多变量公钥等,都是基于某个数学问题求解的困难性。其次,可证明安全理论就是在于证明是否可以将所设计的密码算法归约为求解某个已知数学难题。最后,破译密码的困难性和所需的工作量,即时间复杂性和空间复杂性,与数学问题求解的困难性密切相关。它将计算机科学的一个新分支——计算复杂性理论与密码学的研究密切关联起来。

6. 密码技术分支与 Shannon 信息论

经典密码系统模型仅考虑了被动攻击者,即对截获密报进行破译的密码分析者。现代密码系统中除了被动攻击者外还有主动攻击者,他们主动对系统进行窜扰,采用删除、增添、重放、伪造等手段向系统注入假消息,达到破译的目的。为此,现代密码学除了研究和保障保密性外,还必须研究和提供认证性、完整性、不可否认性等安全属性,并要保障密码系统的可用性。这就出现了一些新的密码技术分支,如数字签名、认证码、Hash 函数、密码协议等。

20 世纪 80 年代,G. J. Simmons 系统地研究了认证系统的信息理论,他将 Shannon 信息理论用于认证系统,分析了认证系统的理论安全性和实际安全性、性能极限,以及认证码设计需要遵循的原则。

从信息论来看,认证码、杂凑函数与检错码有很深的内在关系,它们都是用增加冗余度来实现认证性、完整性检验和检错的。不难用信息论给出对它们的理论分析。

数字签名的伪造问题也是一种认证码的检伪问题,可以用认证码的理论阐述。由此可以联想,可证明安全问题,可能会与认证码的理论联系起来。

7. 量子密钥分发与 Shannon 信息论

密码领域的一个新事物是量子密钥分发,也有不少人称为量子密码。从密码理论来看,量子密钥分发只是利用量子的物理特性实现了一次一密体制,并未提供任何有关密码理论的新思想。也就是实现了在唯密文攻击下的不可破的密钥协商。这类协议实现的代价是很大的,以 BB84 协议为例,需要三次"一次一密"传送,需要相当费时费力的保密放大操作。

从密码理论来看,量子密码并未提供新的密码学思想,仍未超出 Shannon 的信息理论和密码理论的范畴。

2.1.5　密码学面临的挑战

随着云计算、大数据、物联网、人工智能等新技术、新业态的出现,密码学也迎来了新的挑战。近几年来,密码学家们在这些领域开展了深入研究,已经取得了一些成果。

密码学面
临的挑战

1. 云计算/存储对密码学的新挑战

随着云计算技术的发展和普及,越来越多的个人及企业用户已借助远程云存储平台保存数据。用户可通过按需付费的方式使用云存储服务,而不必在本地构建硬件资源,因此,这种远程数据存储方式能够为用户节省大量的成本开销,并可提供便利的数据访问和分享等功能。尤其随着移动通信技术近年的快速发展,用户的移动设备能够方便、快捷地接入互联网,但普通设备仍然受存储容量的限制而无法保存实时产生的大量数据(如照片、视频等),在这种情况下,云存储技术恰能弥补移动设备在存储能力方面的劣势。因此,云存储服务具有广阔的市场应用前景。实际上,国内外众多 IT 公司(如微软、谷歌、Amazon、IBM、Yahoo、阿里巴巴、华为、中兴等)均已涉足云计算领域,向用户提供云存储服务。

虽然云存储拥有上述优点,但云端数据面临的安全问题仍是用户选用这种技术的主要顾虑,也是影响云存储技术进一步发展的一个障碍。显然,一旦将数据发送至云端,用户便失去了对它们的直接控制;同时,由于本地不再保存数据的副本,云服务器端的任何不良行为均会对用户数据的完整性造成破坏,进而可能对用户(数据拥有者和使用者)造成不可估量的损失。例如,服务器的硬件错误可能造成用户数据的丢失。此外,为节省存储空间,云服务器也可能删除用户极少访问的部分数据或转移至其他地方存储。

由此可见,采用云计算和云存储技术,用户存在如下担心:①用户存在云上的数据会丢失;②长时间存放在云上的数据可能失效;③存储在云上的数据可能会泄密;④存储在云上的数据可能被恶意篡改;⑤存放在云上的个人信息、照片、视频等可能导致个人隐私泄露。导致这些安全问题的主要原因是用户不能感知和控制自己的数据被非法访问、篡改和利用。

总而言之,云计算对密码的新需求有:①用密码感知数据存在;②用密码确保数据安全;③用密码确保用户隐私。

因此,需要构建一种有效的机制对云存储的数据进行监管,使用户能方便地验证其外包数据的完整性,从而可以约束云端服务器的不良行为。针对上述云存储数据的完整性问题,近年来已经涌现了大量相关的重要研究成果,从不同的角度提出了许多密码学解决方案。文献[8]首次提出了数据持有证明(Provable Data Possession,PDP)的概念,构建了一种模型来验证云存储数据的完整性,使用户无须从云端下载完整的数据。1978年,Rivest 等提出同态加密概念,推出了最早的公钥密码体系 RSA,此方案满足乘法同态性。2009年,IBM 的 Gentry 提出的完全同态加密(FHE)方案是密码学上的一项重大突破。完全同态可以解决云计算的安全性问题,委托至云端的数据都是加密的,云端在不解密的前提下可以实现用户请求的操作。在云端数据以密文形式存储,对密文的处理等于对明文数据的处理,这样数据永远以密文形式存在,确保了云存储数据的安全性。

例如,银行有许多交易数据需要进行分析,但若其本身的数据处理能力较弱,可以把交易数据加密后交给云端数据处理中心来进行处理分析。处理中心对数据进行分析,得出结果并返回。在这个过程中,数据处理中心接触到的都是密文,这样就可以充分保证银行数据的机密性。

再如,医疗机构可以将病人的医疗数据加密后存储至云端,云端对数据进行一些统计分析,可以对病情进行预测和给出治疗建议,这样既保证了病人的隐私,又充分利用了云端强大的计算能力。

2. 大数据对密码学的新挑战

图灵奖获得者吉姆·格雷(Jim Gray)说:网络环境下每18个月产生的数据量等于过去几千年的数据量总和。根据国际数据公司(IDC)的《数据宇宙》报告显示:2008年全球数量为0.5ZB,2010年为1.2ZB,人类正式进入ZB时代。更为惊人的是,2020年以前全球数据量仍保持每年40%多的高速增长,大约每两年就翻一倍,这与IT界的摩尔定律极为相似,姑且称为"大数据爆炸定律"。

什么是大数据(Big Data)?大数据研究机构 Gartner 给出了这样的定义:"大数据"是需要新处理模式才能具有更强的决策力、洞察发现力和流程优化能力的海量、高增长率和多样化的信息资产。维基百科的定义:大数据是指无法在可承受的时间范围内用常规软件工具进行捕捉、管理和处理的数据集合。

简言之,大数据具有 4V 的特点:Volume(大量)、Velocity(高速)、Variety(多样)、Value(价值)。2005 年全球的数据量为 130EB,2010 年全球的数据量为 1.227ZB(1ZB＝1024EB＝1024^2PB＝1024^3TB＝1024^4GB＝2^{70}Bytes),2020 年,全球的数据量将达 40ZB(此数字是地球上所有海滩的沙粒数量的 57 倍)。数据量在 15 年内增长了 315 倍,这也预示着大数据时代已经到来。

大数据在存储、传输、处理(查询,分析,管理,使用)等方面,都对密码学带来了新的挑战。由于大数据的数据量特别巨大,数据存在多样性,促使密码算法需要处理的数据规模不断增大,使用密码技术的成本不断提高。这就要求密码算法具有高效性和很强的适应性(柔性)。

3. 物联网对密码学的新挑战

物联网(Internet of Things,IoT)就是使万物相连的因特网,通过 RFID 或传感器感知物体属性,通过各种网络实现互联,经过数据融合处理产生各种应用。物联网被誉为继计算机、因特网之后的信息领域的第三次浪潮,它实现了物与物、人与物、人与人之间的互联。

物联网面临着数据安全、网络安全、系统安全、隐私保护的问题,物联网对密码提出了新的挑战,它要求:①密码要适应数据多样性(物体多样性使数据多样性);②密码要适应网络多样性、多层次(传感网,无线网,有线网,内网,外网);③密码要适应各层次的资源差异较大(感知层资源弱,管理层资源强),因此需要多密码、多密钥、多安全级别、跨域互联互通。

4. 新型计算机对密码学的新挑战

计算机和网络的计算能力不断提升,新的量子计算机、DNA 计算机也已崭露头角,人们对密码算法的破译能力不断提高,迫使所选密码算法的数据规模不断加大,保证信息安全的代价越来越大。无论是加拿大的专用量子计算机,还是美国的通用量子计算机,都取得了重要进展,DNA 计算机的发展速度也是惊人的。

现有的密码是建立在数学难题的求解之上的,如果计算机能够求解数学难题,则可以破译密码。量子计算机和生物计算机可以做并行计算,计算能力强大,因此量子计算机和生物计算机进一步发展,将直接威胁现有密码的安全。

量子计算机已经对现有密码构成严重威胁。1976 年,美国科学家 Shor 提出 Shor 算法,能够在有效时间内攻击 RSA、ElGamal、椭圆曲线(ECC)等公钥密码。我国二代身份证采用了 256 位的椭圆曲线(ECC)公钥密码,而 1448 位的量子计算机可以攻破 256 位的ECC 公钥密码,若 1448 位的量子计算机研制出来,我国的二代身份证就失去了安全性。目前电子商务网络普遍采用了 1024 位的 RSA 密码,而 2048 位的量子计算机就可以攻破1024 位的 RSA 密码。DNA 计算机的发展同样对现有密码构成威胁,量子计算机和DNA 计算机强大的计算能力可以攻破现有的许多密码算法。因此,设计可以抗量子计算的密码是一个十分紧迫的研究课题。

5. 区块链技术对密码学的新挑战

2008 年,中本聪发表了《比特币:一种点对点的电子现金系统》,正式提出区块链的概念。区块链作为比特币方案的底层支撑技术，近年来在国内外均受到了高度重视。尽管在区块链领域，密码学的应用已经取得了一系列令人瞩目的技术突破，但是和任何一个新兴技术领域类似，其发展过程中还存在着很多困难与挑战[9]。

第一，与传统的中心化系统相比，区块链由于需要在众多节点间通过共识机制达成一致，因此其性能目前还比较低下。共识一般仅需要在几个到几十个节点间达成，若节点数增多，共识性能将大幅下降，因此可扩展性是其主要的限制。性能的瓶颈导致区块链当前的应用场景比较适合于高价值、低频的交易领域，无法很好地支撑小额支付等场景。目前来看，区块链的性能主要受到共识算法的影响，对于某些宣称能达到很高性能的区块链项目，基本都是需要牺牲一头去换取另一头，结合分片、分层等手段，但需要与特定实际场景相结合。

第二，区块链核心技术的突破还需要依赖密码技术底层算法、协议的突破。相比于其他信息技术领域，在区块链领域，一些高级的密码方案已经得到了实践。例如，有一些项目在研究基于全同态加密解决区块链隐私与安全问题，但从目前全同态加密的学术进展来看，还远未达到能够落地实践的阶段。此外，为了抵御未来量子计算机发展对现有密码体制尤其是公钥密码体制带来的颠覆性冲击，密码学术界已经发展出了几类抗量子密码算法，在区块链发展的过程中，需要及时关注并融入这些新的密码算法，以打造牢固的安全根基。可以说，区块链核心技术的攻关将长期伴随着密码技术的突破，而这些密码底层算法、密码协议的研究已经属于密码原语（或接近原语）层面上的研究，突破起来将十分艰难，但每一次大的进展将有可能助推区块链技术上一个台阶。

第三，密码技术是区块链的基础核心，密码技术是一个高度专业的领域，具有密码学应用专业水准的工程师较为匮乏，懂区块链的专业人才更是缺乏。区块链技术多年以来一直集中在密码极客圈子中发展，形成了一个小众的生态。近几年来，现实应用对区块链技术越来越重视，密码学术界、世界科技巨头均纷纷投资开展区块链技术的研究。但是，区块链要发展成为全球有影响力的技术产业，需要大量的高素质工程师，不仅能够和密码学术成果对接，而且需要具备高水平的密码工程能力。而密码技术在区块链的工程化实现中还存在密码算法协议误用、软件代码漏洞等诸多不易察觉的安全隐患。在区块链技术发展过程中，密码学将长期面对这些挑战。

密码学的
基本概念

2.2 密码学的基本概念

密码学（Cryptology）是研究信息系统安全保密的科学。它包含两个分支，即密码编码学（Cryptography）和密码分析学（Cryptoanalysis）。密码编码学是对信息进行编码实现隐蔽信息的一门学问，而密码分析学是研究分析破译密码的学问，两者相互对立，又互相促进地向前发展。

采用密码方法可以隐蔽和保护需要保密的消息，使未授权者不能提取信息。被隐蔽消息称作明文消息（Plaintext）。密码可将明文变换成另一种隐蔽的形式，称为密文（Ciphertext）。这种变换过程称作加密（Encryption），与加密相对应的逆过程，即由密文恢复出原明文的过程称为解密(Decryption)。对明文进行加密操作的人员称作加密员或密码员(Cryptographer)。密码员对明文进行加密时所采用的一组规则称作加密算法(Encryption Algorithm)。传送消息的预定对象称作接收者(Receiver),他对密文进行解密时所采用的一组规则称作解密算法(Decryption Algorithm)。加密和解密算法的操作通常都是在一组密钥(Key)控制下进行的,分别称作加密密钥和解密密钥。传统密码体制(Conventional Cryptographic System)所用的加密密钥和解密密钥相同,或实质上等同,即从一个易于得出另一个,我们称其为单钥(One-key)或对称密码体制(Symmetric Cryptosystem)。若加密密钥和解密密钥不相同,从一个难以推出另一个,则称为双钥(Two-key)或非对称密码体制(Asymmetric Cryptosystem),这是 1976 年由 Diffie 和 Hellman 等人所开创的新体制。密钥是密码体制安全保密的关键,它的产生和管理是密码学中的重要研究课题。

在信息传输和处理系统中,除了意定的接收者外,还有非授权的攻击者,他们通过各种办法(如搭线窃听、电磁窃听、声音窃听等)来窃取机密信息,称其为窃听者(Eavesdropper)。他们虽然不知道加密系统所用的密钥,但通过分析可能从截获的密文中推断出原来的明文或密钥,这一过程称作密码分析(Cryptanalysis)。从事这一工作的人称作密码分析员(Cryptanalyst)。如前所述,研究如何从密文推演出明文、密钥或解密算法的学问称作密码分析学。对一个保密系统采取窃听来截获密文进行分析的这类攻击称作被动攻击(Passive Attack)。现代信息系统还可能遭受另一类主动攻击(Active Attack),此类攻击是指非法入侵者(Tamper)、攻击者(Attacker)或黑客(Hacker)主动窜扰信息系统,采用删除、增添、重放、伪造等窜改手段向系统注入假消息,达到利己害人的目的。这是现代信息系统中更为棘手的问题。

保密系统模型如图 2-16 所示。

图 2-16　保密系统模型

2.2.1　密码体制的分类

密码体制
的分类

密码体制从原理上可分为两大类,即单钥密码体制(One-key Cryptosystem)和双钥密码体制(Two-key Cryptosystem)。

单钥体制的加密密钥和解密密钥相同,因此又称为对称密码体制(Symmetric Cryptosystem)、传统密码体制(Conventional Cryptosystem)或秘密密钥密码体制(Secret-key Cryptosystem)。当 Alice 和 Bob 进行保密通信时,双方必须采用相同的密钥 k 对明文消

息 m 进行加密和对密文 c 解密。然而，采用单钥密码体制进行保密通信时，必须在双方开始通信之前，将密钥 k 安全地送达通信双方。在双钥密码体制发明之前，这项密钥传递的工作只能由信使来完成。一旦信使叛变，就会造成泄密。因此，单钥密码体制最大的问题是密钥的分发问题。单钥密码体制原理框图如图 2-17 所示。

图 2-17 单钥密码体制原理框图

1976 年，Diffie 和 Hellman 首先提出了双钥密码体制的思想[7]。与单钥密码体制不同，采用双钥体制的每个用户都有一对选定的密钥：一个是可以公开的，称为公钥，以 pk 表示，公钥可以像电话号码一样进行注册公布；另一个则是秘密的，称为私钥，以 sk 表示，私钥必须要严格保密。当 Alice 向 Bob 传送加密信息时，她必须用 Bob 的公钥加密，而 Bob 要用自己的私钥对密文解密，因此双钥体制也称为公钥密码体制（Public-key Cryptosystem）或非对称密码体制（Asymmetric Cryptosystem）。双钥密码体制原理框图如图 2-18 所示。

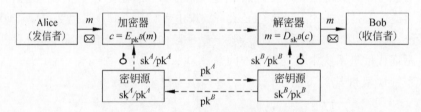

图 2-18 双钥密码体制原理框图

双钥密码体制的主要特点是将加密和解密能力分开，因而可以实现多个用户加密的消息只能由一个用户解读，或只能由一个用户加密消息而使多个用户可以解读。前者可用于公共网络中实现保密通信，而后者可用于认证系统中对消息进行数字签名。

由于保密信息系统的安全性主要取决于密钥的保密，因此必须通过安全可靠的途径（如信使递送）将密钥送至收信者。如何产生满足保密要求的密钥是这类体制设计和实现的主要问题。另一个重要问题是如何将密钥安全可靠地分配给通信对方。在网络通信环境下，安全的密钥分发和传递就变得更为复杂。密钥产生、分配、存储、销毁等多方面的问题，统称为密钥管理（Key Management）。密钥管理是影响系统安全的关键因素，即使密码算法再好，若密钥管理问题处理不好，也很难保证系统的安全保密。有关密钥管理的内容将在后续专业课的学习中深入介绍。

2.2.2 密码分析

密码分析学是研究分析解密规律的科学。密钥分析的实质就是在攻击者不知道密钥的情况下,对所截获的密文或明-密文对采用各种不同的密码分析方法试图恢复出明文或密钥。密码分析在外交、军事、公安、商业等方面都具有重要作用,也是研究历史、考古、古语言学和古乐理论的重要手段之一。

密码设计和密码分析是共生的,又是互逆的,两者密切有关但追求的目标相反。两者解决问题的途径有很大差别。密码设计是利用数学来构造密码,而密码分析除了依靠数学、工程背景、语言学等知识外,还要靠经验、统计、测试、眼力、直觉判断能力等,有时还靠点运气。密码分析过程通常包括分析(统计截获报文材料)、假设、推断和证实等步骤。

密码的安全性包括两种:一种是密码在理论上绝对不可破译,我们称其有理论上的安全性(Theoretical Security)。这种理论上安全的密码只有一种,就是前面曾介绍过的"一次一密"密码体制。由于"一次一密"密码要求加密密钥永不重复,存在密钥管理的困难性,因此"一次一密"密码在实际中不会采用。另一种是密码具有实际上的安全性(Practical Security),或者称为计算上的安全性(Computational Security)。对于这种密码,只要给攻击者足够的时间和存储资源,都是可以破译的。今天教科书中的很多密码算法,如 DES、AES、RSA 等,在理论上都是可以破译的。

根据攻击者对明文、密文等可利用的信息资源的掌握情况,密码攻击可分为以下 4 种类型。

(1) 唯密文攻击(Ciphertext-Only Attacks)。分析者从仅知道的截获密文进行分析,试图得出明文或密钥。攻击者手中除了截获的密文外,没有其他任何辅助信息。唯密文攻击是最常见的一种密码分析类型,也是难度最大的一种。

(2) 已知明文攻击(Known-Plaintext Attacks)。分析者除了有截获的密文外,还有一些(通过各种手段得到的)已知的明文-密文对,试图从中得出明文或密钥。举例来看,如果是遵从通信协议的对话,由于协议中使用固定的关键字,如 login、password 等,通过分析可以确定这个关键字对应的密文。如果传输的是法律文件、单位通知等类型的公文,由于大部分公文有固定的格式和一些约定的文字,在截获的公文较多的条件下,可以推测出一些文字、词组对应的密文。

(3) 选择明文攻击(Chosen-Plaintext Attacks)。分析者可以选定任何明文-密文对来进行攻击,以确定未知的密钥。攻击者知道加密算法,同时能够选择明文并得到相应明文所对应的密文。这是比较常见的一种密码分析类型。例如,攻击者截获了有价值的密文,并获取了加密设备,向设备中输入任意明文可以得到对应的密文,以此为基础,攻击者尝试对有价值的密文进行破解。选择明文攻击常常被用于破解采用双钥密码系统加密的信息内容。

(4) 选择密文攻击(Chosen-Ciphertext Attack)。分析者可以利用解密机,按他所选的密文解密出相应的明文。双钥体制下,类似于选择明文攻击,他可以得到任意多的密文对密码进行分析。攻击者知道加密算法,同时可以选择密文并得到对应的明文。采用选择密文攻击这种攻击方式,攻击者的攻击目标通常是加密过程使用的密钥。基于双钥密码系统的数字签名,容易受到这种类型的攻击。

由此可见,这几类攻击的强度依次增大,唯密文攻击最弱。或者反过来说,唯密文攻击成功的难度最大,而其他攻击方式依次变得更容易一些。

根据密码分析者所采用的密码破译(Break)或攻击(Attack)技术方法,密码分析方法又可以分为三种,它们分别是:①穷举破译法(Exhaustive Attack Method);②数学攻击法(Mathematic Analysis Method);③物理攻击法(Physical Attack Method)。

1. 穷举攻击法

穷举破译法又称作强力攻击法(Brute-Force Attack Method),它是对截收的密报依次用各个可能的密钥试译,直到得到有意义的明文;或在密钥不变的情况下,对所有可能的明文加密,直到所生产的密文与所截获的密报一致为止,此法又称为完全试凑法(Complete trial-and-error Method)。原则上,只要攻击者有足够多的计算时间和存储容量,穷举法总是可以成功的。但在实际中,任何一种能达到安全要求的实用密码都会设计得使这一攻击方法在实际上不可行。

2. 数学攻击法

数学攻击是指密码分析者针对密码系统所采用的数学变换和某些密码学特性,利用一些已知量,如一些明文和密文的对应关系,通过数学求解的方法来获得密钥等未知量的方法。大部分现代密码系统以数学难题作为理论基础,数学分析法已成为一种重要的破解手段。

对分组密码的常用数学攻击法有差分分析、线性分析、积分分析、中间相遇攻击等,往往基于算法的某些不随机特性,建立仅与部分密钥有关的方程或方程组,从而降低攻击复杂度,实施比穷举攻击更有效的密钥恢复攻击。实践证明,对于分组密码的攻击,差分分析的速度要比穷举攻击法的速度快得多。

数学攻击方法在古典密码和第二次世界大战时期各参战国使用的机械密码的破译中也发挥了很大作用,被称为分析破译法,是最早使用的一种数学分析法。分析破译法又可以分为确定性分析法和统计性分析法两类。

确定性分析法是利用一个或几个已知量(如已知密文或明文-密文对)用数学关系式表示出所求未知量(如密钥等)。已知量和未知量的关系视加密和解密算法而定,寻求这种关系是确定性分析法的关键步骤。例如,以 n 级线性移存器序列作为密钥流的流密码,就可在已知 $2n$ 比特密文下,通过求解线性方程组破译。

统计分析法是利用明文的已知统计规律进行破译的方法。密码破译者对截收的密文进行统计分析,总结出其间的统计规律,并与明文的统计规律进行对照比较,从中提取出明文和密文之间的对应或变换信息。例如,在一些古典密码加密系统中,密文中字母及字母组合的统计规律与明文的某个字母或某个字母组合完全相同,攻击者就可以采用统计分析法破译此类密码。要对抗统计分析攻击,在设计密码系统时,应当竭力避免密文和明文之间在统计规律上存在一致性,从而使攻击者无法通过分析密文的统计规律来推断明文内容。

3. 物理攻击法

物理攻击是指攻击者利用密码系统或密码芯片的物理特性,通过对系统或芯片运行过程中所产生的一些物理量进行物理和数学分析。物理攻击之所以可以得逞,主要是因为密码算法在硬件系统上运行时,所用的集成电路芯片的管脚电平是可以实时监测到的,而且存在一定的电磁辐射和泄露，也可能产生密码算法运行故障。此类信息称为侧信道信息，基于侧信道信息的密码攻击称为侧信道攻击或侧信道分析。

侧信道攻击技术能够通过物理信道直接获得密码运算的中间信息，也能够分段恢复较长的密钥，因而它比传统密码分析更容易攻击实际密码系统。目前国际主流的密码产品测评机构均把侧信道攻击的防护能力作为衡量设备或芯片安全性的主要指标，但产品即使取得了权威的安全认证，仍然可能会被侧信道攻击攻破[10]。

近 40 年来，通过正常信道的明文、密文来恢复密钥的传统密码分析技术被广泛研究。然而，由于密码运算过程复杂、密钥长度较长，传统密码分析技术实用化的难度较大。相比之下，从物理信道中提取信息的侧信道攻击技术有两个优势：一是能够直接获取密码算法运算过程中的中间值信息，二是能够分段恢复较长的密钥，它极具实用化特点和潜在的破坏性，因而是近年来国际密码学界研究的热点方向之一。

狭义上讲，侧信道攻击特指针对密码算法的计时攻击、能量攻击、电磁攻击、故障攻击、缓存攻击等非侵入式攻击。但广义上讲，针对任何安全设备的侵入式、半侵入式、非侵入式攻击，这类"旁门左道"的攻击均属于侧信道攻击范畴。在这些攻击手段中，侵入式、半侵入式攻击的难度偏高，设备昂贵，因而实施的代价较大。缓存攻击对实施场景要求很高，较难实际应用。能量攻击、电磁攻击等方法设备成本低、侧信息采集方便、信噪比较高，在实际中相对容易实现。而故障攻击在时间、空间上均可精确定位，故障注入手段也不拘一格，因而在攻击一些带防护的密码模块时往往有奇效。近几年来，物联网设备、工业控制系统、手机、智能终端等设备都成了侧信道攻击者热衷研究的对象。

密码分析的成功除了靠上述数学演绎和归纳法外，还要利用大胆的猜测和对一些特殊或异常情况的敏感性。例如，若幸运地在两份密报中发现了相同的码字或片断，就可假定这两份报的报头明文相同。又如，在战地条件下，根据战事情况可以猜测当时收到的报文中某些密文的含义，如"攻击"或"开炮"等。依靠这种所谓的"可能字法"，常常可以幸运地破译一份报文。

一个保密系统是否被"攻破"，并无严格的标准。不管采用什么密钥，若敌手都能从密文迅速地确定出明文，则此系统当然已被攻破，这也就意味着敌手能迅速确定系统所用的密钥。但破译者有时可能满足于能从密文偶然确定出一小部分明文，虽然此时保密系统实际上并未被彻底攻破，但部分机密信息已被泄露。

密码史表明，密码分析者的成就似乎远比密码设计者的成就更令人赞叹。许多开始时被设计者吹为"百年或千年难破"的密码，没过多久就被密码分析者巧妙地攻破了。在第二次世界大战中，美军破译了日本的"紫密"，使日本在中途岛战役中大败。一些军史专家们估计，盟军在第二次世界大战期间成功破译德军的 ENIGMA 和日军的"紫密"，使战争至少缩短了 8 年的时间，也挽救了无数个生命。

2.2.3　密码学理论基础

早期密码算法的安全性主要依赖于算法设计者的经验及对已有攻击方法的分析，而现代密码算法的安全性主要建立在数学困难问题之上。可证明安全技术就是建立密码算

密码学理论基础

法和这些数学困难问题之间关系的桥梁。通俗地讲,可证明安全理论如同数学定理的证明一样,可以证明一个密码算法是安全的,从而使得人们对现实中使用密码算法的安全性充满信心。本节简要介绍密码算法设计中使用的一些基本数学知识。

1. 整数分解

整数分解(Integer Factorization)又称为素因数分解(Prime Factorization),即任意一个大于 1 的自然数都可以写成素数乘积的形式。根据算术基本定理:任意一个大于 1 的自然数 N,如果 N 不为素数,那么 N 可以被唯一分解成有限个素数的乘积 $N = P_1^{a_1} P_2^{a_2} \cdots P_n^{a_n}$,此处 $P_1 < P_2 < \cdots < P_n$ 均为素数,其中,指数 a_i 是正整数,该分解称为 N 的标准分解式。整数分解是数论中的一个基本问题,从其诞生到现在已有数百年历史,整数分解在代数学、密码学、计算复杂性理论和量子计算等领域中有重要应用。

RSA 是第一个既能用于数据加密也能用于数字签名的算法[11],诞生于 1977 年,以三位发明者 Rivest、Shamir 和 Adleman 名字的首字母命名,其安全性依赖于大整数分解困难问题:即找到两个大素数并计算它们的乘积是容易的,而知道这一乘积逆向求它的因子是困难的。当一个整数足够大时,如长度为 1024b 的整数,采用蛮力方式分解它是困难的,这也是 RSA 密码体制的安全所在。为了鼓励更多的人加入整数分解的研究,跟踪整数分解研究进展,1991 年启动了"RSA 因子分解大挑战"项目,表 2-7 是自 2000 年以来 RSA 模数分解情况。

表 2-7　RSA 模数分解情况

RSA 数字	十 进 制 数	二 进 制 数	分 解 时 间
RSA-150	150	496	2004 年
RSA-170	170	563	2009 年
RSA-180	180	596	2010 年
RSA-190	190	629	2010 年
RSA-200	200	663	2005 年
RSA-210	210	696	2013 年
RSA-704	212	704	2012 年
RSA-768	232	768	2009 年
RSA-240	240	795	2019 年
RSA-250	250	829	2020 年

目前已有十几种大整数分解的算法[12],具有代表性的有试除法、二次筛法(Quadratic Sieve,QS)、椭圆曲线方法(Elliptic Curve Method,ECM)以及数域筛法(Number Field Sieve,NFS)等,表 2-8 展示了典型的整数分解算法的优缺点。

表 2-8　典型的整数分解算法的优缺点比较

算 法 名 称	分 解 对 象	优　　点	缺　　点
试除法	小规模整数	简单、并行度好,适合分解随机选取的或者拥有小质数因子的整数	时间复杂度最高,只适用于分解小规模整数
$P \pm 1$	小规模整数	$P \pm 1$ 具有小质因子的数容易被分解	通用性不好,实用性不强
椭圆曲线算法(ECM)	中等规模整数	结构简单,内存使用量少,是所有基于平滑性的算法中运行最快的	通用性不够
二次筛法(QS)	中等规模整数	并行度高,通用性强	内存需求高
数域筛法(GNFS)	大规模整数	分解大规模整数速度快,通用性高,并行度好,实用性强	算法复杂,内存需求高,工程难度大

2. 模运算

模运算即求余运算。"模"是 Mod 的音译,Mod 的含义为求余,模运算在数论和程序设计中有着广泛应用,从模幂运算到最大公约数的求法,从孙子问题到恺撒密码问题,都离不开模运算。

给定一个正整数 n,任意一个整数 a,一定存在等式:

$$a = qn + r, \quad 0 \leqslant r < n, \quad q = \left\lfloor \frac{a}{n} \right\rfloor$$

其中,$\lfloor x \rfloor$ 表示小于或等于 x 的最大整数,q、r 都是整数,称 q 为 a 除以 n 的商,r 为 a 除以 n 的余数。用 $a \bmod n$ 表示余数 r,则有 $a = \left\lfloor \frac{a}{n} \right\rfloor n + a \bmod n$。对于正整数 n 和整数 a 与 b,定义如下运算。

(1) 取模运算:$a \bmod n$,表示 a 除以 n 的余数。

(2) 模 n 加法:$(a+b) \bmod n$,表示 a 与 b 的算术和除以 n 的余数。

(3) 模 n 减法:$(a-b) \bmod n$,表示 a 与 b 的算术差除以 n 的余数。

(4) 模 n 乘法:$(a \times b) \bmod n$,表示 a 与 b 的算术乘积除以 n 的余数。

(5) 求逆运算:若存在 $ab = 1 \bmod n$,则 a、b 称为模 n 的可逆元,a、b 互为逆元。

若 $a \bmod n = b \bmod n$,则称整数 a 和 b 模 n 同余,记为 $a \equiv b \bmod n$。此外,模运算的基本运算规则如下。

$$(a+b) \bmod n = (a \bmod n + b \bmod n) \bmod n$$
$$(a-b) \bmod n = (a \bmod n - b \bmod n) \bmod n$$
$$(a \times b) \bmod n = ((a \bmod n) \times (b \bmod n)) \bmod n$$

一般地,定义 Z_n 为小于 n 的所有非负整数集合,即 $Z_n = \{0, 1, \cdots, n-1\}$,称 Z_n 为模 n 的同余类集合。

【例 2-1】　设 $Z_6 = \{0, 1, 2, 3, 4, 5\}$,计算 Z_7 上的模加运算和模乘运算,如表 2-9 所示。

表 2-9　模 7 加法和乘法运算

+	0	1	2	3	4	5	6	×	0	1	2	3	4	5	6
0	0	1	2	3	4	5	6	0	0	0	0	0	0	0	0
1	1	2	3	4	5	0	0	1	0	1	2	3	4	5	6
2	2	3	4	5	0	1	1	2	0	2	4	0	2	4	5
3	3	4	5	0	1	2	2	3	0	3	0	3	0	3	4
4	4	5	0	1	2	3	3	4	0	4	2	0	4	2	3
5	5	0	1	2	3	4	4	5	0	5	4	3	2	1	2
6	6	0	1	2	3	4	5	6	0	6	5	4	3	2	1

由模加运算结果可见，对 $\forall x$，$\exists y$ 使得 $x+y=0 \bmod 7$，称 y 为 x 的负数（加法逆元），如对 2，存在整数 5，使得 $2+5=0 \bmod 7$。对模乘运算，若 $\forall x$，$\exists y$，使得 $x \times y=1 \bmod 7$，则称 y 为 x 的乘法逆元，如 $3 \times 5=1 \bmod 7$，3 和 5 互为乘法逆元。

模指数运算：对给定的正整数 m 与 n，计算 $a^m \bmod n$。

【例 2-2】 若 $a=7,n=19$，则易求出 $7^1 \equiv 7 \bmod 19,7^2 \equiv 11 \bmod 19,7^3 \equiv 1 \bmod 19$。

由于 $7^{3+j} \equiv 7^3 \times 7^j = 7^j \bmod 19$，所以 $7^4=7^3 \times 7=7 \bmod 19,7^5=7^2 \bmod 19,\cdots$，即从 $7^4 \bmod 19$ 开始所求的幂出现循环，故循环周期为 3。

3. 有限域

代数结构是对要研究的现象或过程建立的一种数学模型，模型中包括要处理的数学对象的集合以及几何上的关系或运算。运算可以是一元的或多元的，可以有一个或者多个。下面将要介绍的群、环、域都是代数结构。

定义 2-1（群）　设 G 是一个集合，$*$ 是 G 上的运算，$\langle G, *\rangle$ 是一个代数结构，如果 $*$ 满足：

(1) 封闭性：若 $\forall a,b \in G$，有 $a*b \in G$。

(2) 结合律：若 $\forall a,b,c \in G$，有 $(ab)c=a(bc)$。

(3) 单位元：若 $\exists e \in G$，使得 $\forall a \in G$ 有 $ea=ae=a$。

(4) 逆元：若 $\forall a \in G$，存在元素 a^{-1} 使得 $a*a^{-1}=a^{-1}*a=e$。

则称 $\langle G, *\rangle$ 为群，简记为 G。特别地，当运算 $*$ 写作乘法时，G 叫作乘群；运算 $*$ 写作加法时，G 叫作加群。群 G 中元素的个数称为群 G 的阶，记为 $|G|$。若群 G 上的运算还满足交换律，即 $\forall a,b \in G$，有 $ab=ba$，则称群 G 为交换群或阿贝尔（Abel）群。

【例 2-3】 整数集 Z 对加法运算构成交换群，对乘法运算不构成群。

定义 2-2（循环群）　$G=\langle a\rangle=\{a^0=e,a,a^2,\cdots\}$ 称为由 a 生成的循环群，a 称为生成元。

定义 2-3（环）　设 $\langle R,+,\cdot\rangle$ 是一个代数结构，$+$ 和 $\cdot$ 满足：①$\langle R,+\rangle$ 是交换群；②$\langle R,\cdot\rangle$ 是半群（运算仅满足封闭性和结合律）；③$\cdot$ 对 $+$ 具有分配律，即 $\forall a,b,c \in R$，有 $a\cdot(b+c)=a\cdot b+a\cdot c$ 和 $(b+c)\cdot a=b\cdot a+c\cdot a$，则称 $\langle R,+,\cdot\rangle$ 为环。

定义 2-4（域）　设 $\langle F,+,\cdot\rangle$ 是一个代数结构，$+$ 和 $\cdot$ 满足：①$\langle F,+\rangle$ 是交换群；②$\langle F\backslash\{0\},\cdot\rangle$ 是交换群；③$\cdot$ 对 $+$ 具有分配律，即 $\forall a,b,c \in F$，有 $a\cdot(b+c)=a\cdot b+$

$a \cdot c$ 和 $(b+c) \cdot a = b \cdot a + c \cdot a$，则称 $\langle F, +, \cdot \rangle$ 为域。有限域是指元素个数有限的域，又被称为伽罗华（Galois）域。有限域的元素个数一定是某个素数的幂，通常表示为 $GF(p^n)$。其中最常用的两个有限域为 $GF(p)$（当 $n=1$ 时）和 $GF(2^n)$（当 $p=2$ 时），例如，$GF(11)$，$GF(2^3)$。

【例 2-4】　有限域 $GF(11)$ 的加法运算，如表 2-10 所示。

表 2-10　GF(11)的加法运算

+	0	1	2	3	4	5	6	7	8	9	10
0	0	1	2	3	4	5	6	7	8	9	10
1	1	2	3	4	5	6	7	8	9	10	0
2	2	3	4	5	6	7	8	9	10	0	1
3	3	4	5	6	7	8	9	10	0	1	2
4	4	5	6	7	8	9	10	0	1	2	3
5	5	6	7	8	9	10	0	1	2	3	4
6	6	7	8	9	10	0	1	2	3	4	5
7	7	8	9	10	0	1	2	3	4	5	6
8	8	9	10	0	1	2	3	4	5	6	7
9	9	10	0	1	2	3	4	5	6	7	8
10	10	0	1	2	3	4	5	6	7	8	9

4. 欧几里得算法

欧几里得（Euclid）算法是数论中的重要算法，可以用来求两个整数的最大公因子，并且当两个正整数互素时，能够求出一个数关于另一个数的乘法逆元。

定理 2-1　设 a、b 是两个任意正整数，它们的最大公因子记为 $\gcd(a, b)$，简记为 (a, b)，则 $(a, b) = (b, a \bmod b)$。

设 a、b 是两个任意正整数，记 $r_0 = a$，$r_1 = b$，反复利用上述定理，即

$$r_0 = r_1 q_1 + r_2, \qquad 0 \leqslant r_2 < r_1$$
$$r_1 = r_2 q_2 + r_3, \qquad 0 \leqslant r_3 < r_2$$
$$\vdots$$
$$r_{n-2} = r_{n-1} q_{n-1} + r_n, \qquad 0 \leqslant r_n < r_{n-1}$$
$$r_{n-1} = r_n q_n + r_{n+1}, \qquad r_{n+1} = 0$$

由于 $r_1 = b > r_2 > \cdots > r_n > r_{n+1} \geqslant 0$，经过有限步之后，一定存在 n 使得 $r_{n+1} = 0$。

1）求最大公因子

在求两个整数的最大公因子时，可以利用上述定理。必有最后一个非零余数 r_n 为 a 和 b 的最大公因子，即 $(a, b) = r_n$。

【例 2-5】　$(77, 33) = (33, 77 \bmod 33) = (33, 11) = (11, 0) = 11$。

2) 求乘法逆元

若两个数是互素的,即$(a,b)=1$时,则b在$\bmod a$下有乘法逆元。不妨设$a>b$,即存在k使得$bk\equiv1\bmod a$。在上述欧几里得算法中先求出(a,b),当$(a,b)=1$时,返回b的逆元。

定理 2-2 设a、b是两个任意正整数,则$s_n a + t_n b = (a,b)$,其中,$s_j,t_j(0\leqslant j\leqslant n)$定义为

$$\begin{cases}s_0=1,s_1=0,s_j=s_{j-2}-q_{j-1}s_{j-1} \\ t_0=0,t_1=1,t_j=t_{j-2}-q_{j-1}t_{j-1}\end{cases} \quad j=2,3,\cdots,n$$

其中,q_j是不完全商。

因此,根据上述定理,若a和b互素,则有$s_n a + t_n b = (a,b) = 1$,则$t_n$为$b$的乘法逆元。

5. 中国剩余定理

中国剩余定理最早见于《孙子算经》:"今有物不知其数,三三数之剩二(除以3余2),五五数之剩三(除以5余3),七七数之剩二(除以7余2),问物几何?"这一问题称为"孙子问题",其一般解法国际上称为"中国剩余定理"。中国剩余定理是数论中重要的工具之一,能有效地将大数用小数表示、大数的运算通过小数实现;已知某个数关于两两互素的数的同余类集,可以有效重构这个数。

定理 2-3(中国剩余定理) 假设$m_1,m_2,\cdots,m_k$是两两互素的正整数,$M=\prod\limits_{i=1}^{k}m_i$,则一次同余方程组

$$\begin{cases}x\equiv a_1(\bmod m_1) \\ x\equiv a_2(\bmod m_2) \\ \quad\vdots \\ x\equiv a_k(\bmod m_k)\end{cases}$$

对模M有唯一解:

$$x\equiv\left(\frac{M}{m_1}e_1 a_1 + \frac{M}{m_2}e_2 a_2 + \cdots + \frac{M}{m_k}e_k a_k\right)(\bmod M)$$

其中,e_i满足$\frac{M}{m_i}e_i\equiv1(\bmod m_i)(i=1,2,\cdots,k)$。

【例 2-6】 由以下方程组求x

$$\begin{cases}x\equiv 2(\bmod 3) \\ x\equiv 3(\bmod 5) \\ x\equiv 2(\bmod 7)\end{cases}$$

解:$M=3\times5\times7=105$,$M_1=\frac{M}{m_1}=35$,$M_2=\frac{M}{m_2}=21$,$M_3=\frac{M}{m_3}=15$。

易求$e_1\equiv M_1^{-1}\bmod 3\equiv2$,$e_2\equiv M_2^{-1}\bmod 5\equiv1$,$e_3\equiv M_3^{-1}\bmod 7\equiv1$,所以$x\bmod 105\equiv(35\times2\times2+21\times1\times3+15\times1\times2)\bmod 105\equiv23$。

6. 椭圆曲线

椭圆曲线并非椭圆,由于椭圆曲线方程与计算椭圆周长积分公式类似,所以称为椭圆曲线。一般地,椭圆曲线为如下形式的曲线方程

$$y^2 + axy + by = x^3 + cx^2 + dx + e$$

其中,a、b、c、d、e 为满足条件的实数。定义一个称为无穷远点的元素,记为 O,也称为理想点。

图 2-19 为椭圆曲线实例。从图中可以看到,椭圆曲线是相对 x 轴对称。

(a) $y^2 = x^3 - 2x + 2$

(b) $y^2 = x^3 - x$

图 2-19　椭圆曲线实例

定义椭圆曲线上的加法运算:若其上三个点位于同一直线上,则一个点的和为 O。进一步定义椭圆曲线上的加法法则:

(1) O 为加法单位元,即对于椭圆曲线上任意点 P,有 $P + O = P$。

(2) 设 $P_1 = (x, y)$ 是椭圆曲线上的点,定义其加法逆元 $P_2 = -P_1 = (x, -y)$;将

P_1,P_2 的连线延长到无穷远点 O，得 $P_1+P_2+O=O,P_1+P_2=O$，即 $P_2=-P_1$。

（3）设 A 和 B 是椭圆曲线上 x 坐标不同的点，定义 $A+B$：画一条通过 A,B 的直线，其与椭圆曲线相交于 P，$A+B+P=O,A+B=-P$。

（4）定义点 Q 的倍数：在 Q 点做椭圆曲线的一条切线，设切线与椭圆曲线交于点 C，$2A=A+A=-C$，类似地，定义 $3A=A+A+A=\cdots$。

以上定义的加法具有加法运算的一般性质，如交换律等。

密码中大多采用有限域上非奇异椭圆曲线，有限域上非奇异椭圆曲线方程形式如下。

$$y^2=x^3+ax+b \ (a,b\in GF(p),4a^3+27b^2\neq 0)$$

其中 a,b 为有限域 $GF(p)$ 中元素，p 为大素数。

2.2.4 国内外密码算法概览

国内外密码算法概览

1. 序列密码

序列密码又称作流密码，是一种对称密码体系，它是对"一次一密"的一种效仿。"一次一密"密钥较长，实用性较差，于是人们便仿照"一次一密"的思路，通过利用较短的种子密钥来生成较长的密钥序列，来实现类似于"一次一密"的加密，并达到较好的可用性。

图 2-20　序列密码加密工作过程

序列密码的加密工作过程如图 2-20 所示，已知明文序列，算法的关键部分是密钥流的生成。密钥流由密钥流发生器 f 生成，可定义为 $z_i=f(k,\sigma_i)$ 的形式。其中，σ_i 是加密器中存储器（记忆元件）在 i 时刻的状态，k 为种子密钥。密钥流和明文流进行异或运算，即输出密文流，解密过程同理。

序列密码具有实现简单、低错误传播等优点，适用于军事、外交等机密机构，能为保障国家信息安全发挥重要作用。2004 年，欧洲序列密码工程（eSTREAM）启动，征集了一批优秀的序列密码算法，其第三轮评估结果（2008 年 4 月）如表 2-11 所示。该工程对算法研究进行了分类归纳，尽量多地给出了相关文献，对其中算法感兴趣的研究者可以参考各阶段评估报告及 SASC 系列会议。

表 2-11　eSTREAM 第三轮评估结果

算　　法	选 中 算 法		落 选 算 法	
软件实现算法	Salsa20	Rabbit	NLS v2	LEX v2
	Sosemanuk	HC-128	CryptMT v3	Dragon
硬件实现算法	Trivium	Grain v1	Decim v2	Edon 80
	F-FCSR-H v2	MICKEY v2	Pomaranch v3	Moustique

2. 分组密码

不同于序列密码，另一种对称加密体制是分组密码。分组密码是将明文消息编码后的比特序列划分成长度为 n 的分组，通过密钥和算法对其加密运算，输出等长的密文分组。

　　不同的分组密码具有不同的结构,常见的有代换-置换网络、Feistel 网络等结构。代换-置换网络结构由混淆和扩散两个部分组成,混淆是将密文与密钥之间的统计关系变得尽可能复杂,使得对手即使获取了关于密文的一些统计特性,也无法推测密钥。扩散是让明文中的每一位影响密文中的许多位,或者说让密文中的每一位受明文中的许多位的影响。这样可以隐蔽明文的统计特性。分组密码的行为应当看起来是一个随机置换,重复使用混淆-扩散这一过程,就可以让明文 1b 的变化影响到全部密文,这也是随机置换所期望的形式。设计代换-置换网络时,只要选择 S 盒、混合置换和密钥编排的时候足够谨慎,它就是构造伪随机置换的一个良好选择。例如,AES 算法结构类似代换-置换网络,普遍被认为是很强的伪随机置换,如图 2-21 所示。Feistel 网络是构造分组密码的一种替代方法,大体结构如图 2-22 所示,其巧妙的结构设计可以不要求轮函数可逆。这种特殊结构可以不受到对单轮/两轮代换-置换网络的攻击。

图 2-21　代换-置换网络结构图

图 2-22　Feistel 网络结构

　　分组密码的明文信息具有良好的扩展性,有较强的适用性,并且不需要密钥同步,与序列密码相比更适合作为分组数据加密标准。最早的分组密码是美国于 1977 年制定的数据加密标准——DES。1997 年,DES 算法遭到多次穷举攻击攻破,同年美国国家标准与技术研究院(NIST)公开征集和评估新的数据加密候选标准,即 AES 标准,其条件为被选作 AES 的算法,开发者必须承诺放弃其知识产权。2000 年 10 月,NIST 宣布 Rijndael 算法为最终获胜者,并于 2001 年 11 月 26 日发布新的 AES 标准,即 FIPS PUBS197。

AES 标准评估期间所有入围算法如表 2-12 所示。

表 2-12　AES 标准评估期间入围算法

算　　法	算 法 名 称			
第一轮落选算法	SAFER+	CAST-256	CRYPTON	E2
	LOKI 97	DEAL	Magenta	PROG
	DFC	HPC		
第二轮落选算法	MARS	RC6TM	Serpent	Twofish
获胜算法	Rijndael			

3. 公钥密码

公钥密码体制的思想是 1976 年 Diffie 和 Hellman 在他们的论文"密码学的新方向"一文中首次提出的。其基本思路是：公钥密码算法加密和解密使用不同的密钥,其中,一个密钥是公开的,称为公开密钥,简称公钥,用于加密或者签名验证;另一个密钥是用户专有的,因而是保密的,称为私钥,用于解密或者签名。公钥密码算法的重要特性是已知密码算法和加密密钥,求解解密密钥在计算上不可行。这个特性的本质是一个单向陷门函数,定义如下。

设 f 是一个函数,t 是与 f 有关的一个参数。给定任意的 x,计算 $y=f_t(x)$ 是容易的。当参数 t 未知时,则 f 的逆函数是难解的;但当参数 t 已知时,f 的逆函数是容易求解的。

目前已有多种公钥密码算法,典型的有基于大整数分解的 RSA 算法及其变种 Rabin 算法,基于离散对数问题的 ElGamal 密码体制和基于椭圆曲线离散对数问题的椭圆曲线密码体制(Elliptic Curve Cryptography,ECC)。

1) RSA 公钥密码算法

- 密钥产生：生成大整数 $n=pq$,其中,p,q 是大素数。欧拉函数 $\varphi(n)=(p-1)(q-1)$。选择整数 e,满足 $1<e<\varphi(n)$ 且 $\gcd(e,\varphi(n))=1$。计算 d 使得 $de\equiv1 \bmod \varphi(n)$。公钥为 (e,n),私钥为 d。
- 加密算法：$C=M^e \bmod n$。
- 解密算法：$M=C^d \bmod n$。

对 RSA 而言,若 n 被成功分解,则该体制被完全攻破,即破解 RSA 算法的难度不超过分解大整数的难度,但还不能证明破解 RSA 算法等价于求解大整数因子分解问题。

2) Rabin 公钥密码算法

在 RSA 的基础上,M. O. Rabin 基于模合数平方根困难问题提出了一个 RSA 衍生公钥密码算法,简称 Rabin 算法,从理论上可以证明 Rabin 算法的安全性等价于求解大整数因子分解问题的困难性,Rabin 算法如下。

- 密钥产生：随机选择大素数 p,q 满足 $p\equiv q\equiv3 \bmod 4$,计算 $n=pq$。公钥为 n,私钥为 p,q。
- 加密算法：$C=M^2 \bmod n$。

- 解密算法：消息 $M=\pm C^{\frac{p+1}{4}}\bmod p$ 或者 $M=\pm C^{\frac{q+1}{4}}\bmod q$。

3）ElGamal 公钥密码算法

ElGamal 于 1985 年提出，主要为数字签名而设计，它的安全性建立在 Z_p^* 上离散对数问题的困难性之上。在其之后，许多学者对 ElGamal 算法进行改进和推广。例如，美国 NIST 提出著名的 DSS/DSA 方案；1994 年，Harn 给出 18 个安全可行的广义 ElGamal 数字签名方案。而破解 ElGamal 加密算法的问题是由公钥 (p,g,y) 和密文 (C_1,C_2) 求解消息 M 的过程，它实际上等价于 Diffie-Hellman 问题，即给定 (g^x,g^k)，求解 g^{xk}。ElGamal 密码体制具体算法如下。

- 密钥产生：随机选择大素数 p 和 Z_{p^*} 上的生成元 g。随机选择一个数 x，计算 $y=g^x\bmod p$。公钥为 (p,q,y)，私钥为 x。
- 加密算法：随机选择与 $p-1$ 互素的整数 k，计算 $C_1=g^k\bmod p$，$C_2=y^k\cdot M\bmod p$。
- 解密算法：$M=\dfrac{C_2}{C_1^x}\bmod p$。

4）椭圆曲线公钥密码算法（ECC）

ECC 是 Menezes 和 Vanstone 于 1993 年设计的，它可用短得多的密钥达到与 RSA 算法同等的安全性，因此具有广泛的应用前景。ECC 主要包含三个过程：参数选取、加密、解密。

- 参数选取：选取一条椭圆曲线 $E_p(a,b)$，将明文消息通过编嵌入点 $M=P_m$，取 $E_p(a,b)$ 生成元 G，任意选择 $x\in\{1,2,\cdots,\mathrm{ord}(G)\}$，计算 $Y=xG$。公钥为 $(G,E_p(a,b),Y)$，私钥为 x。
- 加密：任意选择 $k\in\{1,2,\cdots,\mathrm{ord}(G)\}$，密文为 $c=(c_1,c_2)$，其中，$c_1=kG$，$c_2=M\oplus kY$。
- 解密：$c_2\oplus xc_1=M$。

4. 国产密码

国密算法是国家商用密码管理办公室（国家密码管理局与中央密码工作领导小组办公室）指定的一系列密码标准，即已经被国家密码管理局认定的国产密码算法，又称商用密码。它能够实现加密、解密和认证等功能，包括密码算法编程技术和密码算法芯片、加密卡等的实现技术。国密算法包括对称算法、非对称算法和杂凑函数。其中，对称算法包括 SSF33、SM1（SCB2）、SM4、SM7、祖冲之序列密码算法（ZUC）；非对称算法包括 SM2、SM9；杂凑函数为 SM3 算法。祖冲之序列密码算法是运用于移动通信 4G 网络中的国际标准密码算法。SSF33、SM1 和 SM7 对外不公开，若想要调用的话，需要通过加密芯片的接口。SM2 是国家密码管理局于 2010 年 12 月 17 日发布的椭圆曲线公钥密码算法。SM9 是国家密码管理局于 2016 年 3 月 28 日发布的国家密码行业标准（GM/T 0044—2016）。它是基于双线性对的身份标识的公钥密码算法，也称标识密码，它可以根据用户的身份标识生成用户的公、私钥对，主要用于数字签名、密钥交换以及密钥封装机制等。目前，我国自主设计的 SM2、SM3、SM4、SM9 和 ZUC 算法均已纳入 ISO/IEC 国际标准，标志着我国密码算法设计分析能力达到国际先进水平。SM 系列国密算法总结如表 2-13 所示。

表 2-13　SM 系列国产密码算法

算 法 编 号	算 法 性 质	算法发布形式	算 法 功 能
SM1	分组对称密码算法	加密芯片	单钥加密/解密
SM2	椭圆曲线公钥密码算法	软件代码	双钥加密/解密,数字签名
SM3	杂凑函数算法	软件代码	杂凑函数
SM4	分组对称加密算法	软件代码	单钥加密/解密(无线)
SM7	分组对称加密算法	非接触 IC 卡	单钥加密/解密
SM9	标识密码算法	—	—

2.3 密码学新进展

身份基公钥密码

2.3.1　身份基公钥密码

身份基公钥密码[13](Identity-Based Cryptograph,IBC)是一种公钥密码体制,有效简化了公钥基础设施(Public Key Infrastructure,PKI)中证书权威(Certificate Authority,CA)对用户证书管理带来的复杂密钥管理问题。由 RSA 公钥密码系统发明者之一 Shamir 于 1984 年首次提出。在身份基公钥密码体制中,Shamir 建议使用能唯一标识用户身份的信息作为公钥,如电话号码或 E-mail 地址等,无须 CA 分发数字证书进行绑定,克服了传统公钥密码体系中管理用户证书带来的弊端。

1. 身份基公钥密码

在身份基公钥密码中,用户公钥可以为任意的比特串,用户私钥通过可信的第三方,即私钥生成中心(Private Key Generator,PKG)生成。身份基公钥密码密钥生成过程如图 2-23 所示。假设 PKG 的公私钥对为(pk,sk),用户的公钥身份字符串是 ID,PKG 生成用户的私钥 s_{ID} 作为 sk 和 ID 的函数。

图 2-23　身份基公钥密码密钥生成过程

2. 身份基加密

Shamir 提出身份基公钥密码机制以后,密码学家对这一领域进行了深入探索。由于未找到有效的工具,使得实现身份基加密(Identity Based Encryption,IBE)成为一个公开问题。直到 2001 年,Boneh 和 Franklin 取得了突破,其使用双线性配对技术提出了第一个可证明安全且实用的身份基加密方案[14],使得身份基公钥密码得到了快速发展。近年来,身份基公钥密码取得了丰硕的成果,已成为现代密码学领域中十分活跃的热点研究方向之一。

身份基加密机制框架如图 2-24 所示。用户 Alice 给用户 Bob 发送消息,Bob 的公钥为 Bob@b.com。Alice 只需使用 Bob 的公钥加密消息即可。Bob 接收加密的消息后,向PKG 认证并申请私钥,收到解密私钥后,Bob 进行解密,阅读 Alice 发送的消息。

图 2-24　身份基加密机制框架

一个身份基加密方案包含以下 4 个算法。

(1)系统建立算法:PKG 生成系统公开参数和主密钥。

(2)密钥提取算法:用户将自己的身份 ID 提交给 PKG,PKG 生成 ID 对应的私钥。

(3)加密算法:利用用户身份 ID 加密消息,生成加密密文。

(4)解密算法:利用用户身份 ID 对应的私钥解密密文,得到明文消息。

身份基加密方案扩展了身份基公钥密码体制,能够较好地解决 PKI 证书管理复杂问题。因而,IBE 被广泛应用于安全电子邮件、Ad Hoc 网络密钥管理等应用场景。

3. 身份基签名

Shamir 在提出身份基公钥密码概念的同时,采用 RSA 签名给出了首个身份基签名(Identity Based Signature,IBS)方案,之后多种身份基签名方案被相继提出,包括具有特殊性质的身份基签名,如身份基环签名、身份基盲签名等。

一个身份基签名方案包含以下 4 个算法。

(1)系统建立算法:PKG 生成系统公开参数和主密钥。

(2)密钥提取算法:用户将自己的身份 ID 提交给 PKG,PKG 生成用户 ID 对应的私钥。

(3)签名算法:给定用户身份 ID 的私钥和消息,生成对应消息的签名。

(4)验证算法:给定用户身份 ID、签名和消息,验证是否为正确的签名。

身份基签名方案扩展了身份基公钥密码体制,但一般的身份基签名方案与传统的公钥签名方案相比并没有非常明显的优点,其主要原因在于传统公钥签名本身也同样能实现基于身份签名的功能。

4. 身份基公钥密码的优缺点

身份基公钥密码与基于 PKI 的密码都属于公钥密码体制,身份基公钥密码体制与传统的公钥密码体制相比,存在以下优缺点。

(1) 不需要公钥证书,用户身份作为唯一识别其身份的公钥,加密或签名验证不需要知道除身份外的其他信息。

(2) 不需要证书机构,存在可信第三方私钥生成中心(PKG)向用户提供服务。用户向 PKG 提交自己的身份 ID,PKG 生成并颁发 ID 的私钥。与 PKI 机制相比,PKG 不需要处理第三方的请求,降低了加密的开销和基础设施要求。

密钥托管是身份基公钥密码的一个缺点。在私钥生成过程中,用户将身份 ID 提交给 PKG,PKG 生成并颁发用户 ID 的私钥。恶意的 PKG 可能存储用户私钥的副本,使其有能力解密任何一个用户发送给用户 ID 的密文或伪造用户 ID 的数字签名。

为了解决密钥托管问题,可采用分布式密钥生成技术或门限技术将 PKG 权限分配给多个实体,防止单个 PKG 权限过大的问题。也可以采用安全多方计算技术,使得用户参与私钥生成过程,私钥中包含仅由用户 ID 持有的相关信息,从而降低对可信私钥生成中心的过分依赖。

身份基公钥密码以其自身优越性,引起了学术界以及工业界的广泛关注。2006 年,国际标准化组织(ISO)在 ISO/IEC 14888-3 中给出了两个身份基签名体制的标准[15]。IEEE 组织专门的身份基公钥密码体制工作组(IEEE P1363.3)[16],征集身份基密码体制的标准。近几年,国产身份基公钥密码体制的标准化工作也取得了一定进展。2016 年 3 月 28 日,中华人民共和国国家密码管理局发布 GM/T 0044—2016 SM9 标识密码算法[17],进一步丰富了身份基公钥密码体系。探索身份基公钥密码体制及其新应用仍然是当前学术界及工业界关注的热点问题之一。

2.3.2 属性基公钥密码

属性基公钥密码

2.3.1 节介绍了身份基公钥密码的内容,在传统的 IBE 体制中,发送方在加密消息前必须要获悉接收方的身份信息(公钥),用接收方的公钥对消息进行加密,接收方用自己的私钥解密。通信过程是一对一的,然而现实世界中更多的是一对多的通信模式。尽管可以通过多次的一对一模式来实现多对一通信模式,但是当接收方人数很多时,这种方法无疑非常低效。

属性基公钥密码(Attribute-Based Cryptography,ABC)是在身份基公钥密码的基础上发展起来的。2005 年,Sahai 和 Waters 在提出的模糊身份基加密(Fuzzy Identity-Based Encryption)[18]中,首次引入了属性基加密(Attribute-Based Encryption,ABE)的概念。作为身份基密码体制的一种扩展,属性基密码将代表用户身份的字符串由一系列描述用户特征的属性来代替,例如,工作单位、职位、性别等。用户的公私钥均与属性相关。举个例子,某个文件允许计算机专业的学生可以访问,那么"计算机专业"和"学生"就是访问结构中所要求的属性,同时具备属性"计算机专业"和"学生"的用户才可以成功访问该文件,否则无法访问。

1. 属性基加密

在属性基加密中,密钥和密文都与一组属性相关联,加密者根据将要加密的消息和接收者的属性构造一个加密策略,当属性满足加密策略时,解密者才能够解密。属性基加密可以被用来有效地实现非交互式访问控制。在传统的访问控制机制中,用户的访问权限和数据都由管理员来分配和管理,当系统中用户越来越多,数据量越来越大时,错综复杂的用户数据面临着隐私泄露的风险。从数据隐私的角度出发,用户一般情况下不愿使自己的数据对服务器透明。另外,当存储服务器遭到黑客入侵时,所有用户数据都将被非法窃取。在属性基加密中,系统的每个权限都可以用一个属性来表示。系统中存在一个属性权威(Attribute Authority,AA),属性权威对每个用户的属性进行认证,并颁发相应密钥。系统中所有数据都以密文的形式存储在服务器中,任何人都可以访问服务器,但只有属性与访问策略相匹配时,数据才能被解密。属性基加密机制实现非交互式访问控制如图 2-25 所示。

图 2-25　属性基加密机制实现非交互式访问控制

按照密文的生成过程,属性基加密可分为密钥策略属性基加密(Key Policy Attribute-Based Encryption,KP-ABE)和密文策略属性基加密(Ciphertext Policy Attribute-Based Encryption,CP-ABE)。

2006 年,Goyal 等[19]提出了密钥策略属性基加密方案 KP-ABE。顾名思义,在 KP-ABE 中,密钥对应于访问结构,而密文对应于属性集合,当且仅当密文对应的属性集合能够与用户密钥中的访问结构相匹配时,密文才能够被成功解密。身份基加密可以被视为一种特殊的 KP-ABE 方案,其中,密文中的属性为目标接收者的身份,解密者密钥相关联的访问策略为:当且仅当密钥宿主的身份与密文中包含的目标接收者身份一样时,方可解密。如图 2-26(a)所示,以电视节目为例,假设某用户想要观看时长为两小时左右的喜剧片或科技片,则节目 1 所包含的属性"2h"和"喜剧"满足用户的要求,节目 1 可以被用户成功解密观看，而节目 2 不满足要求，无法解密。

(a) KP-ABE场景示意图　　　　　　　　　(b) CP-ABE场景示意图

图 2-26　KP-ABE 和 CP-ABE 场景示意图

一般地，KP-ABE 由以下算法构成。

（1）初始化：输入安全参数 λ，生成主密钥 msk 和系统参数 pk。

（2）密钥生成：输入一个访问控制结构 L，系统主密钥 msk 和系统参数 pk，输出私钥 sk。

（3）加密：输入系统参数 pk、发送方属性集合 W、待加密消息 m，输出密文 c。

（4）解密：输入私钥 sk，密文 c，系统参数 pk。若发送方属性集合满足接收方访问结构，解密成功，输出明文 m；否则解密失败。

2007 年，Bethencourt 等[20] 提出了密文策略属性基加密方案 CP-ABE。在 CP-ABE 中，密文对应于一个访问结构，用户密钥对应于属性集合，用户可以用自己的属性集合向属性权威请求密钥。仅当用户的属性集合满足密文中的访问结构时，才能够获得解密权限。如图 2-26(b)所示，假设某法律文件只允许 A 大学的刑法专业或民商法专业的学生查看，则学生 1 所包含的属性"民商法"和"A 大学"满足要求，而学生 2 所包含的属性"刑法"和"B 大学"不满足要求，此文件可以被学生 1 成功解密查看。一般 CP-ABE 由以下算法构成。

（1）初始化：输入安全参数 λ，生成主密钥 msk 和系统参数 pk。

（2）密钥生成：输入系统主密钥 msk、系统参数 pk、接收方的属性集合 W，输出私钥 sk。

（3）加密：输入系统参数 pk，访问控制结构 L，待加密消息 m，输出密文 c。

（4）解密：输入私钥 sk，密文 c，系统参数 pk。若接收方属性集合满足发送方访问控制结构，解密成功，输出明文 m；否则解密失败。

2. 属性基签名

与属性基加密相对应，属性基签名（Attribute-Based Signature，ABS）近年来也得到了广泛关注。类似地，属性基签名是由模糊身份签名发展而来的。属性基签名根据签名的生成过程分为密钥策略属性基签名（Key Policy Attribute-Based Signature，KP-ABS）和签名策略属性基签名（Signature Policy Attribute-Based Encryption，SP-ABS）。当且仅当属性集合满足访问结构时，签名者可以对消息生成合法签名。相比于传统的数字签名，除了要满足正确性和不可伪造性之外，属性基签名还要满足匿名性，即验证者通过签名仅能够知道签名者的属性与访问结构是相匹配的,无法知道签名者具体的属性和身份等其他任何信息。

3. 属性基公钥密码的相关研究

(1) 支持属性撤销的属性基加密。在属性基密码体制中,系统中用户权限是动态变化的,当用户所拥有的属性发生变动时,难免会有密钥泄露的风险,因而不得不考虑密钥及属性撤销的问题。引入撤销机制是抵抗密码算法中密钥滥用等恶意行为的重要途径。按照撤销执行者的不同,属性撤销可分为直接撤销和间接撤销。直接撤销是指发送者预先设定一个撤销列表,直接按照列表进行撤销,用户无须进行密钥更新。而间接撤销需要依托属性权威,定期进行密钥更新,合法用户才能够申请有效的密钥,被撤销的用户无法继续获取密钥。

(2) 访问结构隐藏的属性基加密。传统的属性基加密中,大部分与密文相关的访问结构或是属性集合都是完全公开的,这样存在隐私泄露的风险。为了增强数据访问过程中的隐私性,访问结构隐藏的属性基加密机制被引入。在访问结构隐藏的属性基加密方案中,无论用户是否拥有解密的权限,都无法知道密文访问结构的相关信息。

(3) 多权威属性基加密。在传统的属性基加密方案中,用户属性都是由属性权威来进行认证并授权密钥的。在分布式应用的场景下,单个属性权威无法满足大规模的分布式应用需求,且容易遭受拒绝服务攻击。并且在现实世界中,我们的多个属性是由不同的机构进行分管的。例如,我们的院校信息、学号和专业等是由学校认证和管理的,我们的身份证信息和户口信息等是由公安机构认证和管理的。对此,Chase 首次提出了多权威属性基加密(Multi-Authority ABE,MA-ABE)[21],用户的密钥不再由单一的属性权威授权颁发,每个属性权威管理一个区域,为本区域的用户授权颁发密钥。所有的属性被划分为属性子集,分发给不同的属性权威。同时,这种多权威属性基加密机制很大程度上降低了属性权威的工作量。

属性基公钥密码拥有许多良好的性质,能够有效实现非交互式的细粒度访问控制,并且在加密数据库、物联网和云计算等诸多领域都有良好的应用前景。感兴趣的读者可以阅读参考文献中的方案,了解具体的实现细节和属性基密码学的研究现状及发展趋势。

2.3.3　同态密码

同态密码

随着云计算模式的普及与应用,数据存储和计算服务的外包已经成为必然趋势,由此带来的数据安全和隐私保护问题愈加受到产业界与学术界的广泛关注。同态密码可以在不泄露敏感信息的前提下完成对密文的处理任务,有着与生俱来的保护用户数据安全和隐私的特性,其成为保护数据安全,提高密文处理分析能力的关键技术。该技术在分布式计算环境下的密文数据计算处理方面具有比较广泛的应用领域,如云计算、多方安全计算、匿名投票、密文检索与匿名访问等;除此之外,同态密码技术在数据挖掘隐私保护方面也有相应的应用。

同态密码的概念最初是由 Rivest、Adleman 和 Dertouzos 于 1978 年在题为 *On Data Banks and Privacy Homomorphisms* 的论文中提出的隐私同态(Privacy Homomorphism)

概念[22]。他们给出一个"保密数据库"的应用场景：用户将个人敏感数据加密后存储在一个不可信的服务器中，服务器给出正确的查询应答。因此，从某种角度讲，"保密数据库"的思想已经基本完整涵盖了数据存储与数据处理的过程，完全可以将其视作当今流行的云存储与云计算融合的一种概念性雏形。同态加密思想从提出到现在，在具体实现方案方面，经历了三个重要时期：1978—1999年是部分同态加密的繁荣发展时期；1996—2009年是部分同态加密与浅同态加密的交织发展时期，也是浅同态加密方案的繁荣发展时期；2009年以后是全同态加密的繁荣发展时期。同态加密从部分同态发展到全同态加密，同态签名借鉴同态加密的思想也陆续发展起来。2002年，Johnson等首次提出了同态签名的概念[23]，之后，同态签名从线性同态发展到全同态签名。许多密码学家将全同态加密思想置于与公钥加密思想比肩齐名的重要地位，他们认为"公钥加密方案开辟了密码学的新方向，而实用的全同态加密方案则将催生新型分布式计算模式"。全同态加密概念自提出后近30年来，一直被密码学界誉为"密码学圣杯"。

1. 同态密码技术的应用

安全云计算与委托计算：同态技术在该方面的应用可以使得用户在云环境下，充分利用云服务器的计算能力，实现对明文信息的运算，而不会有损私有数据的私密性。例如，医疗机构通常拥有比较弱的数据处理能力，而需要第三方来实现数据处理分析以达到更好的医疗效果或者科研水平，这样他们就需要委托有较强数据处理能力的第三方实现数据处理（云计算中心），但是医院负有保护患者隐私的义务，不能直接将数据交给第三方。在同态加密技术的支持下，医疗机构就可以将加密后的数据发送至第三方，待第三方处理完成后便可返回给医疗结构。整个数据处理过程、数据内容对第三方是完全透明的。

远程文件存储：用户可以将自己的数据加密后存储在一个不信任的远程服务器上，日后可以向远程服务器查询自己所需要的信息，远程服务器用该用户的公钥将查询结果加密，用户可以解密得到自己需要的信息，而远程服务器却对查询信息一无所知。这样做还可以实现远程用户数据容灾。

同态密码技术在其他方面也有诸多应用，如密文检索、安全多方计算、电子投票、多方零知识证明、软件保护等。

2. 同态密码技术的优缺点

同态密码技术可以实现无密钥方对密文的计算处理，密文计算无须经过密钥方，既可以减少通信代价，又可以避免每一个密文解密后再计算而花费高昂的计算代价，同时，对密文计算后解密的结果与明文进行同样运算的结果一致，保证了运算的正确性。但是，目前同态密码技术及其应用方面还存在一定的局限性，第一，同态密码技术只能实现单比特加密，效率较低，如何高效地实现全同态加密有待进一步研究；第二，大多数同态密码技术基于未论证的困难性假设，寻找可论证的困难问题依然是个摆在密码工作者面前的难题；第三，同态密码技术需要额外的消除噪声算法，依然不是自然同态，如何设计一个具有自然同态性的全同态加密方案依然是一个开放问题。

2.3.4 抗量子密码

抗量子密码

近年来随着量子计算技术的发展，构造抗量子密码已经迫在眉睫。如表2-14所示，很多广泛部署的密码系统在量子计算环境下安全水平显著降低。因此,在量子计算时代使用什么密码呢?研究表明,量子计算环境下的密码主要有三种:基于量子物理学的量子密码,基于生物学的 DNA 密码和基于数学的抗量子计算密码。

表 2-14　广泛部署的密码系统及其安全水平示例

名　　称	功　　能	安全水平	量子安全水平
AES-128	对称加密	128	64(Grover)
AES-256	对称加密	256	128(Grover)
SHA-256	杂凑函数	256	128(Grover)
SHA3-256	杂凑函数	256	128(Grover)
RSA-3072	加密	128	被攻破(Shor)
RSA-3072	签名	128	被攻破(Shor)
DH-3072	密钥交换	128	被攻破(Shor)
DSA-3072	签名	128	被攻破(Shor)
256-bit ECDH	密钥交换	128	被攻破(Shor)
256-bit ECDSA	签名	128	被攻破(Shor)

在国际上,基于量子物理学的量子密码主要集中在量子密钥分配、量子秘密共享、量子认证、量子密码算法和量子密码算法的安全性等方面的研究。由于理论上量子密钥分配与"一次一密"相结合能够实现无条件安全,量子密钥分配长期以来受到了众多学者的关注和研究。而量子秘密共享和量子认证的相关研究尚不成熟,还没有达到经典密码那样方便。基于量子物理学的量子密码面临着很多困难与挑战。在量子密码算法设计中,为实现对量子信息的加密、签名和杂凑等,需要采用量子力学中的幺正变换,导致方案构造困难。对于量子密码算法的安全性,它是基于量子物理设备的,因此它的安全与其物理实现密切相关。

基于生物学的 DNA 密码是随着基因工程和生物计算的发展而诞生的,其安全性建立在生物困难问题上。该密码以 DNA 为信息载体,把现代生物学技术作为实现工具,利用 DNA 的高存储密度和高并行性优点,实现加密、认证以及签名等功能。然而 DNA 密码主要依靠实验手段,缺少理论体系,实现技术难度大,应用成本高。

基于数学的抗量子密码是基于量子计算机不擅长计算的数学困难问题构造的密码。该类密码算法与上述两类抗量子密码相比,有很多优势。例如,研究方法与现有的许多经典密码一致,很多方法可以借用,并且与现有密码一样都是基于数学问题的,密码兼容性好,系统升级容易。近年来,世界各国政府与组织都发起了重大研究计划来研究能够抵抗量子计算机攻击的基于数学困难问题的抗量子密码,如欧盟的 SAFEcrypto 项目、日本的 CryptoMath-CREST 密码项目等。此外,美国国家安全局(National Security Agency, NSA),美国国家标准与技术研究院(National Institute of Standards and Technology, NIST),中国科协等纷纷发布了各自的基于数学的抗量子密码研究计划。当前国际上公认的基于数学的抗量子密码方向主要有：基于格的密码，基于 Hash 的数字签名，基于纠错编码的密码和基于多变量的密码。

基于格的密码算法构造是建立在格上的困难问题，如容错学习（Learning With Errors，LWE）问题、最短整数解（Shorter Integer Solution，SIS）问题、最短向量问题（Shortest Vector Problem，SVP）、有界距离译码（Bounded Distance Decoding，BDD）问题等。

基于格的抗量子密码有很多优势。例如，格密码上的运算简单，运算速度快，效率高；困难问题在最坏情况下的计算复杂性等于平均复杂性，使得基于格设计的密码安全概率高。不过格密码方案的参数，如公钥、密文的尺寸比较大。格密码目前被认为是最具前景的抗量子密码研究方向。目前最成功的格密码是 1996 年 Hoffstein、Pipher 和 Silverman 提出的公钥加密方案 NTRU（Number Theory Research Unit）。与 RSA、ECC、ElGamal 密码相比，相同安全性条件下，NTRU 算法的速度快，密钥生成速度也快，且需要的存储空间小。基于格中的困难问题可以构造加密、数字签名、密钥交换、属性加密、函数加密和全同态加密等各类密码算法。这些密码算法被广泛应用于云计算、大数据和物联网等各行各业。

基于 Hash 函数设计的初衷是给定 Hash 值计算出原像困难，标准的 Hash 函数仅受 Grover 算法的影响，不受 Shor 算法的影响。Hash 函数被用在几乎所有的签名方案中。基于 Hash 的数字签名源于 Lamport 的一次签名方案（One Time Signature，OTS）。在一次签名方案中，每个密钥对仅能签一条消息，否则签名将以很高的概率暴露更多的私钥信息，导致容易伪造签名。一次签名消息都需更新公钥，这相当于“一次一密”，虽然具有较高的安全性，但缺乏实用性。为了克服公钥仅能签名一次的问题，Merkle 将 $2k$ 个公钥组合成 1 个公钥，用于验证 $2k$ 个签名。许多基于 Hash 函数的修正签名方案是通过更好地使用一次签名减小签名大小。目前基于 Hash 的数字签名还有许多开放性课题，如增加签名的次数、减小签名和密钥的大小、优化认证树的遍历方案等。

基于纠错编码的密码是把纠错的方法作为私钥，加密时对明文进行纠错编码并人为加入一定数量的错误，解密时运用私钥纠正错误，恢复出明文。其安全性建立在纠错码的一般译码问题是 NPC（Non-deterministic Polynomial Complete）问题的基础之上。两个典型的密码是 McEliece 和 Niederreiter 公钥密码，然而它们只能用于加密，不能用于签名，并且它们的公钥和密文较大。因此，利用纠错码构造一个安全高效的签名体制，以及既能加密又能签名的密码可以进行深入探讨。

基于多变量的密码的安全性建立在求解有限域上随机多变量二次多项式方程组是 NP（Non-deterministic Polynomial）困难问题的论断之上，它的单向陷门函数设计是基于多项式同构（Isomorphism Polynomial，IP）问题。在 IP 问题的构造结构中，多变量密码设计的核心是中心映射的构造。根据中心映射的不同，多变量公钥密码体制主要有以下几种：Matsumoto-Imai（MI）体制、隐藏域方程（Hidden Field Equations，HFE）体制、不平衡油醋（Unbalanced Oil and Vinegar，UOV）体制及三角阶梯体制（Step-wise Triangular System，STS）。然而在大部分多变量密码中，签名方案较多，加密方案较少，由于加密时安全性降低；公钥大小较长；并且很难设计出既安全又高效的多变量密码。

2.3.5　轻量级密码

轻量级密码

随着计算机和微电子科技的高速发展,信息技术的逐渐普及,物联网在收集数据方面的作用越来越大。物联网的概念是将所有可能的设备连接到网络中,以便更有效、更智能地控制和分析信息,减少不必要的开销并实现更强大的功能。例如,智能电网可以让发电厂获取社区用电的具体信息,在高峰期提高供电量,在其他时间降低供电量,以此避免资源的浪费;智能家居可以根据主人的生活习惯控制室内温度、湿度、房间采光等,令住宅更加宜居和省心。

然而,事物都是具有两面性的,物联网的高速发展带来了便利性,也带来了安全隐患。物联网倘若遭到不法分子恶意使用,同样会带来严重的后果。例如,通过恶意软件升级使得物联网终端停止运作,窃取智能电网的用电信息判断住户出行规律,进而实施入室盗窃等恶性事件越来越多。近年来,物联网攻击频频发生:隐私泄露、非法入侵、本地网络被破坏等。此外,黑产从业者的攻击技术和手段也在迅速更新换代。倘若没有与之抗衡的防御能力,没有应对攻击的技术力量,合法用户的利益被侵占的结果将无法避免。

倘若要保护合法用户的权益不受侵害,物联网设备中使用加密通信、身份认证等手段十分重要。然而物联网设备多数运算能力弱,存储能力弱,部分物联网设备还对能耗控制有严格的要求,普通的密码算法并不适用,因此需要可以在物联网设备上运行的轻量密码算法来保障物联网设备的安全。

1. 轻量密码的特性

轻量密码是密码学的子领域,其目标是为资源受限的设备定制专属的密码解决方案。资源受限的设备处理的数据规模通常较小,因此,轻量密码算法对吞吐率的要求比普通密码算法低。轻量密码受限于实现环境,除了适当的安全性,算法设计追求的首要目标是实现低资源消耗及高运行效率。在环境的限制下,为了追求算法的实用性,部分轻量密码采用机器内置密钥,不使用密钥的扩展和分发算法。

2. 轻量密码的设计

任何密码算法在设计时,达到必要的安全性是首要原则。众所周知,最高安全性的密码算法是一次一密,它能达到理论上的完美安全。然而一个好的加密算法要讲求实用性,一次一密的存储开销过大,并不实用。轻量密码在设计时对实用性的要求额外苛刻,不仅要求存储开销小,计算开销小,还要求能耗低,同时还要满足必要的安全性。如何在效率和安全之间寻找平衡,是轻量密码的设计难点。

目前,轻量密码的设计主要通过两种方法实现,第一种方法是在现有的密码方案上进行轻量化改进,在安全性尚且达标的情况下为现有方案降低开销,使其能够满足轻量化的需求。该方法的优点在于有现成且成熟的密码方案作为依托,设计难度较小。但也可能遇到实现轻量化较难或者优化过程中引入新的安全隐患等问题。第二种方法是设计一个全新的轻量密码方案,在满足基本安全性的前提下,以可实现性为第一目标,保证算法的高效、快捷、省资源,可以部署在目标硬件上。该方法更加灵活,不受现有算法的约束,但可能面临设计难度高、安全分析难等问题。

3. 轻量密码的性能评估

对小型、轻量级设备来讲,能耗、算力、存储能力往往都十分受限。因此,轻量密码往往在达到合格的安全性这一前提下,要求有较高的实现效率和较少的能源开销。轻量密码的性能评估主要从硬件开销和软件开销两个角度来考虑,由延迟、功耗、吞吐率三个部分组成。软件开销主要评估寄存器、RAM、ROM 的空间使用,硬件开销则通常用等效门电路的数量表示。表 2-15 总结了部分轻量级密码的软件实现性能。密码算法能否正常运行由运行空间(RAM)和存储空间(ROM)的大小决定,而轻量系统的 RAM 和 ROM 又是十分宝贵的资源,因此 RAM 和 ROM 的占用情况会作为算法软件实现性能的主要评判指标。表 2-16 总结了部分轻量级密码的硬件实现性能。表中对于部分算法给出了不同密钥长度情况下的实验数据,从表中数据可以看出评价轻量密码的效率不能仅依据算法在单一方面的表现,而应该是各项数据的综合情况。具体选取何种算法更优应当依赖于具体的实现环境。

表 2-15　常见轻量密码软件性能一览表

算　　法	RAM 消耗/B	ROM 消耗/B
DESL	112	16 816
AES(128)	19	2040
XTEA	11	1394
mCrypton(64)	18	2726
Clefia (128)	180	4780
SEA	24	2804
HIGHT	18	3130
PRESENT	142	4964
KATAN(32)	1881	5816
KTANTAN(32)	614	10 516
KLEIN(64)	36	5486
LBlock	13	3568
LED(128)	41	2648
Piccolo(128)	91	2510
TWINE	23	2216

表 2-16　轻量密码硬件性能一览表

算　　　法	密 钥 长 度	分 组 长 度	等 效 门 数	吞吐率 100kHz（kbps）
DES	56	64	2300	44.4
DESXL	184	64	2168	44.4
AES	128/192/256	128	2091	80.1
XTEA	128	64	3490	57.1
mCrypton	64/128	64	2421/2950	482.1
Clefia	128/192/256	128	4953	355.56
SEA	96	96	449	—
HIGHT	128	64	3048	188.2
PRESENT	80/128	64	1385/1884	11.5/200
KATAN	80	64	1054	12.5
KTANTAN	80	64	688	25.1
LBlock	80	64	1320	200
Trivium	80	—	2599	100.00
Grain	80	—	1294	100.00

4. 轻量密码的研究现状

最早的轻量密码是 Needham 等于 1994 年提出的 Tiny Encryption Algorithm（TEA），它是一种分组密码，具有描述简洁、实现简单的特点[28]。之后又有许多学者在轻量密码方向展开研究，时间线如图 2-27 所示。

图 2-27　轻量密码发展时间线

轻量密码的标准化研究，是根据算法的应用环境、功能、效率等进行标准制定和研究，在美国国家标准与技术研究院（NIST）之前，主要有国际电工委员会（IEC）和日本密码研究和评估委员会（CRYPTREC）在进行相关工作。2013 年，NIST 立项征集轻量级密码算法和轻量级密码评估指标。最新的轻量密码技术研究成果可以参考欧盟 ECRYPT 项目的研讨会，包含 LightSec、RFIDsec、Lightweight Crypto Day，以及 NIST 的 Lightweight Cryptography Workshop。

2.4 密码学主要研究方向

密码学是研究密码编码、密码分析、密码工程、密码应用、密码管理、密码安全防护等问题的一门科学，是数学、计算机科学与技术、信息与通信工程、电子科学与技术、管理科学与工程等多个学科融合形成的交叉学科。主要包括密码理论、密码工程与应用、密码安全防护、量子密码、密码管理 5 个学科方向[29]，如图 2-28 所示。

图 2-28　密码学主要研究方向关系图

2.4.1 密码理论

密码理论是解决密码编码、密码分析的基本理论，主要研究密码基础理论、对称密码设计与分析、公钥密码设计与分析、密码协议设计与分析和新型密码设计与分析。

1. 密码基础理论

密码基础理论是指密码理论研究领域所基于或涉及的科学理论体系，主要包括密码的基础难题、伪随机性理论、陷门单向函数、代数方程求解等，为密码理论研究提供支撑。密码基础理论主要研究大整数分解问题、有限域上的离散对数问题、椭圆曲线群上的离散对数问题以及格上最短向量求解问题等数学难题，伪随机数的生成、检测和实现技术，陷门单向函数的设计等内容。

2. 对称密码设计与分析

对称密码是指加、解密使用相同密钥的加密算法、认证算法，主要包括序列密码、分组密码、消息认证码（MAC）和杂凑（Hash）函数 4 类密码算法，提供对信息的保密性、完整性和可认证性保护。对称密码设计与分析主要研究对称密码的设计与分析理论，结合现代密码技术、编码理论和密码应用需求设计安全可靠的对称密码体制；针对国际上通用的对称密码算法或标准算法探讨可行的分析技术，对其安全性进行分析甚至破解。

3. 公钥密码设计与分析

公钥密码是由公开密钥不能有效求出保密密钥的密码算法，包括公钥加密算法和数字签名算法，可以实现加密、身份认证和抗抵赖等功能。公钥密码算法基于不同的数学难题设计，与需要依赖的底层数学困难问题强相关。公钥密码设计与分析主要研究基于困难问题的公钥密码设计、安全性分析方法、快速实现技术和具体算法或算法类型的攻击方法。

4. 密码协议设计与分析

密码协议是使用密码学手段，完成某项特定的任务并满足安全需求的协议，主要包括密钥协商、秘密共享、身份认证协议、群签名协议、安全多方计算、电子货币和电子投票等。密码协议设计主要研究如何结合具体应用环境设计安全高效的密码协议及实现技术；密码协议分析主要研究基于知识和逻辑的形式化分析、基于模型检测的自动分析、基于定理证明的安全性分析等。

5. 新型密码设计与分析

新型密码指面向新型应用或者具备新型功能的密码算法，如认证加密、属性加密、同态加密、物理不可克隆函数、保持格式加密、白盒密码、加密货币等。新型密码设计与分析主要研究上述密码体制的设计、分析、实现等内容。

2.4.2　密码工程与应用

密码工程
与应用

密码工程是密码编码、密码分析、密码协议的工程化与应用技术，主要研究密码芯片设计、密码模块设计、密码技术应用，以及面向工程的攻击及攻击工程等问题。

1. 密码芯片设计

密码芯片是拥有独立密码处理功能的集成电路单元，可进行高速密码运算并存储密钥和相关特征数据。密码芯片设计主要研究：①针对分组密码、序列密码、杂凑算法及非对称密码等不同密码体制的结构特点，研究密码芯片架构及设计技术；②针对密码服务性能差异化需求，研究密码任务并行、流水处理、数据分配等高性能密码处理技术，以及低功耗处理架构、单元设计及功耗动态管理等低功耗密码芯片设计技术；③针对密码算法灵活应用需求，研究面向密码运算的专用指令处理器体系结构与微结构，密码处理可重构计算架构及设计技术；④针对密钥实时生成需求，研究物理噪声源实现机理、设计技术、随机数实时检测等设计技术。

2. 密码模块设计

密码模块是指实现密码运算、密码数据处理、系统配置等功能的硬件、软件、固件，或它们之间组合的系统。密码模块设计主要研究：①针对密码模块应用场景和组成形态，研究其层次结构、硬件架构、软件架构；②针对密码模块实现的安全高效要求，研究嵌入式密码操作系统、软硬件协同、数据高效处理、密码服务接口、密码安全中间件等设计关键技术；③针对开放网络环境下密码保密需求，研究数据安全存储、敏感信息安全隔离、身份认证、访问控制、密码协议处理等关键技术。

3. 密码技术应用

密码技术应用主要研究如何应用密码技术实现对信息系统、网络通信环境和新兴信息技术应用的安全保护。主要包括：①研究各类信息系统中基于密码技术的身份鉴别、信任管理、存储安全、数据库安全、传输安全、数据防篡改、隐蔽传输、等级保护等安全保护技术；②研究有线、无线等不同网络通信环境中秘密信息传递的密码处理、安全隧道、接入认证、访问控制、安全策略管理与网络适应性协同等技术；③研究云计算、大数据、物联网、人工智能、5G、区块链等新兴信息技术应用涉及的外包存储、外包计算、隐私保护、数据脱敏、数据共享、共识算法等密码技术应用问题。

2.4.3 密码安全防护

密码和密码系统是敌手攻击的重要目标，其自身安全防护非常重要。密码安全防护主要研究密码系统安全防护、抗攻击安全防护和密码系统测评，以及安全防护攻击技术与实现等方面。

1. 密码系统安全防护

密码系统安全防护主要研究密码系统安全性设计、分析和验证技术，以及密码系统运行环境及其数据的安全机制。主要包括：①针对密码系统的软硬件设备可能受到的安全威胁，研究密码系统安全模型、安全架构及系统安全验证理论与方法；②针对密码系统的计算环境安全问题，研究可信计算环境构建、安全隔离、安全交换与互连、灾备与恢复等技术；③针对关键密码数据、密码资源的防护问题，研究强身份认证、多级安全控制、隐通道分析等技术。

2. 抗攻击安全防护

抗攻击安全防护主要研究密码芯片、密码模块、密码设备面临的安全威胁及密码自身安全防护技术。主要包括：①针对侧信道攻击，研究抗能量攻击、抗时间攻击、抗电磁辐射攻击安全防护技术；②针对极限工作条件、毛刺导入等故障攻击，研究故障导入机理、故障检测及抗故障攻击技术；③针对版图剖析、微探针探测等物理入侵攻击/半入侵攻击，研究传感检测、快速响应、深度销毁及安全封装技术；④针对硬件木马攻击，研究其工作原理、触发机制、检测技术及抗硬件木马攻击技术；⑤针对网络攻击，研究密码系统抗旁路攻击、抗协同攻击、抗渗透攻击等关键技术。

3. 密码系统测评

密码系统测评主要研究密码模块、密码软件、密码系统的安全性分析、测试与评价技术。主要包括：①研究密码系统漏洞挖掘、密码协议逆向分析和密码系统脆弱性检测等技术；②研究适合于密码系统的风险评估原理、模型与风险管理体系；③研究能够反映密码系统安全性需求的评估准则、评估指标量化方法和指标体系的构建方法等；④研究密码模块的正确性和安全性的高效检验方法、密码软件的代码与语义分析方法、密码应用的合规性评估方法、智能化的密码系统安全性评价方法等；⑤密码系统测评手段、工具和系统的设计与实现。

2.4.4 量子密码

量子密码是集数学、物理学、密码学、信息论、计算机科学、系统工程等多学科交叉融合的新兴研究领域。量子密码主要研究基于量子物理特性的密码设计与分析方法，主要包括量子计算、量子密钥分配、量子密码协议等多个研究方向。

1. 量子计算

量子计算是一种遵循量子力学规律调控量子信息单元进行计算的新型计算模式。量子计算具有全新的计算模式和强大的并行计算能力，对未来密码算法设计、分析与评估和攻击可提供新的技术手段和支撑。量子计算主要研究：量子力学非局域性理论、量子信息论、量子计算模型及算法、量子计算实现、量子机器学习、量子模拟、量子计算下密码安全性分析评估以及密码分析算法等。

2. 量子密钥分配

量子密钥分配是以光量子为载体，基于光纤或自由空间信道，以量子态随机调制方式在通信双方协同生成共享密钥。量子密钥分配主要研究：量子密钥分配协议、量子密钥分配实现、量子密钥分配安全性、量子密钥分配测试与评估、量子随机数理论与技术、量子密钥分配应用技术等。

3. 量子密码协议

量子密码协议是利用量子纠缠、量子不可克隆、量子测不准等物理特性，融合各类密码应用和安全服务需求，设计基于量子物理安全的密码协议。量子密码协议主要研究：量子数字签名、量子公钥密码算法、量子秘密共享、量子认证、安全多方量子计算等。

2.4.5　密码管理

密码管理

密码管理是在现代科学管理理论指导下密码领域的特殊管理实践活动，涵盖宏观层次和微观层次、基础研究与应用研究，主要包括密码管理理论与方法、密码管理工程与技术、密码管理政策与法治等研究方向。

1. 密码管理理论与方法

密码管理理论与方法主要研究基于对密码及其组织、人员、活动、信息等因素的有效影响，保障密码使用与管理高效率、高效益完成的理论、模型与方法。主要包括：①面向密码管理正规化，研究密码组织管理、密码人员管理、密码算法管理、密码产品管理、密码服务管理和密码文化；②面向密码管理科学化，研究密码管理决策和基于系统论、信息论、控制论、协同论、人工智能的密码管理理论和方法，研究面向不同行业领域、不同管控需求的密码管理模型与方法；③面向密码管理特殊性，研究密码安全管理、风险管理、危机管理理论与方法。

2. 密码管理工程与技术

密码管理工程与技术方向旨在保障密码安全的基础上，实现密钥管理、密码服务和动态处置等相关技术。主要包括：①面向不同密码体制，研究各种网络环境下端端通信和群组通信的对称密钥管理技术，基于数字证书、身份、属性和其他认证信息的非对称密钥管理技术，以及新型密码的密钥管理技术，面向云计算、区块链、物联网、大数据、人工智能等新兴领域，研究适应性密钥管理技术；②研究密码数据的表示、存储、处理和分析方法，研究不同服务模式下集成密码算法服务和密钥管理支持的密码服务体系结构、密码管理系统的分析设计方法及密码管理基础设施的体系架构、工程方法和运维管控技术；③研究密码设备全要素管控技术、密码系统实时监控和态势感知技术、密码风险评估与预测技术、密码危机应急响应技术、密码管理辅助决策技术。

3. 密码管理政策与法治

密码管理政策与法治方向旨在为提升密码工作法治化和现代化水平而展开的密码政策、密码法规、密码生态治理等方面的研究。主要研究：①基于国家总体安全观的密码发展战略分析、决策、控制、评估、调整、规划等方法；②核心密码管理、普通密码管理、商用密码管理相关政策与法规的规范建设等；③密码领域国际交流与合作、密码产业发展政策、密码行业行为规范、密码知识产权保护、密码技术交流与共享、密码供应链管控等；④密码法规落实督查、密码安全事件监察、密码使用合规性检查、密码违规违法行为处置等。

习题

1. 古典密码分为哪些种类？哪些古典密码采用了移位代换？哪些古典密码采用了置换变换？通过查找资料，请尽可能多地列出来。

2. 请比较恺撒密码、维吉尼亚密码、普莱费尔密码的异同点。

3. 请比较古典密码的置换密码与移位代换密码之间的区别。

4. 在何种情况下弗纳姆密码就变成了一次一密密码？

5. 为什么说一次一密密码是理论上安全的？一次一密在实际应用中有什么问题？

6. 一个保密通信系统的数学模型由哪几部分组成？

7. 信息隐藏和信息保密有何本质区别？

8. Shannon 所提出的设计强密码的思想主要包含哪两个重要的变换？

9. 随着新技术的发展，密码学面临哪些新的安全挑战？

10. 保密学(Cryptology)是研究信息系统安全保密的科学，它包含哪两个重要的研究分支？

11. 密码体制从原理上可分为哪两大类？这两类密码体制在密钥使用上有何不同？

12. 密码分析学是研究分析解密规律的科学，密码攻击有哪些方法？

13. 在密码学的专业课程学习中会用到哪些数学理论基础知识？

14. 请按照密码算法的类型，列出你所知道的目前国内外知名的密码算法。

15. 通过查资料，请深入了解身份基密码、属性基密码、同态密码、抗量子密码、轻量级密码等最新研究进展。

16. 密码学科有哪些主要研究方向？通过本书内容的学习，请读者思考一下对哪个研究方向最感兴趣。

参考文献

[1] Lunde P. 密码的奥秘[M]. 刘建伟，王琼，等译. 北京：电子工业出版社，2005.

[2] Pauer C P. 密码历史与传奇[M]. 徐秋亮，蒋瀚，译. 北京：人民邮电出版社，2019.

[3] Shannon C E. Communication theory of secrecy systems[J]. Bell System Technical Journal，1949，

28(4)：656-715.

[4]　Bibliography of Claude Elwood Shannon. in Claude Elwood Shannon Collected Papers,1993.

[5]　Sloane N J A,Wyner A D. Claude Elwood Shannon Collected Papers. IEEE Press,1993.

[6]　张彤,王育民. 信息隐藏技术及其在信息安全中的应用[J]. 中兴通讯技术,2002,(2)：42-45.

[7]　Diffie W,Hellman M E. New directions in cryptography[J]. IEEE Trans. on Information Theory,1976,22(6)：644-654.

[8]　Ateniese G,Burns R,Curtmola R,et al. Provable data possession at untrusted stores[C]. Proceedings of the 14th ACM Conference on Computer and Communications Security,2007：598-609.

[9]　狄刚. 密码技术在区块链领域的应用观察与思考[J]. 银行家,2018,(8)：130-134.

[10]　王安,葛婧,商宁,等. 侧信道分析实用案例概述[J]. 密码学报,5(4)：383-398.

[11]　Rivest R L,Shamir A,Adleman L. A method for obtaining digital signatures and public-key cryptosystems[J]. Communications of the ACM,1978,21(2)：120-126.

[12]　刘新星,邹潇湘,谭建龙. 大数因子分解算法综述[J]. 计算机应用研究,2014,31(11)：3201-3207.

[13]　Shamir A. Identity-based cryptosystems and signature schemes[C]. Workshop on the Theory and Application of Cryptographic Techniques. Springer,Berlin,Heidelberg,1984：47-53.

[14]　Boneh D,Franklin M. Identity-based encryption from the Weil pairing[C]. Annual International Cryptology Conference. Springer,Berlin,Heidelberg,2001：213-229.

[15]　Information technology—Security techniques—Digital signatures with appendix—Part 3：Discrete logarithm based mechanisms：ISO/IEC 14888-3：2006[S/OL]. [2006-11]. https://www.iso.org/standard/ 43656.html.

[16]　IEEE Standard for Identity-Based Cryptographic Techniques using Pairings：1363. 3-2013 [S/OL].[2013-08-23].https://standards.ieee.org/standard/1363_3-2013.html.

[17]　国家密码管理局. SM9 标识密码算法：GM/T0044-2016[S/OL]. [2016-03-28]. http://www.sca.gov.cn/sca/xwdt/2016-03/28/content_1002407.shtml.

[18]　Sahai A,Waters B. Fuzzy identity-based encryption[C]. Annual International Conference on the Theory and Applications of Cryptographic Techniques. Springer, Berlin, Heidelberg,2005：457-473.

[19]　Goyal V,Pandey O,Sahai A,et al. Attribute-based encryption for fine-grained access control of encrypted data[C]. Proceedings of the 13th ACM conference on Computer and communications security. ACM,2006：89-98.

[20]　Bethencourt J,Sahai A,Waters B. Ciphertext-policy attribute-based encryption[C]. 2007 IEEE Symposium on Security and Privacy (SP'07). IEEE,2007：321-334.

[21]　Chase M. Multi-authority attribute based encryption[C]. Theory of Cryptography Conference. Springer,Berlin,Heidelberg,2007：515-534.

[22]　Rivest R L,Adleman L,Ddrtouzos M L. On data banks and privacy homomorphisms[J]. Foundations of secure computation,1978,4(11)：169-180.

[23]　Johnson R,Molnar D,Song D,et al. Homomorphic signature schemes[C]. Cryptographers' track at the RSA Conference. Springer,Berlin,Heidelberg,2002：244-262.

[24]　Boneh D,Goh E J,Nissim K. Evaluating 2-DNF formulas on ciphertexts[C]. Theory of Cryptography Conference. Springer,Berlin,Heidelberg,2005：325-341.

[25]　Gentry C. Fully homomorphic encryption using ideal lattices[C]. Proceedings of the Forty-first

Annual ACM Symposium on Theory of Computing,2009：169-178.

[26] Wheeler D J,Needham R M. TEA,a tiny encryption algorithm[C]. International Workshop on Fast Software Encryption. Springer,Berlin,Heidelberg,1994：363-366.

[27] Security for industrial automation and control systems—terminology,concepts,and models：ISA/IEC-62443-1-1-2013[S/OL]. [2007-10-29]. https://standards. globalspec. com/std/1080138/ISA％2062443-1-1.

[28] McKay K A,Bassham L,Turan M S,et al. Report on lightweight cryptography：NISTIR 8114 [R]. National Institute of Standards and Technology (NIST),Gaithersburg,2017.

[29] 张红旗,周志强,等. 密码学一级学科综合论证报告. 解放军战略支援部队信息工程大学,2020.06.

第3章

网络安全基础

3.1 网络安全概述

3.1.1 网络安全现状及安全挑战

1969 年，美国国防部国防高级研究计划局（DOD/DARPA）资助建立了 ARPANET（阿帕网），标志着互联网的诞生。计算机网络及分布式系统的出现给信息安全带来了第二次变革。人们通过各种通信网络进行数据的传输、交换、存储、共享和分布式计算。网络的出现给人们的工作和生活带来了极大的便利，但同时也带来了极大的安全风险。在信息传输和交换时，需要对通信信道上传输的机密数据进行加密；在数据存储和共享时，需要对数据库进行安全的访问控制和对访问者授权；在进行多方计算时，需要保证各方机密信息不被泄露。这些均属于网络安全的范畴。

1. 网络安全现状

在今天的计算机技术产业中，网络安全是急需解决的最重要的问题之一。由美国律师联合会（American Bar Association）所做的一项与安全有关的调查发现，有 40% 的被调查者承认在他们的机构内曾经发生过计算机犯罪事件。在过去的几年里，Internet 继续快速发展，Internet 用户数量急剧攀升。随着网络基础设施的建设和 Internet 用户的激增，网络与信息安全问题越来越严重，因黑客事件而造成的损失也越来越巨大。

第一，计算机病毒层出不穷，肆虐全球，并且逐渐呈现新的传播态势和特点。其主要表现是传播速度快，与黑客技术结合而形成的“混种病毒”和“变异病毒”越来越多。病毒能够自我复制，其主动攻击与主动感染能力增强。当前，全球计算机病毒已达 8 万多种，每天会产生 5～10 种新病毒。

第二，黑客对全球网络的恶意攻击势头逐年攀升。近年来，网络攻击还呈现出黑客技术与病毒传播相结合的趋势。2001 年以来，计算机病毒的大规模传播与破坏都与黑客技术的发展有关，二者的结合使病毒的传染力与破坏性倍增。这意味着网络安全遇到了新的挑战，即集病毒、木马、蠕虫和网络攻击为一体的威胁，可能造成快速、大规模的感染，造成主机或服务器瘫痪，数据信息丢失，损失不可估量。在网络和无线电通信普及的情况下，尤其是在计算机网络与无线通信融合、国家信息基础设施网络化的情况下，黑客加病毒的攻击很可能构成对网络生存与运行的致命威胁。如果黑客对国家信息基础设施中的任何一处目标发起攻击,都可能导致巨大的经济损失。

第三,由于技术和设计上的不完备,导致系统存在缺陷或安全漏洞。这些漏洞或缺陷主要存在于计算机操作系统与网络软件之中。例如,微软的 Windows XP 操作系统中含有数项严重的安全漏洞,黑客可以通过此漏洞实施网络窃取、销毁用户资料或擅自安装软件,乃至控制用户的整个计算机系统。正是因为计算机操作系统与网络软件难以完全克服这些漏洞和缺陷,使得病毒和黑客有了可乘之机。由于操作系统和应用软件所采用的技术越来越先进和复杂,因此带来的安全问题就越来越多。同时,由于黑客工具随手可得,使得网络安全问题越来越严重。所谓"网络是安全的"的说法只是相对的,实际上根本无法达到"绝对安全"的状态。

第四,世界各国军方都在加紧进行信息战的研究。近几年来,黑客技术已经不再局限于修改网页、删除数据等惯用的伎俩,而是堂而皇之地登上了信息战的舞台,成为信息作战的一种手段。信息战的威力之大,在某种程度上不亚于核武器。在海湾战争、科索沃战争及巴以战争中,信息战发挥了巨大的威力。

今天,"制信息权"已经成为衡量一个国家实力的重要标志之一。信息空间上的信息大战正在悄悄而积极地酝酿,小规模的信息战一直不断出现、发展和扩大。信息战是信息化社会发展的必然产物。在信息战场上能否取得控制权,是赢得政治、外交、军事和经济斗争胜利的先决条件。信息安全问题已成为影响社会稳定和国家安危的战略性问题。

2. 敏感信息对安全的需求

与传统的邮政业务和有纸办公不同,现代的信息传递、存储与交换是通过电子和光子完成的。现代通信系统可以让人类实现面对面的电视会议或电话通信。然而,流过信息系统的信息有可能十分敏感,因为它们可能涉及产权信息、政府或企业的机密信息,或者与企业之间的竞争密切相关。目前,许多机构已经明确规定,对网络上传输的所有信息必须进行加密保护。从这个意义上讲,必须对数据保护、安全标准与策略的制定、安全措施的实际应用等各方面工作进行全面的规划和部署。

根据多级安全模型,通常将信息的密级由低到高划分为秘密级、机密级和绝密级,以确保每一密级的信息仅能让那些具有高于或等于该权限的人使用。所谓机密信息和绝密信息,是指国家政府对军事、经济、外交等领域严加控制的一类信息。军事机构和国家政府部门应对信息施加严格的保护,特别应对那些机密和绝密信息施加严格的保护措施。对于那些被认为敏感但非机密的信息,也需要通过法律手段和技术手段加以保护,以防止信息泄露或被恶意修改。事实上,一些政府部门的信息是非机密的,但它们通常属于敏感信息。一旦泄露这些信息,有可能对社会的稳定造成危害。因此,不能通过未加保护的通信媒介传送此类信息,而应该在发送前或发送过程中对此类信息进行加密保护。当然,这些保护措施的实施是要付出代价的。除此之外,在系统的方案设计、系统管理和系统的维护方面还需要花费额外的时间和精力。近年来,一些采用极强防护措施的部门也面临着越来越严重的安全威胁。今天的信息系统不再是一个孤立的系统,通信网络已经将无数个独立的系统连接在一起。在这种情况下,网络安全也呈现出许多新的形式和特点。

3. 网络应用对安全的需求

Internet 从诞生到现在只有短短几十年的时间,但其爆炸式的技术发展速度远远超过人类历史上任何一次技术革命。然而,从长远发展趋势来看,现在的 Internet 还处于发展的初级阶段,Internet 技术存在着巨大的发展空间和潜力。

随着网络技术的发展,网络视频会议、远程教育等各种新型网络多媒体应用不断出现,传统的网络体系结构越来越显示出局限性。1996 年,美国政府制定了下一代 Internet (Next Generation Internet,NGI)计划,与目前使用的 Internet 相比,它的传输速度将更快、规模更大,而且更安全。

3.1.2 网络安全威胁与防护措施

网络安全
威胁与防
护措施

1. 基本概念

安全威胁,是指某个人、物、事件或概念对某一资源的保密性、完整性、可用性或合法使用所造成的危险。攻击就是某个安全威胁的具体实施。

防护措施,是指保护资源免受威胁的一些物理的控制、机制、策略和过程。脆弱性是指在实施防护措施中或缺少防护措施时系统所具有的弱点。

风险,是对某个已知的、可能引发某种成功攻击的脆弱性的代价的测度。当某个脆弱的资源的价值越高且成功攻击的概率越大时,风险就越高;反之,当某个脆弱资源的价值越低且成功攻击的概率越小时,风险就越低。风险分析能够提供定量的方法,以确定是否应保证在防护措施方面的资金投入。

安全威胁可分为故意(如黑客渗透)和偶然(如信息被发往错误的地方)两类。故意的威胁又可进一步分为被动攻击和主动攻击。被动攻击只对信息进行监听(如搭线窃听),而不对其进行修改。主动攻击却对信息进行故意的修改(如改动某次金融会话过程中货币的数量)。总之,被动攻击比主动攻击更容易以更小的代价加以实施。

目前尚没有统一的方法对各种威胁加以区别和进行分类,也难以理清各种威胁之间的相互关系。不同威胁的存在及其严重性随着环境的变化而变化。然而,为了解释网络安全服务的作用,我们将现代计算机网络及通信过程中常遇到的一些威胁汇编成图表,如图 3-1 和表 3-1 所示。下面分三类对威胁进行分析:①基本的威胁;②主要的可实现威胁;③潜在威胁。

表 3-1 典型的网络安全威胁

威 胁	描 述
授权侵犯	被授权以特定目的使用系统的人,却将此授权用于其他非授权的目的
旁路控制	攻击者发掘系统的安全缺陷或安全脆弱性,以绕过访问控制措施
拒绝服务 *	对信息或其他资源的合法访问被无条件地拒绝
窃听攻击	信息在被监视的通信过程中泄露出去
电磁/射频截获	信息从电子或机电设备所发出的无线频率或其他电磁场辐射中被提取出来
非法使用	资源被某个非授权的人或以非授权的方式使用
人员疏忽	被授权的人为了金钱等利益或因疏忽,将信息泄露给非授权的人

续表

威　　胁	描　　述
信息泄露	信息被泄露或暴露给某个非授权的人
完整性侵犯 *	数据的一致性由于非授权的增删、修改或破坏而受到损害
截获/修改 *	通信数据在传输过程中被改变、删除或替换
假冒攻击 *	一个实体(人或系统)假装成另一个不同的实体
媒介废弃	信息从被废弃的磁带或打印的废纸中泄露出去
物理入侵	入侵者通过绕过物理控制(如防盗门)而获得对系统的访问
消息重发 *	对所截获的某次合法通信数据备份,出于非法的目的而重新发送该数据
业务否认 *	参与某次通信交换的一方,事后错误地否认曾经发生过此次信息交换
资源耗尽	某一资源(如访问接口)被故意地超负荷使用,导致其他用户服务中断
服务欺骗	某一伪造的系统或部件欺骗合法的用户或系统,自愿放弃敏感的信息
窃取	某一安全攸关的物品被盗,例如令牌或身份卡
流量分析 *	通过对通信流量进行监听和分析,机密信息有可能泄露给非授权的实体
陷门	将某一"特征"嵌入某个系统或其部件中,当输入特定数据时,允许违反安全策略
特洛伊木马	一个不易察觉或无害程序段的软件,当其被运行时,就会破坏用户的安全性

说明:带 * 的威胁表示在计算机通信安全中可能发生的威胁。

图 3-1　典型的威胁及其相互关系

2. 安全威胁的来源

(1) 基本威胁。

在信息系统中,存在以下 4 种基本安全威胁。

① 信息泄露:信息被泄露或透露给某个非授权的人或实体。这种威胁来自诸如窃

听、搭线或其他更加错综复杂的信息探测攻击。

② 完整性破坏：数据的一致性通过非授权的增删、修改或破坏而受到损坏。

③ 拒绝服务：对信息或资源的访问被无条件地阻止。这可能由以下攻击所致：攻击者通过对系统进行非法的、根本无法成功的访问尝试，使系统产生过量的负荷，从而导致系统的资源在合法用户看来是不可使用的。拒绝服务也可能是因为系统在物理上或逻辑上受到破坏而中断服务。

④ 非法使用：某一资源被某个非授权的人或以某种非授权的方式使用。例如，侵入某个计算机系统的攻击者会利用此系统作为盗用电信服务的基点，或者作为侵入其他系统的"桥头堡"。

（2）主要的可实现威胁。

在安全威胁中，主要的可实现威胁应该引起高度关注，因为这类威胁一旦成功实施，就会直接导致其他任何威胁的实施。主要的可实现威胁包括渗入威胁和植入威胁。

主要的渗入威胁有如下几种。

① 假冒。某个实体（人或系统）假装成另外一个不同的实体。这是突破某一安全防线最常用的方法。这个非授权的实体提示某个防线的守卫者，使其相信它是一个合法实体，此后便攫取了此合法用户的权利和特权。黑客大多采取这种假冒攻击方式来实施攻击。

② 旁路控制。为了获得非授权的权利和特权，某个攻击者会发掘系统的缺陷和安全漏洞。例如，攻击者通过各种手段发现原本应保密但又暴露出来的一些系统"特征"。攻击者可以绕过防线守卫者侵入系统内部。

③ 授权侵犯。一个授权以特定目的使用某个系统或资源的人，却将其权限用于其他非授权的目的。这种攻击的发起者往往属于系统内的某个合法的用户，因此这种攻击又称为"内部攻击"。

主要的植入威胁有如下几种。

① 特洛伊木马（Trojan Horse）。软件中含有一个不易觉察的或无害的程序段，当被执行时，它会破坏用户的安全性。例如，一个表面上具有合法目的的应用程序软件，如文本编辑软件，它还具有一个暗藏的目的，就是将用户的文件复制到一个隐藏的秘密文件中，这种应用程序就称为特洛伊木马。此后，植入特洛伊木马的那个攻击者就可以阅读到该用户的文件。

② 陷门（Trapdoor）。在某个系统或其部件中设置"机关"，使得在提供特定的输入数据时，允许违反安全策略。例如，如果在一个用户登录子系统上设有陷门，当攻击者输入一个特别的用户身份号时，就可以绕过通常的口令检测。

（3）潜在威胁。

在某个特定的环境中，如果对任何一种基本威胁或主要的可实现的威胁进行分析，就能够发现某些特定的潜在威胁，而任意一种潜在的威胁都可能导致一些更基本的威胁发生。例如，在对信息泄露这种基本威胁进行分析时，有可能找出以下几种潜在的威胁。

① 窃听（Eavesdropping）。

② 流量分析（Traffic Analysis）。

③ 操作人员的不慎所导致的信息泄露。

④ 媒体废弃物所导致的信息泄露。

图 3-1 列出了一些典型的威胁及它们之间的相互关系。注意，图中的路径可以交错。例如，假冒攻击可以成为所有基本威胁的基础，同时假冒攻击本身也存在信息泄露的潜在威胁。信息泄露可能暴露某个口令，而用此口令攻击者也可以实施假冒攻击。表 3-1 列出了各种威胁之间的差异，并分别进行了描述。

对 3000 种以上的计算机误用案例所做的一次抽样调查显示，最主要的几种安全威胁如下（按照出现频率由高至低排列）。

① 授权侵犯。

② 假冒攻击。

③ 旁路控制。

④ 特洛伊木马或陷门。

⑤ 媒体废弃物。

在 Internet 中，网络蠕虫（Internet Worm）就是将旁路控制与假冒攻击结合起来的一种威胁。旁路控制就是利用已知的 UNIX、Windows 和 Linux 等操作系统的安全缺陷，避开系统的访问控制措施，进入系统内部。而假冒攻击则通过破译或窃取用户口令，冒充合法用户使用网络服务和资源。

3. 安全防护措施

在安全领域中，存在多种类型的防护措施。除了采用密码技术的防护措施外，还有其他类型的安全防护措施。

（1）物理安全。包括门锁或其他物理访问控制措施、敏感设备的防篡改和环境控制等。

（2）人员安全。包括对工作岗位敏感性的划分、雇员的筛选，同时也包括对人员的安全性培训，以增强其安全意识。

（3）管理安全。包括对进口软件和硬件设备的控制，负责调查安全泄露事件，对犯罪分子进行审计跟踪，并追查安全责任。

（4）媒体安全。包括对受保护的信息进行存储，控制敏感信息的记录、再生和销毁，确保废弃的纸张或含有敏感信息的磁性介质被安全销毁。同时，对所用媒体进行扫描，以便发现病毒。

（5）辐射安全。对射频（RF）及其他电磁（EM）辐射进行控制（又称 TEMPEST 保护）。

（6）生命周期控制。包括对可信系统进行系统设计、工程实施、安全评估及提供担保，并对程序的设计标准和日志记录进行控制。

一个安全系统的强度与其最弱链路的强度相同。为了提供有效的安全性，需要将不同种类的威胁对抗措施联合起来使用。例如，当用户将口令遗忘在某个不安全的地方或受到欺骗而将口令暴露给某个未知用户时，即使技术上是完备的，用于对付假冒攻击的口令系统也将无效。

　　防护措施可用来对付大多数安全威胁,但是采用每种防护措施均要付出代价。网络用户需要认真考虑这样一个问题:为了防止某个攻击所付出的代价是否值得。例如,在商业网络中,一般不考虑对付电磁(EM)或射频(RF)泄露,因为它们对商用环境来说风险很小,而且其防护措施又十分昂贵。但对于机密环境,人们会得出不同的结论。对于某一特定的网络环境,究竟采用什么安全防护措施,这种决策属于风险管理的范畴。目前,人们已经开发出各种定性和定量的风险管理工具。如果要进一步了解有关的信息,请参看有关文献。

3.1.3　安全攻击的分类及常见形式

安全攻击
的分类及
常见形式

　　X.800 和 RFC 2828 对安全攻击进行了分类。它们把攻击分成两类:被动攻击和主动攻击。被动攻击试图获得或利用系统的信息,但不会对系统的资源造成破坏。而主动攻击则不同,它试图破坏系统的资源,影响系统的正常工作。

1. 被动攻击

　　被动攻击的特性是对所传输的信息进行窃听和监测。攻击者的目标是获得线路上所传输的信息。信息泄露和流量分析就是两种被动攻击的例子。

　　第一种被动攻击是窃听攻击,如图 3-2(a)所示。电话、电子邮件和传输的文件中都可能含有敏感或秘密信息。攻击者通过窃听,可以截获这些敏感或秘密信息。我们要做的工作就是阻止攻击者获得这些信息。

图 3-2　被动攻击

　　第二种被动攻击是流量分析,如图 3-2(b)所示。假设用户已经采取了某种措施来隐藏消息内容或其他信息的流量,使攻击者即使捕获了消息也不能从中发现有价值的信息。

加密是隐藏消息的常用方法。即使对信息进行了合理的加密保护,攻击者仍然可以通过流量分析获得这些消息的模式。攻击者可以确定通信主机的身份及其所处的位置,可以观察传输消息的频率和长度,然后根据所获得的这些信息推断本次通信的性质。

被动攻击由于不涉及对数据的更改,所以很难被察觉。通过采用加密措施,完全有可能阻止这种攻击。因此,处理被动攻击的重点是预防,而不是检测。

2. 主动攻击

主动攻击是指恶意篡改数据流或伪造数据流等攻击行为,它可分成以下 4 类:

(1) 伪装攻击(Impersonation Attack)

(2) 重放攻击(Replay Attack)

(3) 消息篡改(Message Modification)

(4) 拒绝服务(Denial of Service)攻击

伪装攻击是指某个实体假装成其他实体,对目标发起攻击,如图 3-3(a)所示。伪装攻击的例子有:攻击者捕获认证信息,然后将其重发,这样攻击者就有可能获得其他实体所拥有的访问权限。

重放攻击是指攻击者为了达到某种目的,将获得的信息再次发送,以在非授权的情况下进行传输,如图 3-3(b)所示。

消息篡改是指攻击者对所获得的合法消息中的一部分进行修改或延迟消息的传输,以达到其非授权的目的,如图 3-3(c)所示。例如,攻击者将消息 Allow John Smith to read confidential accounts 修改为 Allow Fred Brown to read confidential file accounts。

拒绝服务攻击则是指阻止或禁止人们正常使用网络服务或管理通信设备,如图 3-3(d)所示。这种攻击可能目标非常明确。例如,某个实体可能会禁止所有发往某个目的地的消息。拒绝服务的另一种形式是破坏某个网络,使其瘫痪,或者使其过载以降低性能。

主动攻击与被动攻击相反。被动攻击虽然难以检测,但采取某些安全防护措施就可以有效阻止;主动攻击虽然易于检测,但却难以阻止。所以对付主动攻击的重点应当放在如何检测并发现它们,并采取相应的应急响应措施,使系统从故障状态恢复到正常运行。由于检测主动攻击能起到威慑攻击者的作用,所以在某种程度上可以阻止主动攻击。

3. 网络攻击的常见形式

在前面已经讨论了网络中存在的各种威胁,这些威胁的直接表现形式就是黑客常采取的各种网络攻击方式。下面将对常见的网络攻击进行分类。通过分类,可以针对不同的攻击类型采取相应的安全防护措施。

(1) 口令窃取

进入一台计算机最容易的方法就是采用口令登录。只要在许可的登录次数范围内输入正确的口令,就可以成功地登录系统。

口令攻击有以下三种基本方式:

① 利用已知或假定的口令尝试登录。虽然这种登录尝试需要反复进行十几次甚至更多,但往往会取得成功。一旦攻击者成功登录,网络的主要防线就会崩溃。很少有操作

来自Darth的消息，但
看上去好像来自Bob

Bob

Internet或其他通信设施

Alice

(a) 伪装攻击

截获从Bob到Alice的消息，
以后再重放给Alice

Darth

Bob

Internet或其他通信设施

Alice

(b) 重放攻击

Darth修改从Bob到Alice
的消息

Darth

Bob

Internet或其他通信设施

Alice

(c) 消息篡改

Darth破坏由服务器
提供的服务

Darth

Bob

Internet或其他通信设施

Server

(d) 拒绝服务攻击

图 3-3　主动攻击

系统能够抵御从内部发起的攻击。

　　② 根据窃取的口令文件进行猜测（如 UNIX 系统中的/etc/passwd 文件）。这些口令文件有的是从已经被攻破的系统中窃取的，有的是从未被攻破的系统中获得的。由于用户习惯重复使用同一口令，当黑客得到这些文件后，就会尝试用其登录其他机器。这种攻击称为"字典攻击"，通常十分奏效。

　　③ 窃听某次合法终端之间的会话，并记录所使用的口令。采用这种方式，不管用户

的口令设计得有多好,其系统都会遭到破坏。

要彻底解决使用口令的弊端,就要完全放弃使用口令机制,转而使用基于令牌(Token-based)的机制。如果暂时还不能做到,起码要使用一次性口令方案,如 OTP(One-Time Password)。

(2) 欺骗攻击

黑客的另外一种攻击方式是采用欺骗的方式获取登录权限。常用的欺骗攻击是攻击者会向受害者发送钓鱼邮件。钓鱼邮件指利用伪装的电邮,欺骗收件人将账号、口令等信息回复给指定的接收者;或引导收件人连接到特制的网页,这些网页通常会伪装成和真实网站一样,如银行或理财的网页,令登录者信以为真,输入信用卡或银行卡号码、账户名称及密码等而被盗取。不幸的是,很多人都会上当,因为这个钓鱼邮件可能是自己的"朋友"或"熟人"发送的。

(3) 缺陷和后门攻击

网络蠕虫传播的方式之一是通过向 finger 守护程序(Daemon)发送新的代码实现的。显然,该守护程序并不希望收到这些代码,但在协议中没有限制接收这些代码的机制。守护程序的确可以发出一个 gets 呼叫,但并没有指定最大的缓冲区长度。蠕虫向"读"缓冲区内注入大量的数据,直到将 gets 堆栈中的返回地址覆盖。当守护程序中的子程序返回时,就会转而执行攻击者写入的代码。

缓冲器溢出攻击也称为"堆栈粉碎"(Stack Smashing)攻击。这是攻击者常采用的一种扰乱程序的攻击方法。长期以来,人们试图通过改进设计以消除缓冲器溢出缺陷。有些计算机语言在设计时就尽可能不让攻击者做到这点。一些硬件系统也尽量不在堆栈上执行代码。此外,一些 C 编译器和库函数也使用了许多对付缓冲器溢出攻击的方法。

所谓缺陷(Flaws),就是指程序中的某些代码并不能满足特定的要求。尽管一些程序缺陷已经由厂家逐步解决,但是一些常见问题依然存在。最佳解决办法就是在编写软件时,力求做到准确、无误。然而,软件上的缺陷有时是很难避免的,这正是今天的软件中存在那么多缺陷的原因。

Morris 蠕虫及其许多现代变种给我们的教训极为深刻,其中最重要的一点是:缺陷导致的后果并不局限于产生不良的效果或造成某一特定服务的混乱,更可怕的是因为某一部分代码的错误而导致整个系统的瘫痪。当然,没有人有意要编写带有缺陷的代码。只要采取相应的步骤,就可以降低其发生的可能性。

最后需要指出,不要为了追求效率而牺牲对程序正确性的检查。如果仅为了节约几纳秒的执行时间而将程序设计得既复杂又别出心裁,并且又需要特权,那么你就错了。现在的计算机硬件速度越来越高,节约的这点时间毫无价值。一旦出现安全问题,在清除入侵上所花费的时间和付出的代价将是非常巨大的。

(4) 认证失效

许多攻击的成功都可归结于认证机制的失效。即使一个安全机制再好,也存在遭受攻击的可能性。例如,一个源地址有效性的验证机制,在某些应用场合(如有防火墙地址过滤时)能够发挥作用,但是黑客可以使用 rpcbind 重发某些请求。在这种情况下,最终的服务器就会被欺骗。对于这些服务器来说,这些消息看起来好像源于本地,但实际上来自其他地方。

如果源机器是不可信的,基于地址的认证也会失效。虽然人们可以采用口令机制以控制自己的计算机,但是口令失窃也是常见的。窃听者可以很容易地从未加密的会话中获得明文的口令,有时也可能对某些一次口令方案发起攻击。对于一个好的认证方案来说,再次登录必须具有唯一的有效口令。有时攻击者会将自己置于客户机和服务器中间,它仅转发服务器对客户机发出的"挑战"(Challenge,实际上为一随机数),并从客户机获得一个正确的"响应"。此时,攻击者可以采用此"响应"信息登录到服务器上。有关此类攻击可参见相关文献。

(5)协议缺陷

前面讨论的是在系统完全正常工作的情况下发生的攻击。但是,有些认证协议本身就有安全缺陷,这些缺陷的存在会直接导致攻击的发生。

例如,攻击者可对 TCP 发起序列号攻击。由于在建立连接时所生成的初始序列号的随机性不够,攻击者很可能发起源地址欺骗攻击。为了做到公平,TCP 的序列号在设计时并没有考虑抵御恶意的攻击。其他基于序列号认证的协议也可能遭受同样的攻击。这样的协议有很多,如 DNS 和许多基于 RPC 的协议。

在密码学上,如何发现协议中存在的安全漏洞是非常重要的研究课题。有时错误是由协议的设计者无意造成的,但更多的安全漏洞是由不同的安全假设所引发的。要证明密码协议的安全性非常困难,人们正在加强这方面的研究工作。现在,各种学术刊物、安全公司网站和操作系统开发商经常公布一些新发现的安全漏洞,我们必须对此加以重视。

802.11 无线数据通信标准中的 WEP 在设计上也存在缺陷。目前,针对 WEP 的攻击软件在网络上随处可见。这一切说明,真正的安全是很难做到的。工程师在设计密码协议时,应当多向密码学家咨询,而不是随意设计。信息安全对人的技术素质要求非常高,没有进行专业学习和受过专门培训的人员很难胜任此项工作。

(6)信息泄露

许多协议都会丢失一些信息,这就给那些想要使用该服务的攻击者提供了可乘之机。这些信息可能成为商业间谍窃取的目标,攻击者也可借助这些信息攻破系统。Finger 协议就是这样一个例子。这些信息除了可以用于口令猜测之外,还可以用来进行欺骗攻击。

另一个丰富的数据来源是 DNS。在这里,黑客可以获得从公司的组织结构到目标用户的非常有价值的数据。要控制数据的流出是非常困难的,唯一的办法是对外部可见的 DNS 加以限制,使其仅提供网关机器的地址列表。

精明的黑客当然深谙其理,他根本不需要你说出有哪些机器存在。他只需进行端口号和地址空间扫描,就可寻找感兴趣的服务和隐藏的主机。这里,对 DNS 进行保护的最佳防护措施是使用防火墙。如果黑客不能向某一主机发送数据包,他也就不能侵入该主机并获取有价值的信息。

(7)指数攻击——病毒和蠕虫

指数攻击能够使用程序快速复制并传播攻击。当程序自行传播时,这些程序称为蠕虫(Worms);当它们依附于其他程序传播时,这些程序就叫作病毒。病毒传播的数学模型是相似的,病毒的流行传播与生物感染病毒非常相似。

这些程序利用很多系统或用户中普遍存在的缺陷和不良行为取得成功。它们可以在几小时或几分钟之内扩散到全世界，从而使许多机构蒙受巨大损失。Melissa 蠕虫能够阻塞基于微软软件的电子邮件系统达 5 天之久。各种各样的蠕虫给 Internet 造成巨大的负担。这些程序本身更倾向于攻击随机的目标，而不是针对特定的个人或机构。但是，它们所携带的某些代码却可能对那些著名的政治目标或商业目标发起攻击。

对于已知的计算机病毒，采用流行的查杀病毒软件来清除非常有效。但是这些软件必须经常升级，因为病毒的制造者和杀毒软件厂商之间始终在进行着较量。现在，病毒隐藏的隐蔽性越来越高，使得杀毒软件不再局限于在可执行代码中寻找某些字符串。它们必须能够仿效这些代码并寻找滤过性病毒的行为特征。由于病毒越来越难以发现，病毒检测软件就必须花更多的时间检查每个文件，有时所花费的时间会很长。病毒的制造者可能会巧妙地设计代码，使杀毒软件在一定时间内不能识别出病毒。

（8）拒绝服务攻击

在前面讨论的攻击方式中，大多数是基于协议的弱点、服务器软件的缺陷和人为因素而实施的。拒绝服务（Denial-of-Service，DoS）攻击则不同，它们是通过过度使用服务，使网络连接数超出其可以承受的并发连接数，从而造成自动关机或系统瘫痪，或降低服务质量。这种攻击通常不会造成文件删除或数据丢失，因此是一种比较温和的攻击。

这类攻击往往比较容易发现。例如，关闭一个服务很容易被检测并发现。尽管攻击很容易暴露，但要找到攻击的源头却十分困难。这类攻击往往生成伪装的数据包，其中含有随机和无效的返回地址。

分布式拒绝服务（Distributed Denial-of-Service，DDoS）攻击使用很多 Internet 主机，同时向某个目标发起攻击。通常，参与攻击的主机却不明不白地成为攻击者的帮凶。这些主机可能已经被攻击者攻破，或者被植入恶意的木马。DDoS 攻击通常难以恢复，因为攻击有可能来自世界各地。

目前，黑客采用 DDoS 攻击成功地攻击了几个著名的网站，如 Yahoo、微软及 SCO 等，已经引起广泛关注。DDoS 其实是 DoS 攻击的一种，不同的是它能够使用许多台计算机通过网络同时对某个网站发起攻击。有关 DDoS 攻击原理，可以查阅相关文献。

3.1.4　开放系统互连模型与安全体系结构

开放系统互连模型与安全体系结构

研究信息系统安全体系结构的目的，就是将普遍性的安全理论与实际信息系统相结合，形成满足信息系统安全需求的安全体系结构。应用安全体系结构的目的，就是从管理上和技术上保证完整、准确地实现安全策略，满足安全需求。开放系统互连（Open System Interconnection，OSI）安全体系结构定义了必需的安全服务、安全机制和技术管理，以及它们在系统上的合理部署和关系配置。

由于基于计算机网络的信息系统以开放系统 Internet 为支撑平台，因此本节重点讨论开放系统互连安全体系结构。

OSI 安全体系结构的研究始于 1982 年，当时 ISO 基本参考模型刚刚确立。这项工作是由 ISO/IEC JTC1/SC21 完成的。国际标准化组织（ISO）于 1988 年发布了 ISO

7498-2 标准,作为 OSI 基本参考模型的新补充。1990 年,国际电信联盟(International Telecommunication Union,ITU)决定采用 ISO 7498-2 作为其 X.800 推荐标准。因此,X.800 和 ISO 7498-2 标准基本相同。

我国的国家标准《信息处理系统开放系统互连基本参考模型——第二部分:安全体系结构》(GB/T 9387.2—1995)(等同于 ISO 7498-2)和《Internet 安全体系结构》(RFC 2401)中提到的安全体系结构是两个普遍适用的安全体系结构,用于保证在开放系统中进程与进程之间远距离安全交换信息。这些标准确立了与安全体系结构有关的一般要素,适用于开放系统之间需要通信保护的各种场合。这些标准在参考模型的框架内建立起一些指导原则与约束条件,从而提供了解决开放互连系统中安全问题的统一方法。

下面重点介绍安全体系结构中所定义的安全服务和安全机制及两者之间的关系。

1. 安全服务

X.800 对安全服务做出定义:为了保证系统或数据传输有足够的安全性,开放系统通信协议所提供的服务。RFC 2828 也对安全服务做出了更加明确的定义:安全服务是一种由系统提供的对资源进行特殊保护的进程或通信服务。安全服务通过安全机制来实现安全策略。X.800 将这些服务分为 5 类共 14 个特定服务,如表 3-2 所示。这 5 类安全服务将在后面逐一进行讨论。

表 3-2　X.800 定义的 5 类安全服务

分　类	特定服务	内　容
认证(确保通信实体就是它所声称的实体)	同等实体认证	用于逻辑连接建立和数据传输阶段,为该连接的实体的身份提供可信性保障
	数据源点认证	在无连接传输时,保证收到的信息来源是所声称的来源
访问控制		防止对资源的非授权访问,包括防止以非授权的方式使用某一资源。这种访问控制要与不同的安全策略协调一致
数据保密性(保护数据,防止非授权泄漏)	连接保密性	保护一次连接中所有用户数据
	无连接保密性	保护单个数据单元里的所有用户数据
	选择域保密性	对一次连接或单个数据单元里选定的数据部分提供加密保护
	流量保密性	保护那些可以通过观察流量而获得的信息
数据完整性(保证接收到的数据确实是授权实体发出的数据,即没有修改、插入、删除或重发)	具有恢复功能的连接完整性	为一次连接中所有用户数据提供完整性保护。检测整个数据序列内存在的修改、插入、删除或重发,且试图将其恢复
	无恢复功能的连接完整性	同具有恢复功能的连接完整性基本一致,但仅提供检测,无恢复功能
	选择域连接完整性	为一次连接中传输的单个数据单元用户数据中选定部分提供数据完整性保护,并判断选定域是否有修改、插入、删除或重发
	无连接完整性	为单个无连接数据单元提供完整性保护;判断选定域是否被修改

分　　类	特定服务	内　　容
不可否认性（防止整个或部分通信过程中，任意一个通信实体进行否认的行为）	源点的不可否认性	证明消息由特定的一方发出
	信宿的不可否认性	证明消息被特定方收到

（1）认证

认证服务与保证通信的真实性有关。在单条消息下，如一条警告或报警信号认证服务是向接收方保证消息来自所声称的发送方。对于正在进行的交互，如终端和主机连接，就涉及两个方面的问题：首先，在连接的初始化阶段，认证服务保证两个实体是可信的，也就是说，每个实体都是它们所声称的实体；其次，认证服务必须保证该连接不受第三方的干扰，例如，第三方能够伪装成两个合法实体中的一方，进行非授权的传输或接收。

该标准还定义了如下两个特殊的认证服务：

① 同等实体认证。用于在连接建立或数据传输阶段为连接中的同等实体提供身份确认。该服务提供这样的保证：一个实体不能实现伪装成另外一个实体或对上次连接的消息进行非授权重发的企图。

② 数据源认证。确认数据的来源，但对数据的复制或修改不提供保护。这种服务支持电子邮件这种类型的应用。在这种应用下，通信实体之间没有任何预先的交互。

（2）访问控制

在网络安全中，访问控制对那些通过通信连接对主机和应用的访问进行限制和控制。这种保护服务可应用于对资源的各种不同类型的访问。例如，这些访问包括使用通信资源、读/写或删除信息资源或处理信息资源的操作。为此，每个试图获得访问控制权限的实体必须在经过认证或识别之后，才能获取其相应的访问控制权限。

（3）数据保密性

保密性是防止传输的数据遭到诸如窃听、流量分析等被动攻击。对于数据传输，可以提供多层的保护。最常使用的方法是在某个时间段内对两个用户之间所传输的所有用户数据提供保护。例如，若两个系统之间建立了TCP连接，这种最通用的保护措施可以防止在TCP连接上传输用户数据的泄露。此外，还可以采用一种更特殊的保密性服务，它可以对单条消息或对单条消息中的某个特定的区域提供保护。这种特殊的保护措施与普通的保护措施相比，所使用的场合更少，而且实现起来更复杂、更昂贵。

保密性的另外一个用途是防止流量分析。它可以使攻击者观察不到消息的信源和信宿、频率、长度或通信设施上的其他流量特征。

（4）数据完整性

与数据的保密性相比，数据完整性可以应用于消息流、单条消息或消息的选定部分。同样，最常用和直接的方法是对整个数据流提供保护。

面向连接的完整性服务可保证收到的消息和发出的消息一致，不存在消息的复制、插入、修改、倒序、重发和破坏。因此，面向连接的完整性服务能够解决消息流的修改和拒绝服务两个问题。用于处理单条消息的无连接完整性服务通常仅防止对单条消息的修改。

另外,我们还可以区分有恢复功能的完整性服务和无恢复功能的完整性服务。因为数据完整性的破坏与主动攻击有关,所以重点在于检测而不是阻止攻击。如果检测到完整性遭到破坏,那么完整性服务能够报告这种破坏,并通过软件或人工干预的办法恢复被破坏的部分。在后面可以看到,有些安全机制可以用于恢复数据的完整性。通常,自动恢复机制是一种非常好的选择。

（5）不可否认性

不可否认性防止发送方或接收方否认传输或接收过某条消息。因此,当消息发出后,接收方能证明消息是由所声称的发送方发出的。同样,当消息接收后,发送方能证明消息确实是由所声称的接收方收到的。

（6）可用性服务

X.800 和 RFC 2828 对可用性的定义是:根据系统的性能说明,能够按照系统所授权的实体的要求对系统或系统资源进行访问。也就是说,当用户请求服务时,如果系统设计时能够提供这些服务,则系统是可用的。许多攻击可能导致可用性的损失或降低。可以采取一些自动防御措施(如认证、加密等)来抵御这些攻击。

X.800 将可用性看作与其他安全服务相关的性质。但是,对可用性服务进行单独说明很有意义。可用性服务能够确保系统的可用性,能够抵御由拒绝服务攻击引起的安全问题。由于它依赖于对系统资源的恰当管理和控制,因此它依赖于访问控制和其他安全服务。

2. 安全机制

表 3-3 列出了 X.800 定义的安全机制。由表可知,这些安全机制可以分成两类:一类在特定的协议层实现,另一类不属于任何的协议层或安全服务。前一类称作特定安全机制,共有 8 种;后一类称为普遍安全机制,共有 5 种。

表 3-3　X.800 定义的安全机制

	分　类	内　　容
特定安全机制（可以嵌入合适的协议层以提供一些 OSI 安全服务）	加密	运用数学算法将数据转换成不可知的形式。数据的变换和复原依赖于算法和一个或多个加密密钥
	数字签名	附加于数据单元之后的数据,它是对数据单元的密码变换,可使接收方证明数据的来源和完整性,并防止伪造
	访问控制	对资源实施访问控制的各种机制
	数据完整性	用于保证数据元或数据流的完整性的各种机制
	认证交换	通过信息交换以确保实体身份真实性的各种机制
	流量填充	在数据流空隙中插入若干位以阻止流量分析
	路由控制	能够为某些数据动态地或预定地选取路由,确保只使用物理上安全的子网络、中继站或链路
	公证	利用可信的第三方以保证数据交换的某些性质

分　类		内　　容
普遍安全机制 (不属于任何OSI 安全服务或协议 层的机制)	可信功能度	根据某些标准(如安全策略所设立的标准)被认为是正确的,就是可信的
	安全标志	资源(可能是数据元)的标志,以指明该资源的属性
	事件检测	检测与安全相关的事件
	安全审计跟踪	收集潜在可用于安全审计的数据,以便对系统的记录和活动进行独立地观察和检查
	安全恢复	处理来自诸如事件处置与管理功能等安全机制的请求,并采取恢复措施

3. 安全服务与安全机制的关系

根据 X.800 的定义,安全服务与安全机制之间的关系如表 3-4 所示。该表详细说明了实现某种安全服务应该采用哪些安全机制。

表 3-4　安全服务与安全机制之间的关系

安全服务	加密	数字签名	访问控制	数据完整性	认证交换	流量填充	路由控制	公证
对等实体认证	Y	Y			Y			
数据源认证	Y	Y						
访问控制			Y					
保密性	Y							Y
流量保密性	Y					Y	Y	
数据完整性	Y	Y		Y				
不可否认性		Y		Y				Y
可用性				Y	Y			

注:Y 表示该安全机制适合提供该种安全服务,空格表示该安全机制不适合提供该种安全服务。

4. 在 OSI 层中的服务配置

OSI 安全体系结构最重要的贡献是总结了各种安全服务在 OSI 参考模型的 7 层中的适当配置。安全服务与协议层之间的关系如表 3-5 所示。

表 3-5　安全服务与协议层之间的关系

安全服务	协　议　层						
	1	2	3	4	5	6	7
对等实体认证			Y	Y			Y
数据源点认证			Y	Y			Y
访问控制			Y	Y			Y

续表

安全服务	协议层						
	1	2	3	4	5	6	7
连接保密性	Y	Y	Y	Y		Y	Y
无连接保密性		Y	Y	Y		Y	Y
选择域保密性							Y
流量保密性						Y	Y
具有恢复功能的连接完整性	Y		Y				Y
不具有恢复功能的连接完整性				Y			Y
选择域有连接完整性			Y	Y			Y
无连接完整性							Y
选择域无连接完整性			Y	Y			Y
源点的不可否认							Y
信宿的不可否认							Y

注：Y 表示该服务应该在相应的层中提供，空格表示不提供。第 7 层必须提供所有的安全服务。

3.1.5　网络安全模型

网络安全模型

一个最广泛采用的网络安全模型如图 3-4 所示。通信一方要通过 Internet 将消息传送给另一方，那么通信双方(也称为交互的主体)必须通过执行严格的通信协议共同完成消息交换。在 Internet 上，通信双方要建立一条从信源到信宿的路由，并共同使用通信协议(如 TCP/IP)建立逻辑信息通道。

从图 3-4 中可知，一个网络安全模型通常由 6 个功能实体组成，它们分别是消息的发送方(信源)、消息的接收方(信宿)、安全变换、信息通道、可信的第三方和攻击者。

图 3-4　网络安全模型

在需要保护信息传输以防攻击者威胁消息的保密性、真实性和完整性时，就会涉及信息安全，任何用来保证信息安全的方法都包含如下两方面。

(1) 对被发送信息进行安全变换。例如对消息加密，它打乱消息使攻击者不能读懂消息，或者将基于消息的编码附于消息后，用于验证发送方的身份。

（2）使通信双方共享某些秘密信息，而这些消息不为攻击者所知。例如加密和解密密钥，在发送端加密算法采用加密密钥对所发送的消息加密，而在接收端解密算法采用解密密钥对收到的密文解密。

图 3-4 中的安全变换就是密码学课程中所学习的各种密码算法。安全信息通道的建立可以采用密钥管理技术和后面即将讨论的 VPN 技术实现。为了实现安全传输，需要有可信的第三方。例如，第三方负责将秘密信息分配给通信双方，而对攻击者保密，或者当通信双方就关于信息传输的真实性发生争执时，由可信第三方仲裁。

网络安全模型说明，设计安全服务应包含以下 4 个方面的内容。

（1）设计一个算法，它执行与安全相关的变换，该算法应是攻击者无法攻破的。

（2）产生算法所使用的秘密信息。

（3）设计分配和共享秘密信息的方法。

（4）指明通信双方使用的协议，该协议利用安全算法和秘密信息实现安全服务。

前面讨论的安全服务和安全机制基本上遵循如图 3-4 所示的网络安全模型。但是，还有一些安全应用方案不完全符合该模型，它们遵循如图 3-5 所示的网络访问安全模型。该模型希望保护信息系统不受有害的访问。大多数读者都熟悉黑客引起的问题，黑客试图通过网络渗入可访问的系统。有时访问者可能没有恶意，只是对非法闯入计算机系统有一种满足感；或者入侵者可能是一个对公司不满的员工，想破坏公司的信息系统以发泄自己的不满；或者入侵者是一个罪犯，想利用计算机网络获取非法的利益（如获取信用卡号或进行非法的资金转账）。

图 3-5　网络访问安全模型

3.2　网络安全边界防护技术

3.2.1　边界访问控制

基于边界安全防护的前提是假定防护者与攻击者站在边界的两边，攻击者只有通过这个边界点，才能进入被攻击者的领地，实施攻击活动。因此，若能在这个边界点上部署安全措施，就可以有效地阻止攻击者的入侵。

1. 安全边界的由来

古人为保护自己领地和资源，首先会挖一条护城河，将自己与外界隔离开来。当然仅有河水还挡不住进攻者，就再修一堵围墙，如古城堡。护城河与城墙，不仅增加了攻击者的进攻难度,还为防护者提供了充足的时间,组织人员抗击攻击者。挖的河和筑的墙就构成了人类居住点的安全边界。然而只有河和墙还不够,攻击者也可以在晚上偷偷地过河翻墙。为防止偷袭,还要在城墙上部署哨兵,及时发现外部的入侵者与内部的可疑者,并告警。这就是动态监控安全措施。

　　网络访问是一种对网络资源的远程访问,访问者可以是用户,也可以是攻击者;被访问的客体资源,可以是主机、数据库,也可以是服务、文件、进程。将被访问的客体资源安全隔离在一个局部的网络区域内,主体远程访问客体时必须经过的网络节点就是安全边界点,如图 3-6 所示。安全边界点可以是多个,但是不能被绕过。

访问者　　　　　　安全边界　　　　　　　被访问的资源
（主体）　　　（所有访问的必经之路）　　　（客体）

图 3-6　安全边界的概念

　　当然,这两种措施都是对付外部攻击者的。城堡里的人平常还要正常生活劳作,人们要进出城堡,难免会混入不法分子。这就需要第三种安全措施——信用机制,即对每个城内的人建立档案,进出城时确认其身份和权限,确认其行为是否符合管理规范。一旦发现其失信,就撤销其进出城堡的权限。

　　由此可见,网络边界上的安全措施有三大类:一是"挖河筑墙"的基础防护措施,二是"内外瞭望"的动态监控措施,三是对付"内鬼破坏"的安全信任机制。此外,还需要一个全局指挥的安全平台,负责管理各种安全设备,并做应急处置。

　　若攻击者绕过了边界,与防护者站在一边,基础防护措施就会失效,但对内的监控措施与安全信任机制仍可以发现攻击者的"异常行为",阻止其进一步的入侵与破坏。

2. 建立安全域

　　将古人安全边界防护的思想用于网络上,就可以将一个单位的内部网络与外界隔离,形成一个网络区域,其内部用户业务的安全需求一致。该区域通过几个网络出口与外界相连,这几个网络出口就是进出该区域的边界点。这个网络区域就是我们要保护的内部网络,称其为"网络安全域"。

　　(1) 网络安全域的定义

　　网络安全域是指同一系统内有相同的安全保护需求,相互信任,并具有相同的安全访问控制和边界控制策略的子网或网络,且域内用户共享相同的安全策略。网络安全域在广义上可理解为具有相同业务要求和安全需求的 IT 系统要素的集合。

　　(2) 网络安全域的安全目标

　　通过在网络安全域的边界上部署安全措施,实现对网络安全域的安全防护。最理想的安全目标就是让攻击者"进不来"。网络安全是攻与防的对抗,随着攻击者能力的增强,安全目标可能会逐步降级。若不能阻止攻击者进入,还可以让其进来也"看不懂",不能获得有用信息;若攻击者看懂了,还可让其"改不了",故不能破坏我们的数据和系统;若攻击者可以改数据,还可让其"拿不走",故不会造成数据外泄;若攻击者可以拿走数据,还可让其"赖不掉",通过安全审计、取证和追踪技术,我们还可抓到他。

(3)安全域概念的由来

安全域的概念最早出自美国国家安全局(NSA)于1998年制定的《IATF信息保障技术框架》,IATF中提出了信息安全的防护是由人、技术、操作(预防、检测、相应、恢复)相互协同,而构成的深度防御体系,IATF概括起来就是:一个核心思想,即纵深防御;三个核心要素,即人、技术、操作;四个焦点领域,也称为四个信息安全保障区域,即网络基础设施、边界接入、计算环境、支撑性基础设施,如图3-7所示。

支撑性设施域(网络管理和安全管理)

图3-7　IATF的信息安全保障框架

3. 边界防护体系

图3-8是小偷偷盗金库的场景,其中,Pt是小偷打开多道防盗门的时间总和,Dt是安全监控措施发现小偷需要的时间,Rt是警察赶到金库现场捉住小偷需要的时间。当Pt>Dt+Rt时,警察到现场时小偷还没有打开所有的门,金子还在,防护体系是安全的。但是,若Pt<Dt+Rt,警察到现场时,小偷已经拿到金子跑了,则防护体系就是不安全的。

图3-8　警察抓小偷游戏举例

因此,虽然边界防护的目标是发现并阻断入侵,但并非只实现身份识别与访问控制。网络边界上部署的防护措施,应能形成一个基于安全事件处置的立体纵深边界防护体系。

网络安全攻防体现了"木桶"原则,即攻击者往往选择防护最弱的点进攻。"攻击找点,防护做面"。在网络安全域边界上,要部署的各种安全措施,构成一个完整的防护体系。各安全措施应该相互补充和配合,犹如战时阵地上布置的交叉火力点一样。

(1) 建立网络边界安全部署的"花瓶模型"

"花瓶模型"将边界上的安全部署从时间上分为三个阶段:事前防护,即增大 Pt;事中监控与响应,即减小 Dt+Rt;事后审计,即发现内部人的异常行为和破坏活动。

在图 3-9 中,"花瓶模型"将网络安全措施分为 4 个大类:①边界防护类,用于建立边界的安全基线,采用诸如网络防火墙、Web 应用防护系统(WAF)和入侵检测系统(IDS)等实现边界网络隔离与访问控制;②动态监控类,采用诸如病毒、木马等恶意代码监控、漏洞情况监控、异常行为监控、威胁情报监控等技术,发现突破边界防护措施、渗透到内部的入侵者;③信用审计类,主要面向发现内部攻击者,采用用户身份认证、授权管理、行为审计等技术,发现违规与异常行为;④安全管理中心,它是"花瓶模型"的底座,负责收集各种情报信息,进行综合分析,尤其对高级长期威胁(APT)攻击来说,靠单个的事件信息

图 3-9 网络安全边界防护的"花瓶模型"

很难判断,需要长时间跟踪、多种线索关联分析,才能够确定其攻击的路径、意图等。

(2) 完善应急处置机制,构建可拓展威胁检测与响应体系

近几年,网络安全防护中广泛采用可拓展威胁检测与响应(Extended Detection and Response,XDR)技术,包括基于边界网关的 NDR、基于终端的 EDR 等,都是利用攻防对抗中的威胁情报,将需要封堵的恶意 IP、恶意代码特征,动态快速部署到网络边界和终端,直接掐断正发生的攻击或破坏行为。显然,XDR 需要各种安全措施更加紧密地协同联动,这是一种对抗网络攻击的新思维。

(3) 实战式的安全运营,形成安全事件应急处置闭环

部署了立体的防御体系,设计了事件响应的处置流程,最后一定要落实到日常安全运营工作上。安全运营以安全事件处置为核心,以情报信息驱动,发现问题、分析问题、处置响应,三个状态循环往复。其中,发现问题的关键是能够采集充足的信息,并有存储搜索大数据的能力;分析问题的关键,一是情报库的庞大与更新及时,二是攻击者画像模型的构建,三是大数据的实时处理能力,四是综合研判的能力,即在信息不完整、证据不明确的情况下,具备中长期预测攻击者方向的能力;处置响应的关键,一是建立阻断的快速执行、迅捷联动机制,阻断攻击者远程控制线路,二是具有清除与恢复业务能力,保证业务服务正常,三是建设通报预警的平台,将攻击者特征通知给所有网络资产管理者,及时打补丁修复漏洞,避免攻击波及范围继续扩大。

4. 网络访问控制模型

边界安全防护体系中最基础的安全技术就是访问控制,它不仅解决访问者身份认证和授权问题,而且需要决定访问行为是否允许,并判定访问行为审计是否合规。

(1) 访问控制模型的概念。

一个通用的网络访问控制模型如图 3-10 所示。

图 3-10　网络访问控制模型

在主体访问客体的必经路径上,部署访问控制模块,由其决定是否允许访问通过。做出通过还是丢弃的选择,来自于访问控制策略模块的判断。访问控制模型将访问控制机制和访问控制策略分开设计,有利于各种场景下安全产品的设计与实现。

访问控制机制如同防盗门,关键是有足够的强度,使入侵者不至于轻易破门而入。访问控制策略如同防盗门上的门锁,拥有钥匙的人才可以打开门,不存在所谓的万能钥匙。当然,访问控制模型显然没有关注安全运营,即防盗门的日常管理。若为了方便,将钥匙就插在门上,谁来了都可以开门,防盗门就失去了安全防护的功效。

访问控制的关键是访问控制策略的选择,目前常用的访问控制策略有强制性访问控

制策略、自主性访问控制策略、基于角色的访问控制等。有关内容见第 1 章。

（2）基于网络访问控制模型设计安全网关的工作原理。

将访问控制模型作成网络安全设备，就是人们常说的安全网关。安全网关部署于网络边界，即在访问网络的必经路径上。安全网关将网络流量按照网络 OSI 的七层参考模型，还原为三层的 IP 数据包、四层的 TCP 数据包、七层的应用数据包及其他协议信息。

在防火墙一节将会看到，网络防火墙就是依据 IP 包头中的源和目的 IP 地址，判断该 IP 数据包是允许通过还是丢弃。包过滤技术主要就是依据 IP 地址与服务的端口号进行访问控制，其访问控制列表（Access Control List，ACL），就提供了访问控制策略。

3.2.2　防火墙

防火墙

1. 防火墙概述

防火墙是由软件和硬件组成的系统，它处于安全的网络（通常是内部局域网）和不安全的网络（通常是 Internet，但不局限于 Internet）之间，根据由系统管理员设置的访问控制规则，对数据流进行过滤。

由于防火墙置于两个网络之间，因此从一个网络到另一个网络的所有数据流都要流经防火墙。根据安全策略，防火墙对数据流的处理方式有三种：①允许数据流通过；②拒绝数据流通过；③将这些数据流丢弃。当数据流被拒绝时，防火墙要向发送者回复一条消息，提示发送者该数据流已被拒绝。当数据流被丢弃时，防火墙不会对这些数据包进行任何处理，也不会向发送者发送任何提示信息。丢弃数据包的做法加长了网络扫描所花费的时间，发送者只能等待回应直至通信超时。

防火墙是 Internet 安全的最基本组成部分。但是必须要牢记，仅采用防火墙并不能给整个网络提供全局的安全性。对于防御内部的攻击，防火墙显得无能为力，同样对于那些绕过防火墙的连接（如某些人通过拨号上网），防火墙则毫无用武之地。

此外，网络管理员在配置防火墙时，必须允许一些重要的服务通过，否则内部用户就不可能接入 Internet，也不能收发电子邮件。事实上，虽然防火墙为某些业务提供了一个通道，但这也为潜在的攻击者提供了攻击内部网络的机会。攻击者可能利用此通道对内部网络发起攻击，或者注入病毒和木马。

由于防火墙是放置在两个网络之间的网络安全设备，因此以下要求必须得到满足：

（1）所有进出网络的数据流都必须经过防火墙。

（2）只允许经过授权的数据流通过防火墙。

（3）防火墙自身对入侵是免疫的。

防火墙不是一台普通的主机，它自身的安全性要比普通主机更高。虽然 NIS（Network Information Service）、rlogin 等服务能为普通网络用户提供非常大的便利，但是应严禁防火墙为用户提供这些危险的服务。因此，那些与防火墙的功能实现不相关但又可能给防火墙自身带来安全威胁的网络服务和应用程序，都应当从防火墙中剥离出去。

此外，网络管理员在配置防火墙时所采用的默认安全策略是：凡是没有明确"允许的"服务，一律都是"禁止的"。防火墙的管理员不一定比普通的系统管理员高明，但他们对网络的安全性更加敏感。普通的用户只关心自己的计算机是否安全，而网络管理员关注的是整个网络的安全。网络管理员通过对防火墙进行精心配置,可以使整个网络获得相对较高的安全性。

众所周知,防火墙能够提高内部网络的安全性,但这并不意味着主机的安全不重要。即使防火墙密不透风,且网络管理员的配置操作从不出错,网络安全问题也依然存在,因为 Internet 并不是安全风险的唯一源泉,有些安全威胁就来自网络内部。内部黑客可能从网络内部发起攻击,这是一种更加严重的安全风险。除内部攻击之外,外部攻击者也企图穿越防火墙攻入内部网络。例如,黑客可以通过拨号经调制解调器池进入网络,并从网络内部对防火墙和主机发起攻击。因此,必须对内部主机施加适当的安全策略,加强对内部主机的安全防护。也就是说,在采用防火墙将内部网络与外部网络加以隔离的同时,还应确保内部网络中的关键主机具有足够的安全性。

图 3-11　防火墙示意图

一般来说,防火墙由几个部分构成。在图 3-11 中,"过滤器"用于阻断某些类型的数据传输。网关则由一台或几台机器构成,用来提供中继服务,以补偿过滤器带来的影响。把网关所在的网络称作"非军事区"(Demilitarized Zone,DMZ)。DMZ 中的网关有时会得到内部网关的支援。通常,网关通过内部过滤器与其他内部主机进行开放的通信。在实际情况下,不是省略了过滤器就是省略了网关,具体情况因防火墙的不同而异。一般来说,外部过滤器用来保护网关免受侵害,而内部过滤器用来防备因网关被攻破而造成恶果。单个或两个网关都能够保护内部网络免遭攻击。通常把暴露在外的网关主机称作堡垒主机。目前市场上常见的防火墙都有三个或三个以上的接口,同时发挥了两个过滤器和网关的功能,通过不同的接口实现 DMZ 和内部网络的划分。从某种角度看,这种方式使防火墙的管理和维护更加方便,但是一旦防火墙受到攻击,DMZ 和内部网络的安全性将同时失去保障。所以安全性与易用性往往相互矛盾,关键在于使用者的取舍。

实质上,防火墙是一种访问控制设备或软件。它可以是一个硬件的"盒子",也可以是一个"软件"。今天,许多设备中均含有简单的防火墙功能,如路由器、调制解调器、无线基站、IP 交换机等。许多流行的操作系统中也含有软件防火墙。它们可以是 Windows 上运行的客户端软件,也可能是在 UNIX 内核中实现的一系列过滤规则。

2. 防火墙分类

防火墙的发展经历了近 30 年的时间。第一代防火墙始于 1985 年前后,它几乎与路由器同时出现,由 Cisco 的 IOS 软件公司研制。这一代防火墙称为包过滤防火墙。

在 1990 年前后,AT&T 贝尔实验室的 Dave Presotto 和 Howard Trickey 率先提出了基于电路中继的第二代防火墙结构,此类防火墙被称为电路级网关防火墙。但是,他们既没有发表描述这一结构的任何文章,也没有发布基于这一结构的任何产品。

第三代防火墙结构是在 20 世纪 80 年代末和 20 世纪 90 年代初由 Purdue University 的 Gene Spafford、AT&T 贝尔实验室的 Bill Cheswick 和 Marcus Ranum 分别研究和开

发的。这一代防火墙被称为应用级网关防火墙。在 1991 年,Ranum 的文章引起了人们的广泛关注。此类防火墙采用了在堡垒主机运行代理服务的结构。根据这一研究成果,DEC 公司推出了第一个商用产品 SEAL。

大约在 1991 年,Bill Cheswick 和 Steve Bellovin 开始了对动态包过滤防火墙的研究。1992 年,在 USC 信息科学学院工作的 Bob Braden 和 Annette DeSchon 开始研究用于"Visas"系统的动态包过滤防火墙,后来它演变为目前的状态检测防火墙。1994 年,以色列的 Check Point Software 公司推出了基于第四代结构的第一个商用产品。

关于第五代防火墙,目前尚未有统一的说法,关键在于目前还没有出现获得广泛认可的新技术。一种观点认为,在 1996 年由 Global Internet Software Group 公司的首席科学家 Scott Wiegel 开始启动的内核代理结构(Kernel Proxy Architecture)研究计划属于第五代防火墙。还有一种观点认为,1998 年由 NAI 公司推出的自适应代理(Adaptive Proxy)技术给代理类型的防火墙赋予了全新的意义,因此,这类防火墙可以称为第五代防火墙。

根据防火墙在网络协议栈中的过滤层次不同,通常把防火墙分为三种:包过滤防火墙、电路级网关防火墙和应用级网关防火墙。每种防火墙的特性均由它所控制的协议层决定。实际上,这种分类其实非常模糊。例如,包过滤防火墙运行于 IP 层,但是它可以窥视 TCP 信息,而这一操作又发生在电路层。对于某些应用级网关,由于设计原理自身就存在局限性,因此它们必须使用包过滤防火墙的某些功能。

防火墙所能提供的安全保护等级与其设计结构息息相关。一般来讲,大多数市面上销售的防火墙产品包含以下一种或多种防火墙结构。

- 静态包过滤
- 动态包过滤
- 电路级网关
- 应用层网关
- 状态检查包过滤
- 切换代理
- 空气隙

防火墙对开放系统互连(Open System Interconnection,OSI)模型中各层协议所产生的信息流进行检查。要了解防火墙是哪种类型的结构,关键是要知道防火墙工作于 OSI 模型的哪一层上。图 3-12 给出了 OSI 模型与防火墙类型的关系。一般来说,防火墙工作于 OSI 模型的层次越高,其检查数据包中的信息就越多,因此防火墙所消耗的处理器工作周期就越长。防火墙检查的数据包越靠近 OSI 模型的上层,该防火墙结构所提供的安全保护等级就越高,因为在高层上能够获得更多的信息用于安全决策。

TCP/IP 模型与 OSI 模型之间的对应关系如图 3-12 所示。从图中可以看出,OSI 模型与 TCP/IP 模型之间并不存在一一对应的关系。防火墙通常建立在 TCP/IP 模型基础上。为了更深入地考察防火墙的结构,下面首先看一下 IP 数据包的构成。IP 数据包结构如图 3-13 所示,它由以下几部分组成。

图 3-12　OSI 模型与防火墙类型的关系

- IP 头
- TCP 头
- 应用级头
- 数据/净荷头

图 3-13　数据包结构

图 3-14 和图 3-15 详细描述了 IP 头和 TCP 头包含的数据信息。

图 3-14　IP 首部数据段

图 3-15　TCP 头部数据段

防火墙从诞生至今,经过了好几代的发展,现在的防火墙已经与最初的防火墙大不相同。防火墙理论仍在不断完善,防火墙功能也随着硬件性能的提升而不断增强。目前的防火墙甚至集成 VPN 及 IDS 等功能,防火墙在网络安全中扮演的角色越来越多,地位也越来越重要。

3. 防火墙原理简介

这里仅介绍静态包过滤防火墙的工作原理。静态包过滤防火墙采用一组过滤规则对每个数据包进行检查,然后根据检查结果确定是转发、拒绝还是丢弃该数据包。这种防火墙对从内网到外网和从外网到内网两个方向的数据包进行过滤,其过滤规则基于 IP 与 TCP/UDP 头中的几个字段。图 3-16 说明了静态包过滤防火墙的设计思想。

图 3-16　静态包过滤防火墙的设计思想

静态包过滤防火墙的操作如图 3-17 所示,主要实现如下三个主要功能。

图 3-17　静态包过滤防火墙的操作

（1）接收每个到达的数据包。

（2）对数据包采用过滤规则,对数据包的 IP 头和传输字段内容进行检查。如果数据包的头信息与一组规则匹配,则根据该规则确定是转发还是丢弃该数据包。

（3）如果没有规则与数据包头信息匹配,则对数据包施加默认规则。默认规则可以丢弃或接收所有数据包。默认丢弃数据包规则更严格,而默认接收数据包规则更开放。通常,防火墙首先默认丢弃所有数据包,然后再逐个执行过滤规则,以加强对数据包的过滤。

静态包过滤防火墙是最原始的防火墙,静态数据包过滤发生在网络层上,也就是 OSI 模型的第 3 层上,如图 3-18 所示。

对于静态包过滤防火墙来说,决定接收还是拒绝一个数据包,取决于对数据包中 IP 头和协议头等特定域的检查和判定。这些特定域包括:①数据源地址;②目的地址;③应用或协议;④源端口号;⑤目的端口号。静态包过滤防火墙 IP 数据包结构如图 3-19 所示。

在每个包过滤器上,安全管理员要根据企业的安全策略定义一个表单,这个表单也被

图 3-18　工作于网络层的静态包过滤

图 3-19　静态包过滤防火墙 IP 数据包结构

称为访问控制规则库。该规则库包含许多规则,用来指示防火墙应该是拒绝还是接收该数据包。在转发某个数据包之前,包过滤器防火墙将 IP 头和 TCP 头中的特定域与规则库中的规则逐条进行比较。防火墙按照一定的次序扫描规则库,直到包过滤器发现一个特定域满足包过滤规则的特定要求时,才对数据包做出"接收"或"丢弃"的判决。如果包过滤器没有发现一个规则与该数据包匹配,那么它将对其施加一个默认规则。该默认规则在防火墙的规则库中有明确的定义,一般情况下,防火墙将不满足规则的数据包丢弃。图 3-20 为一个静态包过滤防火墙规则表。该过滤规则表决定是允许转发还是丢弃数据包。根据该规则表,静态包过滤防火墙采取的过滤动作如下:

图 3-20　静态包过滤防火墙规则表

(1) 拒绝来自 130.33.0.0 的数据包,这是一种保守策略。

(2) 拒绝来自外部网络的 Telnet 服务(端口号为 23)的数据包。

（3）拒绝试图访问内网主机 193.77.21.9 的数据包。

（4）禁止 HTTP 服务（端口号为 80）的数据包输出，此规则表明，该公司不允许员工浏览 Internet。

包过滤器的工作原理非常简单，它根据数据包的源地址、目的地址或端口号确定是否丢弃数据包。也就是说，判决仅依赖于当前数据包的内容。根据所用路由器的类型，过滤可以发生在网络入口处，也可以发生在网络出口处，或者在入口和出口同时对数据包进行过滤。网络管理员可以事先准备好一个访问控制列表，其中明确规定哪些主机或服务是可接受的，哪些主机或服务是不可接受的。采用包过滤器，能够非常容易地做到在网络层上允许或拒绝主机的访问。例如，可以做到允许主机 A 和主机 B 互访，或者拒绝除主机 A 之外的其他主机访问主机 B。

3.2.3　入侵检测系统

入侵检测系统

1. 入侵检测系统概述

入侵检测系统（Intrusion Detection System，IDS）的发展已有 30 年历史。1980 年 4 月，James P. Anderson 为美国空军做了一份题为 *Computer Security Threat Monitoring and Surveillance*（计算机安全威胁监控与监视）的技术报告，第一次详细阐述了入侵检测的概念。他提出了一种对计算机系统风险和威胁进行分类的方法，并将威胁分为外部渗透、内部渗透和不法行为三种，还提出了利用审计跟踪数据监视入侵活动的思想。这份报告被公认为是入侵检测的开山之作。

从 1984 年到 1986 年，乔治敦大学的 Dorothy Denning 和 SRI/CSL（SRI 公司计算机科学实验室）的 Peter Neumann 研究设计了一个实时入侵检测系统模型，取名为入侵检测专家系统（Intrusion Detection Expert System，IDES）。该模型由 6 个部分组成：主体、对象、审计记录、轮廓特征、异常记录和活动规则。1988 年，SRI/CSL 的 Teresa Lunt 等人改进了 Denning 的入侵检测模型，并开发出了一个新型的 IDES。该系统包括一个异常探测器和一个专家系统，分别用于统计异常模型的建立和基于规则的特征分析检测。

1990 年是入侵检测系统发展史上的一个分水岭，加州大学戴维斯分校的 L.T. Heberlein 等人开发出了网络安全监视器（Network Security Monitor，NSM）。该系统第一次直接将网络流作为审计数据来源，因而可以在不将审计数据转换成统一格式的情况下监控异种主机。此后，入侵检测系统发展史翻开了新的一页，两大阵营正式形成：基于网络的 IDS 和基于主机的 IDS。

入侵检测是对传统安全产品的合理补充，帮助系统对付网络攻击，扩展了系统管理员的安全管理能力（包括安全审计、监视、进行识别和响应），提高了信息安全基础结构的完整性。它从计算机网络系统中的若干关键点收集信息，并分析这些信息，查看网络中是否有违反安全策略的行为和遭到袭击的迹象。入侵检测被认为是防火墙之后的第二道安全闸门，能在不影响网络性能的情况下对网络进行监测，从而提供对内部攻击、外部攻击和误操作的实时保护。以上功能都是通过执行以下任务来实现的。

（1）监视、分析用户及系统的活动。

（2）系统构造和弱点的审计。

（3）识别已知进攻的活动模式并向相关人员报警。

（4）异常行为模式的统计分析。

（5）评估重要系统和数据文件的完整性。

（6）操作系统的审计跟踪管理，并识别用户违反安全策略的行为。

对于一个成功的入侵检测系统来说，它不但可以使系统管理员时刻了解网络系统（包括程序、文件和硬件设备）的任何变更，还能给网络安全策略的制定提供依据。更为重要的是，它应该易于管理、配置简单，即使非专业人员也易于使用。而且，入侵检测的规模还应根据网络威胁、系统构造和安全需求的改变而改变。入侵检测系统在发现入侵后会及时做出响应，包括切断网络连接、记录事件和报警等。

IDS 的主要功能如下：

（1）网络流量的跟踪与分析功能。跟踪用户进出网络的所有活动，实时检测并分析用户在系统中的活动状态；实时统计网络流量，检测拒绝服务攻击等异常行为。

（2）已知攻击特征的识别功能。识别特定类型的攻击，并向控制台报警，为防御提供依据。根据定制的条件过滤重复警报事件，减轻传输与响应的压力。

（3）异常行为的分析、统计与响应功能。分析系统的异常行为模式，统计异常行为，并对异常行为做出响应。

（4）特征库的在线和离线升级功能。提供入侵检测规则在线和离线升级，实时更新入侵特征库，不断提高 IDS 的入侵检测能力。

（5）数据文件的完整性检查功能。检查关键数据文件的完整性，识别并报告数据文件的改动情况。

（6）自定义的响应功能。定制实时响应策略；根据用户定义，经过系统过滤，对警报事件及时响应。

（7）系统漏洞的预报警功能。对未发现的系统漏洞特征进行预报警。

（8）IDS 探测器集中管理功能。通过控制台收集探测器的状态和报警信息，控制各个探测器的行为。

一个高质量的 IDS 产品除了具备以上入侵检测功能外，还必须具备较高的可管理性和自身安全性等功能。

所有能够执行入侵检测任务和实现入侵检测功能的系统都可称为入侵检测系统（Intrusion Detection System，IDS），其中包括软件系统或软硬件结合的系统。一个通用的入侵检测系统模型如图 3-21 所示。

图 3-21　通用的入侵检测系统模型

在图 3-21 中,通用入侵检测系统模型主要由 4 部分组成。

(1) 数据收集器(又称探测器)。主要负责收集数据。

探测器的输入数据流包括任何可能包含入侵行为线索的系统数据,如各种网络协议数据包、系统日志文件和系统调用记录等。探测器将这些数据收集起来,然后发送到检测器进行处理。

(2) 检测器(又称分析器或检测引擎)。负责分析和检测入侵的任务,并向控制器发出警报信号。

(3) 知识库。为检测器和控制器提供必需的数据信息支持。这些信息包括用户历史活动档案或检测规则集合等。

(4) 控制器。根据从检测器发来的警报信号,人工或自动地对入侵行为做出响应。

此外,大多数入侵检测系统都会包含一个用户接口组件,用于观察系统的运行状态和输出信号,并对系统的行为进行控制。

2. 入侵检测系统分类

根据数据来源的不同,IDS 可以分为以下三种基本结构。

(1) 基于网络的入侵检测系统(Network Intrusion Detection System,NIDS)

数据来源于网络上的数据流。NIDS 能够截获网络中的数据包,提取其特征并与知识库中已知的攻击签名相比较,从而达到检测目的。其优点是检测速度快、隐蔽性好、不易受到攻击、对主机资源消耗少;缺点是有些攻击是由服务器的键盘发出的,不经过网络,因而无法识别,误报率较高。

(2) 基于主机的入侵检测系统(Host Intrusion Detection System,HIDS)

数据来源于主机系统,通常是系统日志和审计记录。HIDS 通过对系统日志和审计记录的不断监控和分析来发现攻击后的误操作。其优点是针对不同操作系统捕获应用层入侵,误报少;缺点是依赖主机及其子系统,实时性差。HIDS 通常安装在被保护的主机上,主要对该主机的网络实时连接及系统审计日志进行分析和检查,在发现可疑行为和安全违规事件时,向管理员报警,以便采取措施。

(3) 分布式入侵检测系统(Distributed Intrusion Detection System,DIDS)

这种系统能够同时分析来自主机系统审计日志和网络数据流,一般为分布式结构,由多个部件组成。DIDS 可以从多个主机获取数据,也可以从网络传输取得数据,克服了单一的 HIDS、NIDS 的不足。

典型的 DIDS 采用控制台/探测器结构。NIDS 和 HIDS 作为探测器放置在网络的关键节点,并向中央控制台汇报情况。攻击日志定时传送到控制台,并保存到中央数据库中,新的攻击特征能及时发送到各个探测器上。每个探测器能够根据所在网络的实际需要配置不同的规则集。

根据入侵检测的策略,IDS 也可以分成以下三种类型。

(1) 滥用检测

滥用检测(Misuse Detection)就是将收集到的信息与已知的网络入侵和系统误用模式数据库进行比较,从而发现违背安全策略的问题。该方法的优点是只需收集相关的数据集合,可显著减少系统负担,且技术已相当成熟。该方法的弱点是需要不断地升级以应对不断出现的黑客攻击手段,且不能检测到从未出现过的黑客攻击手段。

（2）异常检测

异常检测(Abnormal Detection)首先给系统对象(如用户、文件、目录和设备等)创建一个统计描述、统计正常使用时的一些测量属性(如访问次数、操作失败次数和延时等)。测量属性的平均值将被用来与网络、系统的行为进行比较,如果观察值在正常范围之外,就认为有入侵发生。其优点是可检测到未知的入侵和更加复杂的入侵。缺点是误报、漏报率高,且不适应用户正常行为的突然改变。

（3）完整性分析

完整性分析(Integrality Analysis)主要关注某个文件或对象是否被更改,这通常包括文件和目录的内容及属性,它在发现更改或特洛伊木马应用程序方面特别有效。其优点是只要成功的攻击导致了文件或其他对象的任何改变,它都能发现;缺点是一般以批处理方式实现,不易于实时响应。

3. 入侵检测系统原理简介

通用入侵检测架构(Common Intrusion Detection Framework,CIDF)阐述了入侵检测系统的通用模型。它将一个入侵检测系统分为以下组件。

（1）事件产生器(Event Generators)。

（2）事件分析器(Event Analyzers)。

（3）响应单元(Response Units)。

（4）事件数据库(Event Databases)。

CIDF 将入侵检测系统需要分析的数据统称为事件(Event),它可以是基于网络的入侵检测系统中的网络数据包,也可以是基于主机的入侵检测系统从系统日志等其他途径得到的信息。它也对各部件之间的信息传递格式、通信方法和标准 API 进行了标准化。

事件产生器从整个计算环境中获得事件,并提供给系统的其他部分。事件分析器对得到的数据进行分析,并生成分析结果。响应单元则是对分析结果做出反应的功能单元,它可以做出切断连接、改变文件属性等强烈反应,甚至发动对攻击者的反击,或者报警。事件数据库是存放各种中间数据和最终数据的地方的统称,它可以是复杂的数据库,也可以是简单的文本文件。

图 3-22 入侵检测系统的功能结构

一个入侵检测系统的功能结构如图 3-22 所示,它至少包含事件提取、入侵分析、入侵响应和远程管理 4 部分功能。

在图 3-22 中,各部分功能如下。

（1）事件提取功能负责提取与被保护系统相关的运行数据或记录,并负责对数据进行简单的过滤。

（2）入侵分析的任务就是在提取到的运行数据中找出入侵的痕迹,区分授权的正常访问行为和非授权的不正常访问行为,分析入侵行为并对入侵者进行定位。

（3）入侵响应功能在发现入侵行为后触发，并根据入侵行为产生响应。

（4）由于单个入侵检测系统的检测能力和检测范围有限，入侵检测系统一般采用分布监视、集中管理的结构，多个检测单元运行于网络中的各个网段或系统上，通过远程管理功能在一台管理站上实现统一的管理和监控。

随着计算机网络技术的发展，单独依靠主机审计入侵检测难以适应网络安全需要。在这种情况下，人们提出了基于网络的入侵检测系统体系结构，这种检测系统根据网络流量、网络数据包和协议来分析入侵检测。

基于网络的入侵检测系统使用原始网络包作为数据包。基于网络的 IDS 通常利用一个运行在随机模式下的网络适配器来实现监视并分析通过网络的所有通信业务。它的攻击辨别模块通常采用以下 4 种常用技术来识别攻击技术。

（1）模式、表达式或字节匹配。

（2）频率或穿越阈值。

（3）低级事件的相关性。

（4）统计学意义上的非常规现象检测。

一旦检测到攻击行为，IDS 的响应模块将提供多种选项，以通知、报警并对攻击采取相应的反应。

基于网络的入侵检测系统主要有以下优点。

（1）拥有成本低。基于网络的 IDS 可以部署在一个或多个关键访问点来检测所有经过的网络通信。因此，基于网络的 IDS 系统并不需要安装在各种各样的主机上，从而大大减小了管理的复杂性。

（2）攻击者转移证据困难。基于网络的 IDS 使用活动的网络通信进行实时攻击检测，因此攻击者无法转移证据，被检测系统捕获的数据不仅包括攻击方法，而且包括对识别和指控入侵者十分有用的信息。

（3）实时检测和响应。一旦发生恶意访问或攻击，基于网络的 IDS 检测即可随时发现，并能够很快地做出反应。这种实时性使系统可以根据预先定义的参数迅速采取相应的行动，从而将入侵活动对系统的破坏降到最低。

（4）能够检测未成功的攻击企图。置于防火墙外部的 NIDS 可以检测到旨在利用位于防火墙后面的服务器等资源的攻击，尽管防火墙本身可能会拒绝这些攻击企图。

（5）操作系统独立。基于网络的 IDS 并不依赖于将主机的操作系统作为检测资源，而基于主机的系统需要特定的操作系统才能发挥作用。

基于网络的入侵检测系统放置在比较重要的网段内，可连续监视网段中的各种数据包，对每个数据包或可疑的数据包进行特征分析。如果数据包与系统内置的某些规则吻合，入侵检测系统就会发出警报甚至直接切断网络连接。目前，大部分入侵检测产品都基于网络。NIDS 整体框架流程图如图 3-23 所示。

3.2.4　虚拟专网

1. VPN 概述

随着电子商务和电子政务应用的日益普及，越来越多的企业欲将处于世界各地的分

虚拟专网

图 3-23 NIDS 整体框架流程图

支机构、供应商和合作伙伴通过 Internet 连接在一起,以加强总部与各分支机构的联系,提高企业与供应商和合作伙伴之间的信息交换速度;使移动办公人员能在出差时访问总部的网络进行信息交换。随着全球化步伐的加快和公司业务的增长,移动办公人员会越来越多,公司的客户关系也越来越庞大。在这种背景下,人们便想到是否可以使用无处不在的 Internet 来构建企业自己的专用网络。这种需求就导致了虚拟专网(Virtual Private Network,VPN)概念的出现。

采用 VPN 技术组网,企业可以以一种相对便宜的月付费方式上网。然而,Internet 是一个共享的公共网络,因此不能保证数据在两点之间传递时不被他人窃取。要想安全地将两个企业子网连在一起,或者确保移动办公人员能安全地远程访问公司内部的秘密资源,就必须保证 Internet 上传输数据的安全,并对远程访问的移动用户进行身份认证。

所谓虚拟专网,是指将物理上分布在不同地点的网络通过公用网络连接而构成逻辑上的虚拟子网。它采用认证、访问控制、机密性、数据完整性等安全机制在公用网络上构建专用网络,使得数据通过安全的"加密管道"在公用网络中传播。这里的公用网通常指 Internet。

VPN 技术实现了内部网信息在公用信息网中的传输,就如同在茫茫的广域网中为用户拉出一条专线。对于用户来讲,公用网络起到了"虚拟"的效果,虽然他们身处世界的不同地方,但感觉仿佛是在同一个局域网里工作。VPN 对每个使用者来说也是"专用"的。也就是说,VPN 根据使用者的身份和权限,直接将其接入 VPN,非法的用户不能接入 VPN 并使用其服务。

VPN 应具备以下几个特点:

(1) 费用低

由于企业使用 Internet 进行数据传输,相对于租用专线来说,费用极为低廉,所以 VPN 的出现使企业通过 Internet 既安全又经济地传输机密信息成为可能。

(2) 安全保障

虽然实现 VPN 的技术和方式很多,但所有的 VPN 均应保证通过公用网络平台所传输数据的专用性和安全性。在非面向连接的公用 IP 网络上建立一个逻辑的、点对点的连接,称为建立了一个隧道。经由隧道传输的数据采用加密技术进行加密,以保证数据仅被指定的发送者和接收者知道,从而保证了数据的专用性和安全性。

（3）服务质量保证（QoS）

VPN 能够为企业数据提供不同等级的服务质量保证。不同的用户和业务对服务质量（QoS）保证的要求差别较大。例如,对于移动办公用户,网络能提供广泛的连接和覆盖性是保证 VPN 服务质量的一个主要因素;而对于拥有众多分支机构的专线 VPN,则要求网络能提供良好的稳定性;其他一些应用（如视频等）则对网络提出了更明确的要求,如网络时延及误码率等。

（4）可扩充性和灵活性

VPN 能够支持通过内域网（Intranet）和外联网（Extranet）的任何类型的数据流、方便增加新的节点、支持多种类型的传输媒介,可以满足同时传输语音、图像和数据对高质量传输及带宽增加的需求。

（5）可管理性

从用户角度和运营商角度来看,VPN 的管理和维护应非常方便。VPN 允许企业将其网络管理功能从局域网无缝地延伸到公用网,甚至是客户和合作伙伴。虽然 VPN 可以将一些次要的网络管理任务交给服务提供商去完成,但企业自己仍需要完成许多网络管理任务。因此,VPN 管理系统是必不可少的。VPN 管理系统的主要功能包括安全管理、设备管理、配置管理、访问控制列表管理、QoS 管理等内容。

2. VPN 分类

根据 VPN 组网方式、连接方式、访问方式、隧道协议和工作层（参见 OSI 模型或 TCP/IP 模型）的不同,VPN 可以有多种分类方法。

若按协议分类,VPN 可以分为 PPTP VPN、L2TP VPN、MPLS VPN、IPSec VPN、GRE VPN、SSL VPN、Open VPN。

若按协议工作在 OSI 七层模型的不同层上分类,可以分为:第二层数据链路层中的 PPTP VPN、L2TP VPN、MPLS VPN;第三层网络层的 IPSec、GRE;以及位于传输层与应用层之间的 SSL VPN。

根据访问方式的不同,VPN 可分为两种类型:一种是移动用户远程访问 VPN 连接;另一种是网关-网关 VPN 连接。这两种 VPN 在 Internet 中的应用最为广泛。

（1）远程访问 VPN

移动用户远程访问 VPN 连接,由远程访问的客户机提出连接请求,VPN 服务器提供对 VPN 服务器或整个网络资源的访问服务。在此连接中,链路上第一个数据包总是由远程访问客户机发出。在远程访问客户机先向 VPN 服务器提供自己的身份之后,VPN 服务器也向客户机提供自己的身份。远程访问 VPN 组成如图 3-24（a）所示。SSL VPN 是远程访问 VPN 的一个具体实现。

（2）网关-网关 VPN

网关-网关 VPN 连接,由呼叫网关提出连接请求,另一端的 VPN 网关做出响应。在这种方式中,链路的两端分别是专用网络的两个不同部分,来自呼叫网关的数据包通常并非源自该网关本身,而是来自其内网的子网主机。呼叫网关首先向应答网关提供自己的身份,作为双向认证的第二步,应答网关也应向呼叫网关提供自己的身份。网关-网关VPN的组成如图 3-24(b)所示。IPSec VPN 是网关-网关 VPN 的一个具体实现。

(a) 移动用户远程访问VPN

(b) 网关-网关VPN连接

图 3-24　典型 VPN 的组成

3. IPSec VPN 原理简介

VPN 的精髓在于对数据包进行重新封装。因篇幅原因,这里仅简要介绍 IPSec VPN 的工作原理。若要了解 SSL VPN 及其他类型 VPN 的工作原理,请读者查阅相关资料。

IPSec 的工作原理类似于包过滤防火墙,可以把它看作包过滤防火墙的一种扩展。我们知道,防火墙在接收到一个 IP 数据包时,就在规则表中查找是否有与数据包头相匹配的规则。当找到一个相匹配的规则时,包过滤防火墙就按照该规则的要求对接收到的IP 数据包进行处理:丢弃或转发。

IPSec 通过查询安全策略数据库(Security Policy Database,SPD)决定如何对接收到的 IP 数据包进行处理。但是 IPSec 与包过滤防火墙不同,它对 IP 数据包的处理方法除了丢弃和直接转发(绕过 IPSec)外,还可以对数据包进行 IPSec 处理。正是这种新增添的处理方法,使 VPN 提供了比包过滤防火墙更高的安全性。

进行 IPSec 处理意味着对 IP 数据包进行加密和认证。包过滤防火墙只能控制来自或去往某个站点的 IP 数据包的通过,即它可以拒绝来自某个外部站点的 IP 数据包访问内部网络资源,也可以拒绝某个内部网络用户访问某些外部网站。但是包过滤防火墙不能保证自内部网络发出的数据包不被截取,也不能保证进入内部网络的数据包未经篡改。只有在对 IP 数据包实施了加密和认证后,才能保证在公用网络上传输数据的机密性、认证性和完整性。

IPSec 既可以对 IP 数据包只进行加密或认证,也可以同时实施加密和认证。但无论是加密还是认证,IPSec 都有两种工作模式:一种是传输模式;另一种是隧道模式。

采用传输模式时,IPSec 只对 IP 数据包的净荷进行加密或认证。此时,封装数据包继续使用原 IP 头,只对 IP 头的部分域进行修改,而 IPSec 协议头插入原 IP 头和传输层头之间。IPSec 传输模式的 ESP 封装如图 3-25 所示,传输模式的 AH 封装如图 3-26所示。

图 3-25　传输模式的 ESP 封装示意图

图 3-26　传输模式的 AH 封装示意图

采用隧道模式时,IPSec 对整个 IP 数据包进行加密或认证。此时,需要产生一个新的 IP 头,IPSec 头被放在新产生的 IP 头和原 IP 数据包之间,从而组成一个新的 IP 头。IPSec 隧道模式的 ESP 封装如图 3-27 所示,隧道模式的 AH 封装如图 3-28 所示。

图 3-27　IPSec 隧道模式的 ESP 封装示意图

图 3-28　IPSec 隧道模式的 AH 封装示意图

4. TLS VPN 与 IPSec VPN 的比较

TLS VPN 与 IPSec VPN 的性能比较如表 3-6 所示。

表 3-6　TLS VPN 与 IPSec VPN 的性能比较

选　　项	TLS VPN	IPSec VPN
身份验证	单向身份验证 双向身份验证 数字证书	双向身份验证 数字证书
加密	强加密 基于 Web 浏览器	强加密 依靠执行
全程安全性	端到端安全 从客户到资源端全程加密	网络边缘到客户端 仅对从客户到 VPN 网关之间通道加密
可访问性	适用于任何时间、任何地点访问	限制适用于已经定义好受控用户的访问

选　　项	TLS VPN	IPSec VPN
费用	低(不需要任何附加客户端软件)	高(需要管理客户端软件)
安装	即插即用安装 不需要任何附加的客户端软硬件安装	通常需要长时间的配置 需要客户端软件或硬件
用户易使用性	对用户非常友好,使用非常熟悉的 Web 浏览器 不需要终端用户的培训	对没有相应技术的用户比较困难 需要培训
支持的应用	基于 Web 的应用 文件共享 E-mail	所有基于 IP 的服务
用户	客户、合作伙伴用户、远程用户、供应 商等	更适合在企业内部使用
可伸缩性	容易配置和扩展	在服务器端容易实现自由伸缩,在客户端比 较困难
穿越防火墙	可以	不可以

计算机病
毒防护技术

3.2.5　计算机病毒防护技术

1. 计算机病毒防护概述

计算机病毒很早就伴随着计算机技术的发展而出现,是计算机与网络技术发展历史中最早出现的攻击手段。作为安全攻击的重要技术实施手段和载体,其对计算机与网络安全的威胁一直持续至今,因此,计算机病毒防御也一直是计算机网络安全中重要的一环。

(1) 计算机病毒的定义和特点

从广义上讲,能够引起计算机故障、破坏计算机数据、影响计算机正常运行的指令或代码,统称为计算机病毒。在计算机发展过程中,专家和研究者们曾对计算机病毒提出过不尽相同的定义,但一直没有公认的明确定义。随着计算机技术的发展和大量应用,各国政府都建立了信息安全法,也给出了计算机病毒的定义。我国 1994 年 2 月 18 日颁布实施的《中华人民共和国计算机信息系统安全保护条例》中的第二十八条规定:"计算机病毒,是指编制或者在计算机程序中插入的破坏计算机功能或者毁坏数据,影响计算机使用,并能自我复制的一组计算机指令或者程序代码。"

技术向来是一把"双刃剑",编写计算机病毒所使用的技术和方法与正常的计算机程序一样,只是因目的不同而使其具有非常鲜明的特点。计算机病毒的主要特点如下。

① 破坏性。破坏性是计算机病毒的首要特征,不具有破坏行为的指令或代码不能称为计算机病毒。任何病毒只要侵入系统,都会对系统及应用程序产生不同程度的影响,轻者占用系统资源、降低计算机工作效率,重者窃取破坏数据、破坏正常程序,甚至导致系统崩溃。

② 传染性。计算机病毒同自然界的生物病毒一样具有传染性。病毒作者为了最大

限度地达到其目的,总会尽力使病毒传播到更多的计算机系统上。病毒通常会通过网络、移动存储介质等各种渠道,从已被感染的计算机扩散到未被感染的计算机中,感染型病毒会通过直接将自己植入正常文件的方式来进行传播。

③ 隐蔽性。计算机病毒通常没有任何可见的界面,为了最大限度地提高自己在被攻击的系统上的生命周期,会采用隐藏进程、文件等手段,千方百计地隐藏自己的行迹,以防止被发现、被删除。

(2) 计算机反病毒技术与发展历史

随着计算机病毒的出现及其对用户的危害程度,为了阻止病毒的攻击,计算机反病毒技术也随之而产生。反病毒技术的根本目的是防御病毒的攻击,保护计算机与数据的安全。病毒与反病毒的斗争是一个长期过程,随着计算机及其相关技术的发展而发展,呈现出一种交替上升的状态。根据病毒的特点,反病毒的核心思想是在病毒的存储、传播和执行等阶段,基于“发现”“拦截”“清除”等基本手段对抗病毒。反病毒的技术和形式从发展初期至今经历了以下三个主要阶段。

① 基于简单特征码查杀的单一专杀工具阶段。在病毒出现的早期(主要在 DOS 时代),病毒的总体数量和家族较少,反病毒工具多是针对一种或几种的专杀工具。工具通过预先提取的病毒样本的特征,对计算机的软盘、硬盘、内存中的文件或代码进行对比,以此来判定病毒并进行清除。这时的反病毒工具只能进行被动查杀,还不具有对病毒的主动拦截防御能力。

② 基于广谱特征码查杀、主动防御拦截的综合杀毒软件阶段。随着计算机发展和普及以及病毒的大量泛滥(Windows 时代),反病毒技术开始使用广谱特征码识别和主动防御拦截技术对抗病毒,并出现了查、杀、防三合一的通用综合杀毒软件。

③ 基于云、人工智能和大数据技术的互联网查杀阶段。随着互联网技术的发展与应用,病毒在数量和传播速度上快速提高,同时,反病毒技术也在快速发展。当前,基于互联网的云查杀技术、基于人工智能学习算法的人工智能查杀引擎技术已被广泛使用,基于大数据的反病毒技术也在快速发展。

2. 计算机病毒分类

计算机病毒根据不同的维度,可以按行为、存在媒介、系统平台等进行分类,目前较常使用的是按病毒的行为特点进行分类。以下为计算机病毒的一些主要类型。

(1) 木马型病毒(Trojan)。其名称来自于古希腊“特洛伊木马”的典故,是指通过隐藏、伪装等手段,以正常程序的面貌欺骗用户,进而达到传播、执行的计算机病毒的目的。

(2) 感染型病毒(Virus)。是指将病毒代码附加到被感染的宿主文件(如 Windows 可执行文件、可运行宏的 Microsoft Office 文件)中进行传播和获得运行权的计算机病毒。

(3) 蠕虫型病毒(Worm)。是指利用系统的漏洞、邮件、共享目录、可传输文件的软件(如 MSN、QQ 等)、可移动存储介质(如 U 盘、移动硬盘)等,进行自我传播的计算机病毒。

(4) 后门型病毒(Backdoor)。是指在受感染系统中隐蔽运行,并接收远程的命令,可以进行远程控制的计算机病毒。

(5) 恶意软件(Malware)。是指具有一定正常功能,但以病毒手段进行传播、隐藏和防删除的软件，也常被称为"流氓软件"。恶意软件比较典型的代表为"恶意广告软件"。

以行为分类的这种方法，在病毒与反病毒技术发展历史的早期就成为惯例一直沿用至今，但随着病毒与反病毒技术的发展，计算机病毒行为的边界已经不像当初那样清晰。当前，多数计算机病毒会同时采用多种行为和手段，可能同时具有多种类型的特点。

3. 计算机病毒检测原理简介

计算机病毒防护中最前端和最亟待解决的问题就是病毒的"发现"能力，因此，对病毒的准确检测是反病毒技术中最重要的部分。

（1）计算机病毒检测的基本原理

计算机病毒检测的基本原理：通过对文件、代码、行为等进行数据采样，然后将采样结果与基准进行匹配，再根据匹配结果去判定病毒。采样、匹配和基准是病毒检测技术中三个最主要部分。

① 采样：是指对检测目标按特定位置进行一定大小的数据采集。位置既可以是绝对的文件偏移，也可以是解析文件格式后的相对偏移（如相对于执行代码入口的偏移、相对结构的偏移），或者一定范围的浮动偏移。采样的位置和大小取决于检测算法与方式，用不同的检测方式采样也各不相同。

② 匹配：是指将采样的数据与规则进行比较，以判定当前目标。匹配的方法既可以是精确的匹配算法，也可以是模糊的、相似度的匹配算法。

③ 基准：是指预先通过对已知病毒样本进行分析处理而制作的病毒特征数据库或病毒样本算法模型，通常称为"病毒库"。反病毒软件公司对收集到的未知样本进行分析处理（包括人工处理和自动处理），然后按一定方法对判定的病毒样本提取特征或进行算法学习训练，从而建立病毒库。

（2）计算机病毒的主流检测技术

基于病毒检测的基本原理，目前已发展出多种病毒检测技术，并且在实际的反病毒应用中常常同时配合使用，以适合对不同场景、不同病毒类型的检测。以下为当前在反病毒领域普遍使用的一些主流病毒检测技术。

① 基于特征码的传统检测技术：它是最早采用的病毒检测技术，采样和匹配方式相对简单。其采样多为固定位置的二进制数据，在匹配上基本都采用精确匹配方式。特征码查杀方式的优点是技术简单、易于实现、查杀精准，缺点主要是反应速度慢（需用户更新病毒库）、无法查杀未知病毒、病毒库较大。

② 基于行为的动态检测技术：它是指针对病毒动态行为进行检测的技术。这种"行为"一般是通过对病毒运行后的系统功能调用和参数抽象得出，如"读写指定文件或注册表项""启动进程"等。动态检测技术一般与反病毒的主动防御（基于系统 API HOOK）、沙箱等技术结合使用。动态检测的主要优点是对在文件上与反病毒检测进行对抗的病毒有更好的检测能力，同时具有查杀未知病毒的能力。

③ 基于云技术的云查杀技术：随着互联网的发展以及云存储、云计算等技术的发展，云查杀技术才出现。将这些云技术与原有的病毒检测技术结合应用，反病毒技术实现了一次较大的飞跃。同时，基于云查杀的诸多优点，反病毒也很好地应对了互联网环境下

出现的病毒快速产生和传播的挑战。云查杀技术的基本原理是将"匹配"和"基准"放在云端进行,比较常见的一种实现方式是以文件哈希值为采样数据和基准,客户端获取文件哈希值,然后上传到云端进行比较并返回结果。云查杀技术相比于以前的检测技术,具有明显的优点。

一是反应速度快。由于病毒库存放于云端,因此终端不再需要定时更新本地病毒库。当新的病毒特征一旦在云端入库,以后的客户端查询匹配就可以获取使用,这个更新是瞬间的。反病毒软件通过在捕获、处理和库更新上的速度大幅提高,可以极大缩小病毒的存活周期,减少病毒的危害。

二是终端资源使用大大减小。因为不使用本地病毒库,就大大减少了使用云查杀技术的反病毒软件在终端上的硬盘和内存资源的使用,提高了运行效率。

目前,云查杀技术已经成为反病毒行业的基础病毒检测技术,作为第一个将云查杀技术大规模应用的 360 杀毒软件是该技术应用的典型。

④ 基于大数据处理与人工智能学习算法的智能查杀技术:随着大数据与人工智能技术的发展以及病毒数量的海量增长,这些技术也被应用到病毒检测之中。通过应用人工智能学习算法,对已知海量病毒样本的学习,可以获取对病毒的算法模型,从而根据模型匹配已知与未知的病毒。这种基于人工智能学习算法的病毒检测方法相较于其他检测方法,在应对未知病毒上具有极大优势,目前比较典型的有 360 公司的 QVM(Qihoo Support Vector Machine)查杀引擎。

3.2.6　安全漏洞扫描技术

安全漏洞
扫描技术

1. 漏洞扫描技术概述

漏洞扫描作为一种网络安全防护技术,其目的是防患于未然。在安全风险被黑客发现和利用之前,由系统维护人员先行识别,对识别结果进行量化评定,依据结果对漏洞隐患实施针对性地防护或修补,进而有效降低或清除系统或是应用的安全风险。按照 FAIR(Factor Analysis of Information Risk)方法,安全风险在一级层次可分解为价值资产、脆弱性和攻击威胁三个维度,这些维度的核心在于脆弱性即漏洞,整个风险管理围绕着漏洞展开,可以说没有漏洞就没有风险,风险量化的关键在于漏洞扫描和识别。

漏洞按照被公布时间的不同阶段,可分为:

1 Day 漏洞:被发现并且公布的最新漏洞;1 Day 代表最新公布的,取决于发布路径和传播速度,实际上不一定是一天。

N Day 漏洞:被公布的历史漏洞;N Day 表示距离公布已经过了 N 天,显然 $N>1$。

0 Day 漏洞:未被公开的漏洞;0 是相对于 1 而言,实际上 0 Day 漏洞已经被发现了,只是没有公开,对公众仍然处于隐藏状态。

全球范围内,随着计算机信息系统广泛应用和网络基础设施的建设,各类漏洞规模急剧扩充,为了有效地量化管理,国际上不同组织提出了各类漏洞管理标准,国外如 MITRE CVE、CWE、NIST NVD、Symantec BUGTRAQ 等,国内如中国信息安全测评中心维护的 CNNVD 国家漏洞库,国家互联网应急中心 CNCERT 维护的 CNCVE、CNVD 等。各组织按自身目的所关注漏洞范围的不同,组织建设收集并发布各自的漏洞库,但是这些漏洞库也存在着部分交叠覆盖。其中以美国政府背景 MITRE 的 CVE 标准最具代表性,其收录漏洞最早、范围最全,截至 2020 年中期该漏洞库已经收录 13 万条漏洞。

漏洞扫描即针对通用漏洞的检测,需要依据通用漏洞的形成原理和其造成的外部表现来判断。是否可以被检测,取决于形成漏洞的安全缺陷机制。并非所有的漏洞都可被准确无误地识别。漏洞扫描的具体实施效果一般取决于如下几方面因素。

(1) 漏洞 PoC(Proof of Concept)是否公开。PoC 是通用漏洞存在的原理证明。漏洞标准组织收录漏洞时需要关联厂商核实提供。由于安全影响可能较大,标准组织公布漏洞后一般不会发布 PoC。外界得到的 PoC 是通过安全行业内的个人或组织非正式提供。代码形式的 PoC 中会存在一段二进制或其他格式的漏洞外部检测特征码,称为 payload。具有 PoC 甚至 payload 的漏洞,易于被外部精准识别。

(2) 系统指纹信息采集准确度。PoC 依赖于漏洞的形成机理,并非所有漏洞都具有 PoC,但是所有标准组织收录的通用漏洞都会记录漏洞存在的系统或应用类型和版本。一般系统或应用在修复特定漏洞后,会更新其版本号。因此只要具有标准漏洞库的数据,原则上只要识别出待检测目标系统或应用的类型、版本,就可判断相关的漏洞是否存在。

(3) 漏洞 EXP(EXPloit)是否存在。EXP 是指按照通用漏洞的缺陷原理,针对相应漏洞实例加以利用。EXP 不同于 PoC,PoC 重于检测和识别,而基于 EXP 可构建针对特定漏洞的攻击工具。从安全风险构成角度,具有 EXP 的漏洞往往风险程度极高,是黑客重点关注的对象。从漏洞扫描角度,有了 EXP,在漏洞被检出后,可以附加执行漏洞验证的环节,即通过对应的 EXP 进行漏洞利用和数据取证,从原理上核实漏洞的存在。但是 EXP 会使漏洞造成实质性的风险事件发生,具有高度的敏感性。

随着信息领域技术的快速发展,各类漏洞标准组织收录的漏洞规模不断扩张,面对规模稍大一些的漏洞范围,使用传统手动方式逐个分析已不适合,因此各类漏洞检测仪器应运而生,这些仪器称为扫描器。扫描器以扫描任务的形式,封装检测目标空间,应用漏洞标准和范围,使用不同的检测技术手段,通过时间调度策略,最终结果以报表形式呈现,完成对扫描目标的漏洞风险评估。扫描器支持自动化方式执行大规模的漏洞识别,端到端检测业务和报表输出,提供结果的风险分析,支持升级漏洞库等功能。

2. 漏洞扫描技术分类

从整体上,按照漏洞扫描的目标对象类型,将漏洞扫描技术划分为两大类,分别采用差异化的扫描技术。

(1) 系统扫描。

扫描目标是已规模化发布的系统、应用软件或者设备。常见扫描目标如下。

① 操作系统。Windows 系列:Microsoft Windows 10、Microsoft Windows 2000 Server 等。Mac 系列:Apple iOS 5.0、Apple iOS 6、Apple iOS 10、Apple macOS X Server 等。Linux 系列:Android、openWRt、Linux 标准内核、uCLinux、Debain、Red Hat、Gentoo、Xiaomi MiWiFi、Huawei EchoLife 等。

② 网络设备。Cisco 各类设备、华为、3com 各类通信设备、TP-LINK 各类设备等。

③ 协议/端口。ftp/21、http/80、https/443、telnet/23、ssh/22、smtp/25、pop3/110、rdp/3389、smb/445、snmp/161 等。

④ 服务应用。Apache、Tomcat、Nginx、MS SQL Server、MySQL、Oracle、PostgreSQL、VMware Workstation、OpenSSH、Samba、ThinkPHP、Java、iTunes、Chrome 等。

由于以上对象用途覆盖面大,此类对象的漏洞被广泛关注,因而可以用漏洞库标准作为检测结果标识的依据,例如前文所述的 CVE、CNNVD 等漏洞库,收录的均为系统扫描领域的通用漏洞。基于通用漏洞库,相关的漏洞挖掘、引用、检测和修复等形成了完整的生态环境,导致该领域的扫描技术相对比较规范和成熟。系统扫描技术分为以下两类。

① 原理检测:即使用漏洞相关的 POC 机制原理、数据和代码,转换为漏洞检测工具或插件,模拟和重现漏洞的触发过程。原理检测也常被称为精确扫描。

② 版本检测:系统扫描的版本检测就是通过解析到该应用系统的版本信息,存储获取的该应用系统的版本信息,进而再将存储的版本信息跟已知漏洞的受影响的版本信息做对比,最终上报相关漏洞信息。

(2) 应用扫描。

应用扫描技术采用缺陷类型原理检测。按照不同类型安全缺陷的原理,首先构建缺陷场景,自定义漏洞,再通过场景要求,利用外部协议控制对应用程序的输入参数,获取应用返回结果后与缺陷预期结果比较,判断漏洞是否存在。它的扫描目标是各种应用,以 Web 应用较多。常见扫描目标如下。

① 内容管理系统(Content Management System,CMS):包括用友、通达 OA、大汉、拓尔思、Discuz、Dvbbs、WordPress、Joomla、Drupal、PHPCMS、DedeCMS、74cms、KindEditor、eWebEditor、FCKeditor、UEditor 等多种 CMS。

② 服务器:Apache、IIS、Tomcat、WebLogic、WebSphere 等。

③ 框架:Struts2、Spring、jQuery 等。

此类漏洞产生的原因主要是这些目标的不当应用,因此通用性较低,缺少漏洞库标准的支持。专门覆盖 Web 应用漏洞扫描的规范组织是 OWASP(Open Web Application Security Project)和 WASC(Web Application Security Consortium)。前者每两到三年发布当时最为重要的 Web 安全缺陷类型,近期随着移动终端的普及还增加了终端应用的安全缺陷类型(OWASP Mobile)。NIST 2019 CWE TOP10 安全缺陷如表 3-7 所示。

表 3-7　NIST 2019 CWE TOP10 安全缺陷

安 全 缺 陷	描　　　述
缓冲区越界	软件读写地址超越了设计预期的边界,可能导致任意代码执行或者程序崩溃
跨站脚本	网站应用未能合理处置用户输入,导致输入直接联动了为其他用户服务的页面
不适当输入校验	应用对外部输入使用了不适当的校验,通过参数能够影响程序控制流或数据流
敏感信息泄露	应用对未授权用户暴露了内部敏感数据
越界访问	程序读取数据时超越了预期的起止边界,是缓冲区越界的子类型

续表

安 全 缺 陷	描　　述
SQL 注入	对外部可控输入使用了不适当的校验,导致能够组装内部的 SQL 语句
释放后使用	内存变量释放后继续访问,导致程序崩溃或者访问到不期望地址
整数溢出	程序中对整数的计算未加有效判断,导致结果溢出或者循环覆盖
CSRF 跨站	网站应用不能有效识别和判断不同身份的用户请求
路径遍历	应用对外部索引内部资源的输入参数未能合理限制,导致索引到未授权资源

根据漏洞扫描的目标对象的类型维度划分,漏洞扫描技术总结如图 3-29 所示。

图 3-29　漏洞扫描技术

以上是漏洞扫描领域技术的基础划分维度,此外比较常用的还有从扫描技术执行形式的维度分类,如安全领域国际咨询机构 GARTNER 对应用领域的漏洞扫描技术做了类别的划分,说明如下。

(1) 动态应用程序安全测试(Dynamic Application Security Testing,DAST):整体上将扫描对象视为黑盒,不改变和深入其内部,仅从其外部正常工作流程中识别漏洞或者缺陷。

(2) 交互式应用程序安全测试(Interactive Application Security Testing,IAST):通过在被扫描目标内部植入扫描代理的方式,在扫描过程中与外部扫描设备实现互动,扫描设备通过改变输入参数触发对象的内部工作流程,执行模拟攻击场景,扫描代理在内部随流程监控被扫描对象的状态,并给予外部的反馈。由于植入扫描对象的内部,交互式扫描具有较高的精度,且能够定位导致漏洞的缺陷所在。

(3) 静态应用程序安全测试(Static Application Security Testing,SAST):采取代码审计方式,获取对象的源代码、二进制文件等,按编译器前端模式执行代码的词法、语法和语义分析,获取代码的数据流、控制流、调用栈等结构图,结合各种缺陷类型的原理规则,对可能导致漏洞的缺陷做出判断。SAST 不仅能够扫描漏洞,还可做代码质量评估、编码规范符合度审查等功能。

3. 漏洞扫描原理简介

本节以系统扫描为主,说明漏洞扫描的基本过程和重点技术。在漏洞扫描过程中,对单独漏洞的检测功能被封装为插件。插件实现的形式不限,一般采用解释器设计模式的脚本形式。以下主要介绍漏洞扫描的工作过程。

漏洞扫描分为如下步骤。

(1) 存活判断:在进行系统漏洞扫描时,输入的目标对象一般是网络空间范围。为保证扫描效率,启动扫描任务前会首先探测目标系统是否存活。主机存活性探测技术包括三种指令:ICMP Ping、UDP Ping、TCP/ACK Ping。

(2) 端口扫描:对已经存活的主机,需要探测主机上开启了哪些端口。对于端口的探测,主要采用 TCP 连接的方式进行探测。包括完整的 TCP 连接、TCP 半连接(TCP SYN)、非标准端口服务指纹识别。

(3) 系统和服务识别:在进行操作系统版本识别时,需要根据各个操作系统在底层协议栈实现上的不同特点,采用动态应用程序安全测试,通过研究其对各种探测的响应形成识别指纹,进而识别目标主机运行的操作系统。其使用的采集技术主要包括以下几个。

① 被动识别:通过流量侦听,对数据包的不同指纹特征(TCP Window-size、IP TTL、IP TOS、DF 位等参数)进行分析,来识别操作系统。

② 主动识别:通过发特殊构造的包,从目标主机的应答指纹来识别操作系统。例如,如果发送一个 FIN/PSH/URG 报文到一个关闭的 TCP 端口。大多数操作系统会设置 ACK 为接收报文的初始序列数,而 Windows 会设置 ACK 为接收报文的初始序列数加 1。基于这一特点,在发现操作系统反馈 ACK 为初始序列数加 1 时,可以识别目标操作系统为 Windows 操作系统。

应用服务版本识别主要依靠应用服务反馈的业务层数据指纹,如 Banner 信息等。

(4) 漏洞检测:完成主机存活发现、端口发现、系统和服务识别后,扫描器会根据识别的系统与服务信息调用内置或用户外挂的口令字典,对目标系统进行口令猜测,口令猜测成功后将启动授权登录扫描。同时在开始口令猜测的同时启动远程非登录漏洞扫描。漏洞检测过程将按不同的资源分配策略调用任务参数中配置漏洞范围对应的插件,如图 3-30 所示。

漏洞检测可分为以下两类。

① 原理检测:一般也叫作精确扫描或是 POC 检测。该检测方式是对目标机的相关端口发送请求构造的特殊数据包。进而根据返回的结果信息,来判断漏洞是否存在。一般情况下,原理检测出来的漏洞,准确度很高,几乎没有误报。

例如,检测 ThinkPHP 的 RCE(Remote Command Execution)漏洞,假设目标环境 ThinkPHP 的地址 URL 为

```
http://ip:port/thinkphp/thinkphp_5.0.22_with_extend/public/index.php?s=captcha
```

检测插件以 post 方式向该 URL 地址发送请求,构造的特殊请求为

```
paylod=_method=__construct&filter[]=system&method=get&server[REQUEST_
```

图 3-30　漏洞检测插件调度示意图

```
METHOD]=whoami
```

如果执行结果跟目标机上执行 whoami 命令的结果一致，说明漏洞存在。在具体检测中，以上 URL 是不固定的，需要根据实际环境而定。

例如，CVE-2018-10933 身份验证绕过漏洞。检测方式是通过向 SSH 服务端直接发送 SSH2_MSG_USERAUTH_SUCCESS 消息来代替服务端期望启动身份验证的 SSH2_MSG_USERAUTH_REQUEST 消息，即可在没有任何认证凭据的情况下成功进行身份验证，从而以 SSH 登录到服务端的主机上执行命令等操作。

针对某一个漏洞的原理检测方式并不唯一。不同的漏洞挖掘研究人员，面对同一个漏洞会写出不同的原理检测方式。

② 版本检测：系统扫描是依照漏洞库标准实施的，在标准的漏洞说明中，会详细说明该漏洞所在系统的身份信息，例如，CPE 标识的系统类型和详细版本号。此外，按照惯例，系统升级时一般会更改版本号，因此在漏洞与系统版本之间就存在关联关系。

例如，检测 Apache Tomcat 安全漏洞（CVE-2020-9484），漏洞库条目中受到影响的版本有：Apache Tomcat 10.0.0-M1 版本至 10.0.0-M4 版本，9.0.0.0.M1 版本至 9.0.34 版本，8.5.0 版本至 8.5.54 版本，7.0.0 版本至 7.0.103 版本。

如果通过登录扫描或其他扫描方式获取到目标机上的 Tomcat 版本是 9.0.32，那么就能证明目标机上的 Tomcat 存在漏洞 CVE-2020-9484。

版本检测的关键在于有效识别目标对象的类型和详细版本号，这里就需要用到系统指纹识别技术。指纹作为扫描对象的外在数据特征，配合指纹规则或者指纹模型，就能够指向对象的标记，即类型、厂商和细致版本号等，如 CPE 标准的规定。

执行版本检测的必要条件是具备系统指纹库，即各类系统指纹和其关联标记构成的数据库，指纹库的完备和细致是影响系统扫描版本检测的重要因素。

按照对扫描目标的影响，漏洞检测也可以分为有损检测和无损检测。有损检测插件在扫描目标系统中是否存在漏洞时，会影响目标系统的正常运行，这种插件的原理就是通过构造特殊包，造成目标系统异常，进而证明目标系统存在相应的漏洞。例如，拒绝服务攻击漏洞(DDOS)的一些验证模式,就是向目标服务器发送特殊请求包,造成服务异常,无法提供正常服务。无损检测是指扫描插件在检测过程中,对目标系统正常运行无任何影响。在实际扫描检测中,以无损扫描为主要方式。

3.3 网络安全工程与管理

安全等级保护

3.3.1 安全等级保护

1. 安全等级保护概述

《网络安全法》第二十一条规定,国家实行网络安全等级保护制度。该制度的核心是对网络实施分等级保护和分等级监管。这项制度体现了风险管理的思想,即安全保护措施应当针对威胁和风险,成本投入应当与收益相符,既不能欠保护,也不能过保护。2003年,《国家信息化领导小组关于加强信息安全保障工作的意见》在部署等级保护工作时指出:"信息化发展的不同阶段和不同的信息系统有着不同的安全需求,必须从实际出发,综合平衡安全成本和风险,优化信息安全资源的配置,确保重点。要重点保护基础信息网络和关系国家安全、经济命脉、社会稳定等方面的重要信息系统,抓紧建立信息安全等级保护制度,制定信息安全等级保护的管理办法和技术指南。"

(1)安全等级划分

根据网络在国家安全、经济建设、社会生活中的重要程度,以及其一旦遭到破坏、丧失功能或者数据被篡改、泄露、丢失、损毁后,对国家安全、社会秩序、公共利益以及相关公民、法人和其他组织的合法权益的危害程度等因素,网络分为 5 个安全保护等级。

① 第一级:一旦受到破坏会对相关公民、法人和其他组织的合法权益造成损害,但不危害国家安全、社会秩序和公共利益的一般网络。

② 第二级:一旦受到破坏会对相关公民、法人和其他组织的合法权益造成严重损害,或者对社会秩序和公共利益造成危害,但不危害国家安全的一般网络。

③ 第三级:一旦受到破坏会对相关公民、法人和其他组织的合法权益造成特别严重损害,或者会对社会秩序和社会公共利益造成严重危害,或者对国家安全造成危害的重要网络。

④ 第四级:一旦受到破坏会对社会秩序和公共利益造成特别严重危害,或者对国家安全造成严重危害的特别重要网络。

⑤ 第五级:一旦受到破坏后会对国家安全造成特别严重危害的极其重要网络。

(2)工作机制

安全等级保护对象主要包括基础信息网络、云计算平台/系统、大数据应用/平台/资源、物联网、工业控制系统和采用移动互联技术的系统等。根据其在国家安全、经济建设、社会生活中的重要程度,遭到破坏后对国家安全、社会秩序、公共利益以及公民、法人和其他组织的合法权益的危害程度等,由低到高划分为 5 级。安全等级越高,其安全保护能力要求也就越高,应保证等级保护对象具有相应等级的安全保护能力。第三级及以上的等级保护对象是国家的核心系统,是国家政治安全、疆土安全和经济安全之所系。

安全等级保护工作分为以下 5 个基本步骤。

① 定级：安全等级保护对象的运营、使用单位按照等级保护的管理规范和技术标准，确定其安全保护等级。

② 备案：安全等级保护对象的运营、使用单位按照相关管理规定报送本地区公安机关备案。跨地域的等级保护对象由其主管部门向其所在地的同级公安机关进行总备案，分系统分别由当地运营、使用单位向本地地市级公安机关备案。

③ 建设整改：对已有的安全等级保护对象，其运营、使用单位根据已经确定的安全保护等级，按照安全等级保护的管理规范和技术标准，采购和使用相应安全等级的信息安全产品，落实安全技术措施和管理措施，完成系统整改。对新建、改建、扩建的等级保护对象应当按照等级保护的管理规范和技术标准进行规划设计、建设施工。

④ 等级测评：安全等级保护对象的运营、使用单位按照相应等级的管理规范和技术标准要求，定期进行安全状况检测评估，及时消除安全隐患和漏洞。安全等级保护对象的主管部门应当按照安全等级保护的管理规范和技术标准的要求做好监督管理工作。

⑤ 监督检查：公安机关按照安全等级保护的管理规范和技术标准要求，重点对第三、第四级安全等级保护对象的安全保护状况进行监督检查。

（3）相关法规标准

国家已针对安全等级保护提出了一系列的法规标准，是各单位开展安全等级保护工作的依据。1994 年，国务院颁布《中华人民共和国计算机信息系统安全保护条例》，要求"计算机信息系统实行安全等级保护。安全等级的划分标准和安全等级保护的具体办法，由公安部会同有关部门制定"。2006 年 3 月，国家《信息安全等级保护管理办法》正式实施，明确了国内信息系统级别划分的原则，并从安全管理、保密管理、密码管理、法律责任等方面做了具体规定。2018 年 6 月，《网络安全等级保护条例（征求意见稿）》公开征求意见，以适应网络安全新形势以及新技术、新应用发展。

全国信息安全标准化技术委员会（TC260）和公安部信息系统安全标准化技术委员会组织制定了一系列标准，为开展安全等级保护工作提供了标准保障。这些标准可分为基础类、应用类、产品类和其他类。

GB 17859—1999《计算机信息系统安全保护等级划分准则》是强制性国家标准，是其他各标准制定的基础。

GB/T 22239—2019《信息安全技术 网络安全等级保护基本要求》（以下简称基本要求）是在《计算机信息系统安全保护等级划分准则》以及各技术类标准、管理类标准和产品类标准基础上制定的，从技术和管理两个方面给出了各安全等级保护对象应当具备的安全防护能力，是安全等级保护对象进行建设整改的安全需求。考虑安全等级保护对象的不同形态，基本要求分为安全通用要求和安全扩展要求（包括云计算安全扩展要求、移动互联安全扩展要求、物联网安全扩展要求、工业控制安全扩展要求、大数据安全扩展要求）两部分。安全通用要求针对共性化保护需求，安全等级保护对象必须实现相应级别的安全通用要求；安全扩展要求针对个性化保护需求，安全等级保护对象根据安全保护等级，基于使用的特定技术或特定应用场景选择性实现。

GB/T 22240—2020《信息安全技术 网络安全等级保护定级指南》规定了等级保护定

级的对象、依据、流程和方法以及等级变更等内容,同各行业发布的定级实施细则共同用于指导开展等级保护定级工作。

GB/T 25058—2019《信息安全技术 网络安全等级保护实施指南》和 GB/T 25070—2019《信息安全技术 网络安全等级保护安全设计技术要求》(以下简称设计要求)构成了指导等级保护对象安全建设整改的方法指导类标准。前者阐述了在系统建设、运维和废止等各个生命周期阶段中如何按照网络安全等级保护政策、标准要求实施等级保护工作;后者提出了网络安全等级保护安全设计的技术要求,包括安全计算环境、安全区域边界、安全通信网络、安全管理中心等各方面的要求。与基本要求对应,设计要求针对共性安全保护目标提出通用的安全设计技术要求,针对移动云计算、移动互联、物联网、工业控制和大数据等新技术、新应用领域的特殊安全保护目标提出特殊的安全设计技术要求。

GB/T 28448—2019《信息安全技术 网络安全等级保护测评要求》和 GB/T 28449—2018《信息安全技术 网络安全等级保护测评过程指南》构成了指导开展安全等级测评的标准规范。前者阐述了安全等级测评的原则、测评内容、测评强度、单项测评、整体测评、测评结论的产生方法等内容;后者阐述了信息系统安全等级测评的过程,包括测评准备、方案编制、现场测评、分析与报告编制等各个活动的工作任务、分析方法和工作结果等。

以上各标准构成了开展安全等级保护工作的管理、技术等各方面的标准体系。

2. 安全等级保护主要要求

(1) 定级方法

安全等级保护对象的定级要素包括受侵害的客体和对客体的侵害程度。其中,受侵害的客体包括:公民、法人和其他组织的合法权益;社会秩序、公共利益;国家安全。确定受侵害的客体时,应首先判断是否侵害国家安全,然后判断是否侵害社会秩序或公众利益,最后判断是否侵害公民、法人和其他组织的合法权益。对客体的侵害程度归结为以下三种:造成一般损害、造成严重损害、造成特别严重损害。

保护对象的安全保护等级分为以下 5 级。

① 第一级:安全等级保护对象受到破坏后,会对公民、法人和其他组织的合法权益造成一般损害,但不危害国家安全、社会秩序和公共利益。

② 第二级:安全等级保护对象受到破坏后,会对公民、法人和其他组织的合法权益造成严重损害或特别严重损害,或者对社会秩序和公共利益造成危害,但不危害国家安全。

③ 第三级:安全等级保护对象受到破坏后,会对社会秩序和公共利益造成严重危害,或者对国家安全造成危害。

④ 第四级:安全等级保护对象受到破坏后,会对社会秩序和公共利益造成特别严重危害,或者对国家安全造成严重危害。

⑤ 第五级:安全等级保护对象受到破坏后,会对国家安全造成特别严重危害。

定级要素与安全保护等级的关系如表 3-8 所示。

表 3-8　定级要素与安全保护等级的关系

受侵害的客体	对客体的侵害程度		
	一般损害	严重损害	特别严重损害
公民、法人和其他组织的合法权益	第一级	第二级	第三级
社会秩序、公共利益	第二级	第三级	第四级
国家安全	第三级	第四级	第五级

　　定级对象的安全主要包括业务信息安全和系统服务安全两方面,与之相关的受侵害客体和对客体的侵害程度可能不同。因此,其安全保护等级从业务信息安全保护等级和业务服务安全保护等级两个角度确定。定级一般流程如图 3-31 所示。

图 3-31　定级方法流程示意图

　　(2) 安全设计技术要求

　　等级保护对象安全设计包括对各级系统安全保护环境的设计及其安全互连的设计,如图 3-32 所示。各级系统安全保护环境由相应级别的安全计算环境、安全区域边界、安全通信网络和(或)安全管理中心组成。定级系统安全互连由安全互连部件和跨系统安全管理中心组成。

　　安全计算环境是对定级系统的信息存储与处理进行安全保护的部件。计算环境由定级系统中完成信息存储与处理的计算机系统硬件和系统软件以及外部设备及其连接部件组成,也可以是单一的计算机系统。

　　安全区域边界是对定级系统的安全计算环境的边界,以及安全计算环境与安全通信网络之间实现连接功能进行安全保护的部件。安全保护主要是指对安全计算环境以及进出安全计算环境的信息进行保护。

图 3-32　等级保护安全设计技术框架

安全通信网络是对定级系统安全计算环境之间进行信息传输实施安全保护的部件。

安全管理中心是定级系统的安全策略及安全计算环境、安全区域边界和安全通信网络上的安全机制实施统一管理的平台。第二级及第二级以上的系统安全保护环境通常需要设置安全管理中心。

不同等级的安全保护技术之间存在着层层嵌套的关系,从第一级开始,每一级在继承其低一级所有安全要求的基础上,增补一些安全要求,或对上一级的特定安全要求有所加强。每一级都有自己的安全防护目标以及对应的关键技术。

① 第一级系统为用户自主保护级,其核心技术为自主访问控制。其设计目标是实现定级系统的自主访问控制,使系统用户对其所属客体具有自我保护的能力。

② 第二级的关键技术为审计。相比第一级,本级要实施一个粒度更细的自主访问控制,并通过登录规程、审计安全相关事件和隔离资源,提供对用户行为追溯的能力。

③ 第三级在第二级系统安全保护环境的基础上,通过实现基于安全策略模型和标记的强制访问控制以及增强系统的审计机制,使系统具有在统一安全策略管控下,保护敏感资源的能力,并保障基础计算资源和应用程序可信,确保关键执行环节可信。

④ 第四级是结构化保护级。这一级的安全功能要求与第三级基本相同,但在安全保障上有所加强,要求通过结构化的保护措施,有效加强系统的抗攻击能力,达到防止系统内部具有一定特权的编程高手攻击的能力。

⑤ 第五级的安全设计要求很高,目前尚没有安全设计方案。

(3)测评方法

GB/T 28448—2019《信息安全技术 网络安全等级保护测评要求》是用于指导信息安全测评服务机构、等级保护对象的主管部门及运营使用单位对等级保护对象安全等级保护状况进行安全测试评估的标准文件。等级保护测评框架由三部分构成:测评输入、测评过程和测评输出。测评输入包括基本要求的第四级目录(即安全控制点的唯一标识符)和采用该安全控制的信息系统的安全保护等级(含业务信息安全保护等级和系统服务保护等级)。过程组件为一组与输入组件中所标识的安全控制相关的特定测评对象和测评方法,输出组件包括一组由测评人员使用的用于确定安全控制有效性的程序化陈述。图 3-33 给出了测评框架。

图 3-33 测评框架

测评对象是指测评实施的对象,即测评过程中涉及的制度文档、各类设备及其安全配置和相关人员等。每一个被测安全控制点均有一组与之相关的预先定义的测评对象(如制度文档、各类设备及其安全配置和相关人员)。测评方法包括访谈、核查和测试,测评人员通过这些方法获取证据。测评的实施过程由单项测评和整体测评两部分构成。单项测评是等级测评工作的基本活动,针对基本要求各安全控制点。整体测评是在单项测评的基础上,通过进一步分析信息系统安全保护功能的整体相关性,对信息系统实施的综合安全测评,主要包括安全控制点间、层面间和区域间相互作用的安全测评。

3.3.2　网络安全管理

网络安全管理

1. 网络安全管理概述

网络安全管理是网络安全工作中的重要概念。网络安全管理,是指为保障网络系统的安全运行,保护网络系统中的数据和用户信息的安全,防止和减少因各种因素对网络的破坏、干扰和非法入侵等危害而采取的各种技术和管理措施的总称。网络安全管理包括:网络安全规划、网络安全等级保护制度、防火墙设备、物理隔离设施设置、防病毒软件安装、数据备份与恢复等。

管理学中,"管理"定义可以这样理解:凡是有群体共同活动、共同劳动或共同工作的地方,都需要管理。管理是管理人员领导和组织人们去完成一定的任务和实现共同的目标的一种活动。毫无疑问的是,任何一种管理活动都必须明确谁来管(即管理主体)、管什么(即管理客体)、怎么管(即管理手段,以规章制度为主,管理对象必须遵从这些规章制度)以及管得怎么样(管理效果)的问题。

"管理"的概念应用到网络安全领域,便有了网络安全管理的概念。美国国家标准与技术研究院(NIST)将网络安全技术控制措施定义为完全由机器完成的活动,网络安全管理措施定义为完全由人完成的活动,并将由机器和人共同完成的活动定义成网络安全运行控制措施。事实上,后两种都是网络安全管理控制措施。简言之,网络安全管理是指把分散的网络安全技术因素和人的因素,通过策略、规则协调整合成为一体,服务于网络安全的目标。

长期以来,人们保障系统安全的手段偏重于依靠技术,厂商在安全技术和产品的研发上不遗余力,新的技术和产品不断涌现;消费者也更加相信安全产品,把大部分安全预算也都投入到产品的采购上。但仅依靠技术和产品保障网络安全往往难尽人意,很多复杂、多变的安全威胁和隐患仅靠产品是无法消除的。此外,复杂的网络安全技术和产品也要在完善的管理下才能发挥作用。因此,人们在网络安全领域总结出了"三分技术,七分管理"的实践经验和原则。我国也将"管理与技术并重"作为网络安全保障的一项基本原则。

2. 信息安全管理体系

(1) 国外网络安全管理相关标准

网络安全技术的发展极大地促进了网络安全管理理念的产生和发展,各种有关网络安全管理的法规、标准也应运而生。20 世纪 80 年代末,随着 ISO 9000 质量管理体系标准的出现及其随后在全世界的广泛推广应用,系统管理的思想在网络安全管理领域也得到借鉴与采用,使网络安全管理在 20 世纪 90 年代步入了标准化与系统化管理的时代。
1995 年,英国率先推出了 BS 7799 网络安全管理标准,BS 7799 于 2000 年被国际标准化
组织批准为国际标准 ISO/IEC 17799,又于 2005 年被国际标准化组织重新编号,编入网
络安全管理体系标准族,即 ISO/IEC 2700X 标准系列。澳大利亚和新西兰也联合推出了
风险管理标准 AS/NZS 4360,德国联邦技术安全局推出了《信息技术基线保护手册》等。

目前,ISO/IEC 2700X 标准系列是国际主流。国际标准化组织(ISO)专门为 ISMS
(Information Security Management Systems,信息安全管理体系)预留出了一批标准序
号。这一方面说明了 ISO 对 ISMS 的重视程度,也说明了 ISMS 相关标准正在各方实践
的基础上不断更新和优化。图 3-34 列出了 ISO/IEC 2700X 系列标准的关系。

图 3-34　ISMS 标准关系图

该系列的两个核心、基础标准 ISO/IEC 27001 和 ISO/IEC 27002 已于 2005 年 10 月
正式发布第一版,2013 年 10 月正式发布第二版。

ISO/IEC 27001 是 ISMS 的规范说明,其重要性在于它提供了认证执行的标准,且包
括必要文档的列表。27001 网络安全管理体系标准强调风险管理的思想。传统的网络安
全管理基本上还处在一种静态的、局部的、少数人负责的、突击式、事后纠正式的管理方
式,导致的结果是不能从根本上避免、降低各类风险,也不能降低网络安全故障导致的综
合损失。而 27001 标准基于风险管理的思想,指导组织建立一个系统化、程序化和文件化
的管理体系,即 ISMS。ISMS 基于系统、全面、科学的安全风险评估,体现预防控制为主

的思想,强调遵守国家有关网络安全的法律法规及其他合同方要求,强调全过程和动态控制,本着控制费用与风险平衡的原则合理选择安全控制方式保护组织所拥有的关键信息资产,使网络安全风险的发生概率和结果降低到可接受的水平,确保信息的保密性、完整性和可用性,保持组织业务运作的持续性。ISO/IEC 27002 提出了一系列的具体的网络安全管理控制措施。

(2) 我国网络安全管理相关标准

在网络安全管理标准的制定方面,我国早期主要采用与国际标准靠拢的方式,充分借鉴吸收国际标准的长处,近年来加强了网络安全管理标准的自主制定,并已经开始向国际标准化组织提交国际标准提案,话语权不断增强。在全国信息安全标准化技术委员会内,第 7 工作组(WG7)主要负责研究和制定适用于非涉密、敏感领域安全保障的通用安全管理方法、安全控制措施以及安全支撑和服务等方面的标准、规范及指南。在 WG7 的努力下,目前我国已正式发布的网络安全管理标准主要有:

- GB/T 19715.1—2005《信息技术 IT 安全管理指南第 1 部分:IT 安全概念和模型》(等同采用 ISO/IEC TR 13335—1:1996)。
- GB/T 19715.2—2005《信息技术 IT 安全管理指南第 2 部分:管理和规划 IT 安全》(等同采用 ISO/IEC TR 13335—2:1997)。
- GB/T 20269—2006《信息安全技术 信息系统安全管理要求》。
- GB/T 28450—2012《信息安全技术 信息安全管理体系审核指南》。
- GB/T 28453—2012《信息安全技术 信息系统安全管理评估要求》。
- GB/T 31496—2015《信息技术 安全技术 信息安全管理体系实施指南》。
- GB/T 31497—2015《信息技术 安全技术 信息安全管理 测量》。
- GB/T 31722—2015《信息技术 安全技术 信息安全风险管理》。
- GB/T 22080—2016《信息技术 安全技术 信息安全管理体系 要求》(等同采用 ISO/IEC 27001:2013)。
- GB/T 22081—2016《信息技术 安全技术 信息安全管理实用规则》(等同采用 ISO/IEC 27002:2013)。
- GB/Z 32916—2016《信息技术 安全技术 信息安全控制措施审核员指南》。
- GB/T 29246—2017《信息技术 安全技术 信息安全管理体系 概述和词汇》(等同采用 ISO/IEC 27000:2016)。
- GB/T 25067—2020《信息技术 安全技术 信息安全管理体系审核和认证机构要求》。

根据相关国际标准的进展情况和网络安全管理工作实际需求,上述标准随着时间发展正在不断修订,近几年更是进入修订的热潮,今后标准的年号可能会有所变化。

(3) 网络安全管理控制措施

为了对组织机构所面临的安全风险实施有效的控制,应针对具体的安全威胁和脆弱性,采取适当的控制措施,包括管理手段和技术方法。ISO/IEC 27002 标准(即我国国家标准 GB/T 22081)提出了 14 个方面的管理控制措施。这些管理控制措施在全球产生了重大影响,已经成为各类网络安全管理措施的基础。

网络安全策略：旨在对组织成员阐明如何使用组织的信息系统资源、如何处理敏感信息、如何采用安全技术产品、用户在使用信息时应当承担哪些责任，详细描述员工的安全意识与技能要求，列出被组织禁止的行为。通常包括顶层的网络安全方针和多组围绕特定主题支撑此方针的网络安全策略集。

网络安全组织：描述如何建立、运行一个网络安全管理框架实施安全管理，主要包括内部网络安全组织架构、职能职责分配，以及如何处理与各相关方的关系。

人力资源安全：针对人员任用前、任用中以及任用的终止和变更三个阶段进行管理。

资产管理：主要包括识别组织资产并定义适当的保护责任、依据对组织的重要程度进行信息分级，以及保护存储在介质中的信息。

访问控制：以"未经明确允许，则一律禁止"为前提，考虑按需所知、按需使用原则制定并执行访问控制策略，保护系统、应用及数据不被未经授权的非法访问。

密码：确保适当和有效地使用密码技术以保护信息的保密性、真实性和完整性。

物理和环境安全：包括工作场所的出入控制要求和信息处理设施的管理要求，旨在防止信息和信息处理设施受到未经授权的物理访问、损害和干扰，防止设备丢失、损坏、或中断。

运行安全：确保信息系统正确无误地安全运行，包括制定信息处理设备的管理与操作规程，明确各方责任；防范恶意软件；通过备份防止数据丢失；通过事态日志记录事态并生成证据；制定并实施系统软件安装控制规程；建立有效的技术脆弱性管理过程；使信息系统审计的有效性最大化，干扰最小化等。

通信安全：管理和控制网络以保护系统、应用中的信息，保护支持性基础设施。确保组织内部、组织与外部实体间传输信息的安全，使其免遭丢失、被修改或盗用，且符合所有相关的法律法规。

系统获取、开发和维护：主要包括三方面要求，一是在开发的系统中建立有效的安全机制；二是确保信息安全在信息系统开发和维护全过程中得到设计和实现；三是保护用于测试的数据。

供应商关系：制定针对供应商管理的安全策略，保护可被供应商访问的组织资产，还应在供应商协议中强调网络安全。

网络安全事件管理：建立规程、明确管理责任，确保采用一致和有效的方法对网络安全事件进行管理，包括对安全事态和脆弱性的沟通。

业务连续性管理的网络安全方面：将网络安全连续性纳入组织的业务连续性管理之中，防止安全活动中断，确保在发生重大故障和灾难的情况下，组织的网络安全连续性达到所要求的级别。

符合性：包括两方面要求，一是确保符合法律法规、标准、合同义务等要求；二是对合规性进行评审。

3. 网络安全风险管理

（1）风险管理概述

风险管理是一种在风险评估的基础上对风险进行处理的工程，网络安全风险管理的实质是基于风险的网络安全管理。其核心是网络安全风险评估,即运用科学的方法和手段,系统地分析信息系统所面临的威胁及其存在的脆弱性,评估安全事件一旦发生可能造成的危害程度,提出有针对性的抵御威胁的防护对策和整改措施,为防范和化解网络安全风险,将风险控制在可接受的水平,从而最大限度地保障网络安全提供科学依据。风险管理已经成为各种宏观的网络安全保护方案的方法学基础,等级保护、网络安全管理体系等多次提到风险评估的概念,网络安全工程方法中,也运用风险管理的方法确定用户的安全保护需求。

　　本部分以国家标准 GB/T 20984—2007《信息安全技术　信息安全风险评估规范》为基础对风险管理的主要知识做了介绍,实际上是对本节前述知识进行了升华。ISO/IEC 27002 中的各项网络安全管理控制措施,都是针对系统中可能存在的风险点进行控制。而建立 ISMS 的过程,就是对安全风险进行评估,继而从 ISO/IEC 27002 中选择控制措施的具体实践。

　　(2) 风险管理实施流程

　　风险管理主要包括资产识别、威胁识别、脆弱性级别、已有安全措施的确认、风险计算、风险处理等过程,如图 3-35 所示。

图 3-35　风险管理实施流程图

　　风险管理的核心部分是风险分析,即定量或定性计算安全风险的过程,其原理如图 3-36 所示。风险分析主要涉及资产、威胁、脆弱性三个基本要素。每个要素有各自的属性,资产的属性是资产价值;威胁的属性可以是威胁主体、影响对象、出现频率、动机等;脆弱性的属性是资产弱点的严重程度。风险分析的主要内容如下。

图 3-36　风险分析原理图

① 对资产进行识别、分类,然后对每项资产的保密性、完整性和可用性进行赋值,在此基础上评价资产的重要性。综合评定方法可以根据自身的特点,选择对资产保密性、完整性和可用性最为重要的一个属性的赋值等级作为资产的最终赋值结果;也可以根据资产保密性、完整性和可用性的不同等级对其赋值进行加权计算得到资产的最终赋值结果,加权方法可根据组织的业务特点确定。

② 对威胁进行识别,描述威胁的属性,并对威胁出现的频率赋值,评估频率时需要综合考虑以下三方面:以往安全事件报告中出现过的威胁及其频率的统计;实际环境中通过检测工具以及各种日志发现的威胁及其频率的统计;近一两年来国际组织发布的对于整个社会或特定行业的威胁及其频率统计,以及发布的威胁预警。

③ 对脆弱性进行识别,并根据脆弱性对资产的暴露程度、技术实现的难易程度、流行程度等对具体资产的脆弱性的严重程度赋值。

④ 根据威胁及威胁利用脆弱性的难易程度判断安全事件发生的可能性。

⑤ 根据脆弱性的严重程度及安全事件所作用的资产的价值计算安全事件造成的损失。

⑥ 根据安全事件发生的可能性以及安全事件出现后的损失,计算安全事件一旦发生对组织的影响,即风险值。

(3) 风险控制

风险处理也称风险控制,是在综合考虑成本与效益的前提下,通过安全措施来控制风险,使残余风险降低到可接受的程度,这是网络安全保护的实质。因为如果安全措施的成本超出了实施安全措施、控制风险后可能带来的效益,那么这种安全措施便失去了意义。由于任何网络和信息系统都会有安全风险,人们追求的所谓安全的网络和信息系统,实际上是指网络和信息系统在实施了风险评估并做出风险控制后,仍然存在的残余风险可被接受的网络和信息系统。因此,不存在绝对安全的网络和信息系统(即"零"风险的网络和信息系统),也不必要追求绝对安全的网络和信息系统。

常见的风险控制措施有以下 4 种。

① 风险降低:实施安全措施,以把风险降低到一个可接受的级别。

② 风险承受:接受潜在的风险并继续运行网络和信息系统。

③ 风险规避:通过消除风险的原因或后果(如在发现风险后放弃系统某项功能或关闭系统)来规避风险,即不介入风险。

④ 风险转移：通过使用其他措施来补偿损失，从而转移风险，如购买保险。

即使是采取风险降低措施，可能的方法也有很多种，这决定于造成风险的具体原因，例如，风险控制的实施点可以有以下几种。

① 当存在系统脆弱性（缺陷或弱点）时：减少或修补系统脆弱性，降低脆弱性被攻击的可能性。

② 当系统脆弱性可被恶意攻击时：运用层次化保护、结构化设计、管理控制将风险最小化或防止脆弱性被利用。

③ 当攻击者的成本小于攻击的可能所得时：运用保护措施，通过提高攻击者成本来降低攻击者的攻击动机（例如，使用系统访问控制，限制系统用户的访问对象和行为）。

④ 当损失巨大时：运用系统设计中的基本原则及结构化设计、技术或非技术类保护措施来限制攻击的范围，从而降低可能的损失。

图 3-37 不但阐述了风险控制的实施点，也进一步对威胁、脆弱性和风险的关系做了说明。"&"表示只有威胁和脆弱性的共同作用才会产生风险。而如果脆弱性不能被利用，或者攻击者的攻击成本大于获利，则都不会造成风险。如果安全事件的损失可以承受（例如这一损失小于安全措施的成本），则也可无视其中的风险。只有在出现了不可接受的风险后，才需要根据产生风险的原因采取针对性措施。

图 3-37　风险控制的实施点

3.3.3　网络安全事件处置与灾难恢复

1. 网络安全事件分类与分级

一般而言，仅靠网络安全策略和控制措施并不能完全杜绝安全事件的发生。即使采取了各种安全防范措施，信息系统仍有残余或未发现的缺陷或脆弱性，导致网络安全事件的发生，危害系统安全。因此，对网络安全事件进行充足准备和有效管理，将有助于提高安全事件响应的效率，降低其可能产生的影响和危害，可从以下几方面入手。

网络安全
事件处置
与灾难恢复

(1) 发现、报告和评估网络安全事件。

(2) 及时响应网络安全事件,包括采取适当的措施防止或降低危害,并进行恢复。

(3) 报告以前尚未发现的缺陷和脆弱性。

(4) 从网络安全事件中吸取经验教训,建立和改进预防措施。

2017年6月,中央网络安全和信息化委员办公室印发了《国家网络安全事件应急预案》,对国家网络安全应急的组织体系、监测与预警规范、应急处置流程、调查与评估方法等做出了规定。

网络安全事件的管理涉及很多因素,分级分类是其快速有效处置件的基础之一。

(1) 网络安全事件分类。

国家标准GB/Z 20986—2007《信息安全技术 信息安全事件分类分级指南》依据事件发生的原因、表现形式等因素将网络安全事件分为有害程序事件、网络攻击事件、信息破坏事件、信息内容安全事件、设备设施故障、灾害性事件和其他网络安全事件等7个基本分类,每个基本分类分别包括若干子类。

《国家网络安全事件应急预案》中的事件分类与该标准一致。

(2) 网络安全事件分级。

考虑信息系统的重要程度、系统损失和社会影响三个要素,《国家网络安全事件应急预案》将网络安全事件分为以下4个级别。

特别重大事件(Ⅰ级):指能够导致特别严重影响或破坏的网络安全事件。包括以下情况:会使特别重要信息系统遭受特别重大的系统损失;会产生特别重大的社会影响。

重大事件(Ⅱ级):指能够导致严重影响或破坏的网络安全事件。包括以下情况:会使特别重要信息系统遭受重大的系统损失,或使重要信息系统遭受特别重大的系统损失;产生重大的社会影响。

较大事件(Ⅲ级):指能够导致较严重影响或破坏的网络安全事件。包括以下情况:会使特别重要信息系统遭受较大的系统损失,或使重要信息系统遭受重大的系统损失、一般信息系统遭受特别重大的系统损失;产生较大的社会影响。

一般事件(Ⅳ级):指能够导致较小影响或破坏的网络安全事件。包括以下情况:会使特别重要信息系统遭受较小的系统损失,或使重要信息系统遭受较大的系统损失,一般信息系统遭受严重或严重以下级别的系统损失;产生一般的社会影响。

2. 网络安全应急处理关键过程

网络安全应急处理是指,通过制定应急计划,使影响信息系统安全的安全事件能够得到及时响应,并在安全事件一旦发生后进行标识、记录、分类和处理,直到受影响的业务恢复正常运行的过程。

网络安全应急处理是保障业务连续性的重要手段之一,是在处理网络安全事件时提供紧急现场或远程援助的一系列技术的和非技术的措施和行动,以降低安全事件给用户造成的损失或影响,涵盖了在安全事件发生后为了维持和恢复关键的应用所进行的系列活动。

应急处理过程可分为6个阶段,17个主要安全控制点,具体如下:

准备阶段：目标是在事件真正发生之前为处理事件做好准备工作。主要工作包括建立合理的防御/控制措施、建立适当的策略和程序、获得必要的资源和组建响应队伍等。该阶段有 4 个控制点：应急响应需求界定、服务合同或协议签订、应急服务方案界定、人员和工具准备。

检测阶段：目标是对网络安全事件做出初步的动作和响应，根据获得的初步材料和分析结果，预估事件的范围和影响程度，制定进一步的响应策略，并且保留相关证据。该阶段有三个控制点：检测对象及范围确定、检测方案确定、检测实施。

抑制阶段：目标是限制攻击的范围，抑制潜在的或进一步的攻击和破坏。主要工作包括阻止入侵者访问被攻陷系统；限制入侵的程度；防止入侵者进一步破坏等。该阶段有三个控制点：抑制方法确定、抑制方法认可、抑制实施。

根除阶段：目标是在事件被抑制之后，通过分析有关恶意代码或行为找出事件发生的根源，并予以彻底消除。单机事件可根据各种操作系统平台的检查和根除程序进行操作。对于大规模爆发的带有蠕虫性质的恶意程序，则需投入更大的人力物力来根除各个主机上的恶意代码。该阶段有三个控制点：根除方法确定、根除方法认可、根除实施。

恢复阶段：目标是将网络安全事件所涉及的系统还原到正常状态。主要工作包括建立临时业务处理能力、修复原系统损害、在原系统或新设施中恢复运行业务能力等，需要避免误操作导致数据丢失。该阶段有两个控制点：恢复方法确定、恢复系统。

总结阶段：目标是回顾网络安全事件处理的全过程，整理相关信息，尽可能地把所有情况记录到文档中。这些记录的内容对有关部门的其他处理工作和未来应急工作的开展都具有重要意义。该阶段有两个控制点：总结、报告。

3. 信息系统灾难恢复

（1）灾难恢复概述

灾难恢复服务是指将信息系统从灾难造成的故障或瘫痪状态恢复到可正常运行的状态，并将其支持的业务功能从灾难造成的不正常状态恢复到可接受状态的活动和流程。包括灾难恢复规划和灾难备份中心的日常运行、关键业务功能在灾难备份中心的恢复和重续运行，以及主系统的灾后重建和回退工作，还涉及突发事件发生后的应急响应。与应急处理服务相比，灾难恢复服务的应用范围较窄，通常应用于重大的、特别是灾难性的、造成长时间无法访问正常设施的事件。

一般将灾难恢复能力划分为 6 个级别，由低到高逐级增强：第 1 级，基本支持；第 2 级，备用场地支持；第 3 级，电子传输和部分设备支持；第 4 级，电子传输及完整设备支持；第 5 级，实时数据传输及完整设备支持；第 6 级，数据零丢失和远程集群支持。

（2）灾难恢复关键过程

灾难恢复可分为 4 个关键过程：灾难恢复需求的确定、灾难恢复策略的制定、灾难恢复策略的实现以及灾难恢复预案的制定、落实和管理。

灾难恢复需求的确定：在确定灾难恢复需求时，应首先进行风险分析，在此基础上通过定量和/或定性的方法分析网络安全事件对业务的影响，确定灾难恢复目标，包括关键业务功能和恢复的优先顺序，以及灾难恢复时间范围。

灾难恢复策略的制定：在制定灾难恢复策略时，要着眼于灾难恢复所需的 7 类资源要素（数据备份系统、备用数据处理系统、备用网络系统、备用基础设施、专业技术支持能力、运行维护管理能力、灾难恢复预案）。根据灾难恢复目标，按照平衡资源成本与风险可能造成的损失的原则（即"成本风险平衡原则"）确定每项关键业务功能的灾难恢复策略，策略中要明确灾难恢复资源的获取方式以及所需的灾难恢复等级，或灾难恢复资源要素的具体要求。

灾难恢复策略的实现：在实施灾难恢复策略时，一方面要实现备份系统技术方案（包含数据备份系统、备用数据处理系统和备用的网络系统），另一方面要选择好灾难备份中心并建立各种操作和管理制度，此外还应具备所需的专业技术支持能力和运行维护管理能力。

灾难恢复预案的制定、落实和管理：制定预案时，应明确组织灾难恢复的目标和范围、组织和职责、相关人员联络方式、应急响应流程（包含灾难预警、人员疏散、损害评估、研判和灾难宣告）、恢复及重续运行流程、灾后重建和回退、预案的保障条件等内容。制定完成后，应严格落实预案，并对其进行维护和变更管理。还需要组织灾难恢复预案的教育、培训和演练，确保相关人员了解信息系统灾难恢复的目标和流程，熟悉灾难恢复的操作规程。

3.4 新兴网络及安全技术

工业互联
网安全

3.4.1 工业互联网安全

1. 工业互联网的概念

工业互联网是全球工业系统与高级计算、分析、感应技术以及互联网深度融合所形成的全新网络互联模式。工业互联网的本质是通过开放式的全球化工业级网络平台，紧密融合物理设备、生产线、工厂、运营商、产品和客户，高效共享工业经济中的各种要素资源，通过自动化和智能化的生产方式降低成本、提高效率，帮助制造业延长产业链，推动制造业转型发展。目前，以工业互联网为基础的智能制造被视为第四次工业革命（图 3-38）。

图 3-38　工业革命进程

工业互联网的核心是信息物理系统（Cyber-Physical Systems，CPS），其主要作用是监控和控制生产过程中的物理过程，包括状态监控、远程诊断和实时远程控制生产系统等。工业互联网发展趋势的典型特点是通过网络（如 Internet 等）连接工业系统中各种CPS 设备，集成先进的计算资源和方式，实现生产和运营过程的自动化和智能化，优化产业组织管理和企业价值链,节约材料和人工等生产资源,提高产品个性化开发能力和大规模生产效率。

2. 工业互联网面临的新安全挑战

现代工业互联网建设面临的主要挑战是在各类设备正确和可靠运行的前提下,实现低成本的多重实时安全防护。与传统信息系统成熟的安全防护体系相比,含有大量 CPS 设备的工业互联网安全防护措施相对滞后。因此,在传统信息系统和 CPS 系统集成联网后,工业互联网更容易遭受网络攻击。

(1) 传统攻击方式的危害性更大。

经过改进后的蠕虫、病毒和木马等传统攻击方式已经严重威胁工业互联网的安全。最早针对工业控制系统的攻击之一是斯拉姆默蠕虫,它在 2003 年成功感染了美国一个核电站的两个关键监控计算机,造成安全参数监控显示面板瘫痪。同年,计算机病毒感染了美国 CSX 交通运输公司的计算机系统,并关闭了交通信号、调度和其他系统,导致该公司客运和货运列车服务完全瘫痪。针对工业互联网的网络攻击也会严重威胁国家安全,如 Stuxnet 蠕虫利用"零日漏洞"导致伊朗核设施中的离心机故障。

(2) 网络攻击的入口更多。

由于工业互联网集成多类不同系统,所以存在多种攻击发起点。攻击者可以从物理层、网络层和控制层分别发起攻击(图 3-39)。在物理层,智能电子设备本身容易受到硬件入侵、旁路攻击和逆向工程攻击等物理攻击,其系统软件也面临特洛伊木马、病毒和运行时攻击等安全风险。在网络层,通信协议可能受到中间人和拒绝服务攻击等多种网络攻击。在控制层,操作工业互联网设备的用户可能受到钓鱼网站攻击等社交攻击。

图 3-39 工业互联网攻击入口

3. 工业互联网主要安全防护技术

因为传统信息系统和工业互联网之间存在许多差异,所以实现工业互联网安全不能简单使用现有信息安全解决方案。例如,当发生网络攻击时,传统信息系统通常会牺牲可用性,暂时禁用被攻击的服务,直到攻击解除。然而,工业生产系统最重要的目标是可用性,以避免生产力和收入损失。这个目标需要工业互联网能够抵御拒绝服务攻击。

除了可用性,工业互联网系统必须保证系统的完整性,防止对设备的蓄意损坏或者恶意使用假冒劣质生产组件(或软件),避免对工业生产过程和产品质量造成损害。联网后的工业互联网系统,必须确保局部系统故障或恶意攻击不会在系统内部或跨企业传播。在智能产品方面,工业互联网的目标之一是实现产品制造和使用历史的可追溯性和真实性,自主控制生产过程。当存在产品质量争议时,能够向第三方仲裁机构提供资源材料质量和产品生产正确性的证据。为防止工业间谍对工业互联网系统信息的窃取,需要保证整个系统敏感信息的保密性和完整性,以及员工信息的隐私性。

在工业互联网系统中,主要通过工业 4.0 安全工程的 5 个阶段[1],检测安全防护技术和方案的适用性。

(1) 安全人员培训:通过培训、工具检测、题目检测等方式,提高企业员工安全意识,使员工深刻认识网络安全的重要性并按照制度进行工作。

(2) 安全需求制定和实施计划:安全人员根据企业 IT 系统、CPS 系统架构和企业数据等制定网络安全需求和实施方案,包括需要实现的安全目标(可用性、完整性、保密性、真实性等)和网络安全软硬件等。

(3) 安全硬件和软件设计、实现和评估:基于安全硬件和处理器级别的安全执行环境,搭建可信安全计算平台,相关的解决方案包括 SMART、SPM、TrustLite 等。

(4) 安全方案部署:将安全设备和软件部署到工业互联网系统中的各个部件。

(5) 信息反馈、测试和升级:根据工业生产实际情况、网络攻击日志和新功能需求等反馈信息调整安全解决方案。

3.4.2 移动互联网安全

移动互联网安全

1. 移动互联网的概念

移动互联网(Mobile Internet)是指利用互联网的技术、平台、应用以及商业模式与移动通信技术相结合并实践的活动统称[2]。广义上,移动互联网是移动通信与互联网结合的产物,其整合移动通信技术和互联网技术,以各种无线网络(WWAN、WLAN、WMAN、WPAN、WSN、WBAN 等)为接入网,为各种移动终端(手机、掌上电脑、笔记本、平板电脑、POS 机、可穿戴设备、智能车载、智能家居、智能无人机等)提供信息服务。狭义上的移动互联网是以手机为终端,通过移动通信网络接入互联网[3]。

移动互联网具有网络融合化、终端智能化、应用多样化、业务多元化、平台开放化等特点。通过移动互联网,人们在家里、地铁、机场、火车站等地方可以随时使用手机、平板电脑等移动终端浏览网页、收发邮件、在线诊疗、在线教育、在线政务、共享位置、移动支付、移动网游、即时通信等,享受各类新型移动应用服务带来的方便与快捷。移动互联网的移动性优势决定了用户数量庞大。根据中国互联网络信息中心(CNNIC)发布的第 45 次《中国互联网络发展状况统计报告》[4],2019 年,我国已建成全球最大规模光纤和移动通信网络。截至 2020 年 3 月 15 日,我国网民规模达 9.04 亿,其中手机网民规模达 8.97 亿,网民使用手机上网的比例达 99.3%。2019 年 1 月至 12 月,移动互联网接入流量消费达 1220 亿 GB。移动互联网使得"任何人、任何时间、任何地方"可以享受网络服务成为现实,真正实现了"把互联网装入口袋"的梦想。

移动互联网的组成主要包括 4 大部分:移动互联网终端设备、移动互联网通信网络、移动互联网应用和移动互联网相关技术,如图 3-40 所示。

图 3-40　移动互联网组成架构

2. 移动互联网面临的新安全挑战

移动互联网技术是移动通信技术和互联网技术深度融合的产物,其取之于传统技术,而又超脱于传统技术。不可避免地,移动互联网也继承了传统互联网技术的安全漏洞。此外,移动互联网具有移动性、私密性和融合性的特性,其技术开放化,网络异构化,智能终端用户基数大、自组织能力强,使得用户行为难以溯源。同时,移动互联网市场仍然处于"粗放型"发展阶段,涉及大量的用户个人信息(如位置信息、通信信息、日志信息、账户信息、支付信息、传感采集信息、设备信息、文件信息等),这些均给移动互联网安全监管和用户隐私保护带来极大的挑战。

国家计算机病毒应急处理中心于 2019 年 9 月 15 日发布的《第十八次计算机病毒和移动终端病毒疫情调查报告》显示,2018 年我国移动终端病毒感染率达 45.4%,比 2017 年上升 11.84%。移动终端感染病毒后,可能造成多种危害,其中位居前三的危害分别为影响手机正常运行、信息泄露、恶意扣费,占比分别达 72.3%、71.47% 和 58.11%。近期,移动互联网的恶意行为已从针对移动终端的系统破坏、恶意扣费、资费消耗等形式,逐步向强制推广、风险传播、越权收集等行为转变,与移动互联网相关的新型网络违法犯罪日益突出。

3. 移动互联网主要安全防护技术

根据移动互联网的特征和组成架构，移动互联网的安全问题可以分为三大部分：移动互联网终端安全、移动互联网网络安全和移动互联网应用安全，如图 3-41 所示[5]。

图 3-41　移动互联网安全架构

（1）移动互联网终端安全

智能移动终端已成为人们生活的必需品，移动终端的安全关系着我们最直接的信息和隐私安全，是不可忽视的安全要素。移动互联网终端安全主要包括移动终端硬件安全、终端操作系统安全、终端应用软件安全以及终端设备上的信息安全。

移动终端硬件包括基带芯片和物理器件，容易受到物理攻击，攻击者可能利用高科技手段（如探针、光学显微镜等方式）获取硬件信息。终端操作系统容易遭受各类恶意攻击，如攻击者会利用蠕虫病毒、木马病毒、恶意代码、钓鱼网站等破坏操作系统。终端应用软件存在病毒植入、身份认证、越权访问等安全威胁。终端设备中存储的用户数据和隐私信息存在被非法获取和篡改的安全威胁。

目前解决移动互联网终端安全问题的主要防护策略是引入可信计算技术，构造安全、可信的智能移动终端。推出终端查毒、杀毒等安全软件，利用病毒防护技术加强对木马后门、邮件病毒、恶意网页代码等主流病毒的过滤和拦截能力，加强对灰色软件、间谍软件及其变种的阻断能力。利用数字签名技术保障软件和数据的完整性，防止被非法篡改。利用密码加密技术对存储数据、传输数据进行加密，防止被非法窃取，保障用户信息的机密性。

（2）移动互联网网络安全

移动互联网网络安全包括设备与环境安全、传输安全和信息安全。移动互联网设备与环境安全主要是指路由器、接入网服务器等网络设备自身的安全性以及设备所处环境温度、湿度、电磁、访问控制等条件需要符合一定的标准要求，其安全受到自然环境的制约。传输安全主要是指接入网络服务基站、传输线路、空中接口等的安全性，容易遭受恶意破坏、非法窃听、接入等安全攻击。移动互联网信息安全主要指信息在空中接口传播、

IP 承载网和互联网等传递线路上的安全性,信息容易遭受非法获取、篡改、重放等安全攻击。

针对移动互联网网络安全存在的隐患,主要防护策略是增强网络设备操作系统、中间件、数据库、基础协议栈等的防攻击、防入侵能力,规范制定网络接入标准、设备电气化标准等,定时维护设备,并严格遵守设备的使用要求。采用双向身份认证、访问授权机制、安全协议和密码算法等方式确保合法用户可以正常使用网络服务,防止业务被盗用、冒名使用等情况的发生。利用入侵检测机制和加密技术为网络信息提供必要的隔离和隐私防护。

(3) 移动互联网应用安全

移动互联网应用包括复制于传统互联网和移动通信网络上的业务,以及由移动通信网络与传统互联网相互融合所产生的创新型业务。目前的移动互联网业务包括利用移动智能终端获取的移动 Web、移动搜索、移动浏览、移动支付、移动定位、移动导航、移动在线教育、在线电子商务、在线游戏、移动即时通信、移动广告等业务。

由于移动互联网业务种类繁多、应用形态多样、用户规模庞大、生态环境复杂,使得移动互联网应用安全面临更严峻的威胁。应用访问控制采用安全隧道技术,可为应用系统提供严格统一的基于身份令牌和数字证书的身份认证机制。基于属性证书的访问权限控制,可以有效地防止攻击者对资源的非授权访问。利用名单过滤技术、关键词过滤技术、图像过滤技术、模板过滤技术和智能过滤技术等可对不良的 Web 内容、垃圾邮件、恶意短信等进行过滤。

(4) 移动互联网安全管理和规范

移动互联网已成为信息产业中发展快速、竞争激烈、创新活跃的重点领域之一,正迅速地向经济、社会、文化等多个领域广泛渗透。移动互联网的持续健康快速发展,对推动技术进步、促进信息消费、推进信息领域供给侧结构性改革具有重要意义。统一的行业标准、规范和协议是推动移动互联网发展的关键环节。近年来,我国已制定了关于移动互联网的相关法律、法规和标准。未来我国还须不断完善和优化综合标准化技术体系,加强与国际标准化组织的交流与合作,推动我国移动互联网标准国际化的进程。

3.4.3　物联网安全

物联网安全

1. 物联网的概念

物联网(The Internet of Things,IoT)是指通过各种信息传感器、射频识别技术、全球定位系统、红外感应器、激光扫描器等装置与技术,实时采集需要监控、连接、互动的物体或过程,采集其声、光、热、电、力学、化学、生物、位置等需要的信息,通过各种可能的网络接入,进行物与物、物与人的泛在连接,实现对物品和过程的智能化感知、识别和管理[6]。物联网是一个基于互联网、传统电信网等的信息承载体,它让所有能够被独立寻址的普通物理对象实现互连互通[7]。

物联网的理念最早由比尔·盖茨在 1995 年出版的《未来之路》中提出。2005 年,国际电信联盟发布了《ITU 互联网报告 2005:物联网》。报告指出,物联网时代即将来临,世界上所有的物体从轮胎到牙刷,从房屋到纸巾都可以通过互联网进行信息交换。随后,世界各国相继将发展物联网提上日程，并制定了详细的规划。

物联网形式多样，技术复杂。根据信息生成、传输、处理和应用的原则，物联网可分为4层，即感知识别层、网络构建层、管理服务层和综合应用层[8]，如图3-42所示。

图 3-42　物联网组成架构

（1）感知识别层是物联网的核心技术，是物理世界和信息世界之间的桥梁和纽带。感知识别层包括射频识别（FRID），无线传感器和各种智能电子产品，对物质性质、环境状态、行为模式等信息进行大规模、长期、实时地获取。

（2）网络构建层的主要作用是把感知识别层设备接入互联网，供上层服务使用。互联网是物联网的核心网络，边缘的其他无线网络提供随时随地的网络接入服务。不同类型的无线网络适用于不同的应用场景，提供便捷的网络接入服务，是实现物物互联的重要基础设施。

（3）管理服务层在高性能计算和海量存储技术的支撑下，将大规模数据高效、可靠地组织起来，运用运筹学、数据挖掘、人工智能等技术为上层行业应用提供智能的支撑平台。

（4）综合应用层包括以数据服务为主要特征的文件传输、电子邮件等应用，以用户为中心的万维网、电子商务、视频点播、网络游戏等应用，以及物品追踪、环境感知、智能物流、智能交通、智慧家庭等应用。

物联网各层之间既相对独立又紧密联系。在综合应用层以下，同一层上的不同技术互为补充，适用于不同环境，构成该层技术的全套应对策略。而不同层次提供各种技术的配置和组合，根据应用需求，构成完整的解决方案。

2. 物联网面临的新安全挑战

近年来，物联网安全事件在全球范围内频频发生。2016 年 10 月，美国 DNS 管理优化提供商 Dyn 遭遇由暴露在互联网上大量存在弱口令漏洞摄像头组成的僵尸网络 Mirai 发起的 DDoS 攻击。2017 年 9 月，物联网安全研究公司 Armis 在蓝牙协议中发现了 8 个零日漏洞，这些漏洞影响了 50 多亿台物联网设备的安全运行。2018 年 5 月，思科 Talos 安全研究团队发现攻击者利用恶意程序 VPNFilter 感染了全球 54 个国家超过 50 万台路由器和 NAS 设备等。

目前，国家、企业及个人尚未树立起足够强的物联网安全与隐私保护意识。同时，大部分厂商认为额外的安全措施不会提高设备自身的市场价值，只会增加其生产成本。因此，许多厂商在产品销售后并不为用户提供补丁和更新服务，从而导致现有物联网设备长期存在默认口令、明文传输密钥等大量高危漏洞[8]。

以如图 3-42 所示的物联网组成架构为基础，各层面临的安全挑战[9-10]如下。

(1) 感知识别层面临的主要安全挑战。

- 网关节点被攻击者控制，安全性全部丢失。
- 普通节点被攻击者控制（如攻击者掌握普通节点密钥）。
- 普通节点被攻击者捕获（但攻击者没有得到普通节点密钥）。
- 普通节点或者网关节点遭受来自网络的 DOS 攻击。
- 接入物联网的超大量传感器节点的标识、识别、认证和控制问题。

(2) 网络构建层面临的主要安全挑战。

- DOS 攻击、DDOS 攻击。
- 假冒攻击、中间人攻击等。
- 跨异构网络的网络攻击。

(3) 管理服务层面临的主要安全挑战。

- 来自于超大量终端的海量数据的识别和处理。
- 智能变为低能。
- 自动变为失控。
- 灾难控制和恢复。
- 非法人为干预。
- 设备（特别是移动设备）丢失。

(4) 综合应用层面临的主要安全挑战。

- 如何根据不同访问权限对同一数据库内容进行筛选。
- 如何提供用户隐私信息保护，同时又能正确认证。
- 如何解决信息泄露追踪问题。
- 如何进行计算机取证。
- 如何销毁计算机数据。
- 如何保护电子产品和软件的知识产权。

3. 物联网主要安全防护技术

物联网的健康发展需要信息安全保护技术提供安全保障，但传统的信息安全技术不能直接移植应用，需要重新搭建物联网安全架构并在此架构下采用适用的具体方案。本节以如图 3-42 所示的物联网组成架构为基础,讨论相关安全技术[9-10]。

(1)感知识别层安全。

在感知识别层的传感网内部,需要有效的密钥管理机制,用于保障传感网内部通信的机密性和认证性。机密性需要在通信时建立一个临时会话密钥,而认证性可以通过对称密码或非对称密码方案解决。使用非对称密码技术的传感网一般具有较好的计算和通信能力,并且对安全性要求更高。当传感网节点资源受限时,需要轻量级安全技术[9]。

(2)网络构建层安全。

网络构建层的安全架构主要包括节点认证、数据机密性、完整性、数据流机密性等,可通过跨域认证和跨网认证、端对端加密、支持组播和广播的密码算法和安全协议等技术保障。网络构建层还应考虑传统网络中 DDOS 攻击的检测与预防。

(3)管理服务层安全。

物联网管理服务层主要的安全技术包括高强度数据机密性和完整性服务,入侵检测和病毒检测,恶意指令分析和预防,访问控制及灾难恢复机制,保密日志跟踪和行为分析,恶意行为模型的建立,移动设备文件(包括机密文件)的可备份和恢复,移动设备识别、定位和追踪机制等。

(4)综合应用层安全。

综合应用层主要的安全技术包括有效的数据库访问控制和内容筛选机制,不同应用场景的隐私信息保护技术,叛逆追踪和其他信息泄露追踪机制,有效的计算机取证技术,安全的计算机数据销毁技术,安全的电子产品和软件知识产权保护技术。

物联网的安全问题不仅是技术问题,还会涉及教育、信息安全管理、口令管理等非技术因素。在物联网的设计和使用过程中,除了需要加强技术手段提高物联网安全的保护力度外,还应注重对物联网安全有影响的非技术因素,从整体上降低信息被非法获取和使用的几率。

 习题

一、填空题

1. 安全性攻击可以划分为_____和_____。

2. X.800 定义的 5 类安全服务是_____、_____、_____、_____和_____。

3. X.800 定义的 8 种特定的安全机制是_____、_____、_____、_____、_____、_____、_____和_____。

4. X.800 定义的 5 种普遍的安全机制是_____、_____、_____、_____和_____。

5. 防火墙可以分为_____、_____、_____、_____、_____、_____和_____ 7 种类型。

6. 静态包过滤防火墙工作于 OSI 模型的_____层上,它对数据包的某些特定域进行检查,这些特定域包括_____、_____、_____、_____和_____。

7. 根据数据的来源不同,IDS 可分为＿＿＿＿＿、＿＿＿＿＿和＿＿＿＿＿三种类型。

8. 一个通用的 IDS 模型主要由 ＿＿＿＿＿、＿＿＿＿＿、＿＿＿＿＿和＿＿＿＿＿ 4 部分组成。

9. 根据访问方式的不同,VPN 可以分为＿＿＿＿＿和＿＿＿＿＿两种类型。

10. VPN 的关键技术包括＿＿＿＿＿、＿＿＿＿＿、＿＿＿＿＿、＿＿＿＿＿和＿＿＿＿＿等。

二、思考题

1. 基本的安全威胁有哪些?

2. 主动攻击和被动攻击有何区别?请举例说明。

3. 网络攻击的常见形式有哪些?请逐一加以评述。

4. 请简述安全服务与安全机制之间的关系。

5. 防火墙一般有几个接口?什么是防火墙的非军事区?它的作用是什么?

6. 防火墙有什么局限性?只靠防火墙是否能确保某个单位的网络安全?

7. 入侵检测系统的定义是什么?

8. 入侵检测系统按照功能可分为哪几类?有哪些主要功能?

9. 简述 NIDS、HIDS 和 DIDS 三种类型 IDS 之间的区别。

10. IPSec VPN 有哪两种工作模式?如何通过数据包格式区分这两种工作模式?

11. 请比较 TLS VPN 与 IPSec VPN 之间的异同点。

12. 你认为 IPSec VPN 与 SSL VPN 之间可以相互替代吗?为什么?

参考文献

[1]　Waidner M, Kasper M. Security in industrie 4.0-challenges and solutions for the fourth industrial revolution[C]. 2016 Design, Automation & Test in Europe Conference & Exhibition (DATE). IEEE, 2016: 1303-1308.

[2]　危光辉. 移动互联网概论[M]. 2 版. 北京:机械工业出版社, 2018.

[3]　肖云鹏,刘宴兵,徐光侠. 移动互联网安全技术解析[M]. 北京:科学出版社, 2015.

[4]　中国互联网络信息中心. 第 45 次《中国互联网络发展状况统计报告》[R/OL]. [2020-06-03]. http://www.cac.gov.cn/2020-04/27/c_1589535470378587.htm.

[5]　梁晓涛,汪文斌. 移动互联网[M]. 武汉:武汉大学出版社, 2013.

[6]　刘陈,景兴红,董钢. 浅谈物联网的技术特点及其广泛应用[J]. 科学咨询, 2011,(9):86-86.

[7]　刘云浩. 物联网导论[M]. 北京:科学出版社, 2017.

[8]　张玉清,周威,彭安妮. 物联网安全综述[J]. 计算机研究与发展, 2017,54(10):2130-2143.

[9]　武传坤. 物联网安全关键技术与挑战[J]. 密码学报, 2015,2(1):40-53.

[10]　武传坤. 物联网安全架构初探[J]. 中国科学院院刊, 2010,25(4):411-419.

第 4 章

系统安全基础

操作系统
与安全

4.1 系统安全概述

4.1.1 操作系统与安全

操作系统（Operating System，OS）是信息系统的基础，操作系统的用户安全直接影响信息系统的安全。从用户角度，操作系统分为单用户单任务操作系统、单用户多任务操作系统、多用户多任务分时操作系统。

（1）单用户单任务操作系统是指一台计算机同时只能有一个用户在使用，该用户一次只能提交一个作业，一个用户独自享用系统的全部硬件和软件资源。

（2）单用户多任务操作系统是指一台计算机同时只能有一个用户在使用，该用户一次可以提交多个作业，一个用户独自享用系统的全部硬件和软件资源。

（3）多用户多任务分时操作系统允许多个用户共享同一台计算机的资源，即在一台计算机上连接几台甚至几十台终端机，终端机可以没有自己的 CPU 与内存，只有键盘与显示器，每个用户都通过各自的终端机使用这台计算机的资源，计算机按固定的时间片轮流为各个终端服务。

Windows 和 Linux 是两类常用的操作系统。Windows 系统是微软公司开发的，在个人计算机中占据着绝对主流的地位，最为典型的代表有 Windows 98、Windows XP、Windows 7、Windows 10。Linux 系统是开源免费的，作为最主要的服务器操作系统被广泛应用，最为典型的代表有 Ubuntu、CentOS、Fedora、Debian。

操作系统提供管理计算机硬件与软件资源的基本功能，同时面临安全威胁[1]。Windows XP 之后的操作系统名义上都是多用户多任务操作系统，但它们并没有实现用户之间的数据隔离。用户之间的数据都可以通过技术手段访问，因此用户提权类型的安全漏洞层出不穷。Windows 的用户账户用于识别计算机用户身份，且本地用户账户和密码信息是存储在本地计算机上的。通过本地用户和组，可以为用户和组分配权限，从而限制用户和组执行某些操作的能力。不同的用户身份拥有不同的权限，每个用户包含一个名称和一个密码，用户账户拥有唯一的安全标识符（Security Identifier，SID）。组账户是一些用户的集合，且组内的用户自动拥有组所设置的权限。Windows 的默认用户账户用于特殊用途，一般不用修改其权限。Administrator 管理员用户管理计算机（域）的内置账户,DefaultAccount 默认账户是系统管理的用户账户,Guest 是提供给来访人员使用的访问用户。

Linux 是真正的多用户多任务操作系统,可以允许多个用户在系统上执行不同的任务。Linux 的用户一般分为超级用户、普通用户和虚拟用户。将具有相同权限的用户统一到一个组中,可以方便权限的管理。如果多个用户都具有修改数据库的权限,那么可以将他们放在同一个组中,对这个组赋予修改数据库的权限。用户与组不是一一对应的,一个用户可以存在于多个组中,一个组可以包含多个用户。在 Linux 操作系统中,超级用户 Root 具有对所有事物完全访问的权限,甚至包括内核存储器。系统中很多软件需要启动并运行在 Root 账号下,如守护进程。而且,在标准的 Linux 系统中,Root 可以加载缺少安全控制的 Linux 内核模块。因此,Root 是很危险的账号,一旦它被黑客利用,会对系统造成严重的威胁。

以 Linux 为例,用户安全的主要安全问题涉及如何获得 Root 权限来实现对系统的控制,具体的安全问题如下。

(1) 缓冲区溢出:由于 C 语言缺少数组边界检查,因此会产生缓冲区溢出边界的现象。对于系统软件,也就是命令、守护进程和 C 语言编写的库,由于很少会在调用像 sprintf 或 strcpy 这样可能导致缓冲区溢出的函数之前实施所有可能的检查,从而使得它们成为基于缓冲区溢出攻击的明显目标,尤其是当这些软件产生具有超级用户特权的进程时会引起更严重的问题。

(2) SetUID 问题:利用 SetUID 临时授权给一个普通用户的 Root 特权。恶意用户可以在有 Root 权限时为其使用的程序设置 SetUID 位,之后就可以以普通用户登录运行该程序,这种行为有很大的隐蔽性,极具安全隐患。

(3) 网络攻击:远程用户可以利用现存的网络工具来获得对服务器的控制权限。如果主机运行了有漏洞的应用程序,当攻击者具有和应用程序连接的端口时,攻击者就可以利用这个漏洞获得 Root 权限,从而控制远程主机。

4.1.2　数据库系统与安全

数据库系统与安全

数据库(DataBase,DB)由数据库管理系统(DataBase Management System,DBMS)提供统一的数据保护功能,保证数据的安全可靠和正确有效。数据库的安全性是指保护数据库以防止非法使用所造成的数据泄露、更改或破坏。安全性问题不是数据库系统所独有的,所有计算机系统都存在不安全因素,只是在数据库系统中由于大量数据集中存放、众多用户直接共享,从而使安全性问题更加突出。

SQL Server、Sybase ASE、DB2、Oracle 是主流的数据库系统。SQL Server 适用于 Windows 平台,Sybase ASE 一般运行于 UNIX 平台,DB2 适于海量数据,Oracle 能在所有主流平台上运行,完全支持所有的工业标准,采用完全开放策略。

在传统的信息安全防护体系中,数据库处于被保护的核心位置,同时数据库自身已经具备安全措施,从表面上看足够安全。随着攻击者的攻击手段不断增加,单纯的数据库防护解决不了所有问题,数据库受到很多因素的安全威胁[2]。

(1) 授权用户的非故意错误

由于不慎而造成意外删除或泄露,非故意地规避安全策略。授权用户无意访问敏感数据并错误地修改或删除信息时,就会发生第一种风险。用户做了非授权的备份时,就会发生第二种风险。虽然这不是恶意行为,但它违反了安全策略,造成数据存放到存储设备上。该设备遭到恶意攻击时,就会导致非故意的安全事件。

(2) 非授权用户的恶意存取和破坏

攻击者在授权用户访问数据库时猎取用户名和用户口令,然后假冒合法用户偷取、修改甚至破坏用户数据。数据库管理系统提供的安全措施主要包括用户身份认证、访问控制和视图等技术。攻击者可以使用数据库的错误配置控制访问点,从而绕过认证方法并访问敏感信息。这种配置缺陷成为攻击者借助特权提升发动某些攻击的主要手段。如果没有重新正确设置,非特权用户就有可能访问未加密的文件,未打补丁的漏洞可能导致非授权用户访问敏感数据。

(3) 重要或敏感的数据泄露

为了防止数据泄露,数据库管理系统提供了强制访问控制、数据加密存储和加密传输等主要技术。此外,在安全性要求较高的部门提供审计功能,通过分析审计日志,可以对潜在的威胁提前采取措施加以防范,对非授权用户的入侵行为及信息破坏情况能够进行跟踪,防止对数据库安全责任的否认。

(4) 安全环境的脆弱性

数据库的安全性与计算机系统的安全性,包括计算机硬件、操作系统、网络系统等的安全性是紧密联系的。操作系统安全的脆弱、网络协议安全保障的不足等都会造成数据库安全性的破坏。如今,攻击已经从公开的漏洞利用发展到更精细的方法。漏洞利用的脚本在数据库补丁发布的几小时内就可以被发到互联网上,使用漏洞利用代码,再加上补丁周期,实质上可以把数据库的大门完全打开。

4.1.3 信息系统安全需求

信息系统安全是指信息系统包含的所有软硬件和数据受到保护,不因偶然的或恶意的原因遭到破坏、更改和泄露,信息系统能连续正常运行。

在一般信息系统中,安全措施是一级一级设置的,其安全模型如图 4-1 所示。用户要求进入信息系统时,系统首先根据输入的用户标识进行用户身份认证,只有合法的用户才准许进入信息系统;对于已经进入系统的用户,数据库管理系统还要进行访问控制,只允许用户执行合法操作;操作系统也会有自己的保护措施;数据最后还可以以密文形式存储到数据库中。

图 4-1 安全模型

安全机制是用于实现各种安全策略的功能集合,正是由这些安全机制来实现安全模型,进而实现保护系统安全的目标。

安全机制主要包括用户身份认证、访问控制、审计、视图和数据加密等技术。图 4-2 是信息系统安全保护的一个总体流程图。

图 4-2　信息系统安全保护的总体流程图

首先,系统对用户进行身份认证,防止不可信用户使用系统;然后进行自主访问控制和强制访问控制,进一步可以进行推理控制。为监控恶意访问,可根据具体安全需求配置审计规则,对用户访问行为和系统关键操作进行审计。通过设置简单入侵检测规则,对异常用户行为进行检测和处理。在数据存储层,数据库管理系统不仅存放用户数据,还存储与安全有关的标记和信息(称为安全数据),提供存储加密功能等。

信息系统本身存在着来自人文环境、技术环境和物理自然环境的安全风险,其安全威胁无时无处不在。对于大型信息系统的安全问题而言,不可能试图单凭一些集成了信息安全技术的安全产品来解决,而必须考虑技术、管理和制度的因素,全方位地综合解决系统安全问题,建立信息系统安全保障体系。

专业人员面对的是一个复杂多变的系统环境。例如,设备分布物理范围大,设备种类繁多;大部分最终用户信息安全意识贫乏;系统管理员对用户的行为缺乏有效的监管手段;少数用户恶意或非恶意滥用系统资源;基于系统性的缺陷或漏洞无法避免;各种计算机病毒层出不穷等,一系列的问题都严重威胁着信息系统的安全。因此,如何构建完善的信息系统安全防范体系以保障信息系统的安全运行,成为国家信息化建设发展过程中必须面对且亟须解决的课题。

4.2 系统安全模型

信息系统
的定义

4.2.1 信息系统的定义

从概念上讲,信息系统(Information System)在计算机之前就已经存在,在计算机和网络广泛应用之后加速发展。自20世纪初泰勒(Frederick Winslow Taylor)创立科学管理理论以来,与科学管理相关的方法和技术迅速发展。在与统计理论和方法、计算机技术、通信技术等领域相互渗透、相互促进的发展过程中,信息系统作为一个专门领域迅速形成。

信息系统是以处理信息流为目的,由计算机硬件、网络与通信设备、计算机软件、信息资源、信息用户和规章制度组成的一体化系统。简单地说,信息系统就是对输入数据/信息加工处理产生信息的系统[3-5]。

信息系统是任何组织中都有的一个子系统,用于生产和管理服务。对于从事物质生产及具体工作的部门来说,它总是管理或控制系统中的一部分,同时也渗透到组织的每一个部门当中。

信息系统的作用与其他系统有些不同,它不从事某一具体的实物性工作,而是关系全局的协调一致。因而信息系统的运转情况与整个组织的效率密切相关。

信息系统主要有5个基本功能:输入、存储、处理、输出和控制,具体如下。

(1) 输入功能:决定于系统所要达到的目的、系统的能力和信息环境的许可。

(2) 存储功能:系统存储各种信息资料和数据的能力。

(3) 处理功能:进行核对、变换、分类、合并、更新、检索、抽出、分配、生成和计算等处理。

(4) 输出功能:信息系统的各种功能都是为了保证最终实现最佳的输出功能。

(5) 控制功能:对构成系统的各种信息处理设备进行控制和管理,对整个信息加工、处理、传输、输出等环节通过各种程序进行控制。

可见,信息系统是一门新兴的科学,其主要任务是最大限度地利用现代计算机及网络通信技术加强信息管理,建立正确的数据,对数据加工处理并编制成各种信息资料及时提供给管理人员,以便进行正确的决策,不断提高管理水平和经济效益。

一般来说,信息系统具有4个特性,具体如下。

(1) 整体特性:信息系统在功能内容上体现出的整体性,以及在开发和应用技术步骤上的整体性。它要求即使实际开发的功能仅是组织中的一项局部管理工作,也必须从全局的角度规划系统的功能。

(2) 辅助管理:应用信息系统辅助业务人员进行管理,提交有用的报告和方案来支持领导人员做出决策。因而,人员管理工作必须要有相应的管理思想、方式和流程。

(3) 以计算机为核心:信息系统是人机系统,与信息处理的其他人工手段有明显区别。

(4) 动态特性:信息系统既具有时效性,也具有关联性。当系统的某一要素(如系统的目标)发生变化时,整个系统也必须随之发生变化。因而信息系统的建立并不是一劳永逸的,还需要在实际应用中不断地完善和更新,以延长系统正常运行时间,提高系统效益。

4.2.2　系统安全基础模型

系统安全
基础模型

本节结合系统的不同安全目标和应用需求[6,11],概括介绍系统安全的几类基础模型。

1. Bell-LaPadula 模型

Bell-LaPadula 模型,简称 BLP 或贝-拉模型,是 20 世纪 70 年代美国军方提出的用于解决分时系统的信息安全和保密问题的方法。该模型主要用于防止保密信息被未授权的主体访问,即保密性问题。它给出了军事安全策略的一种数学描述,是用计算机可实现的方式定义的,已为许多操作系统所使用。

BLP 属于强制访问控制(Mandatory Access Control,MAC)模型,用于在政府和军事应用中实施访问控制。BLP 当初设计出来被用于规范美国国防部的多级安全(Multi-Level Security,MLS)策略。

BLP 是第一个形式化安全策略的数学模型,用状态变量表示系统的安全状态,用状态转换规则来描述系统的变化过程。

BLP 模型的系统会对系统的用户(主体)和数据(客体)做相应的安全标记,不同级别和模型的设计被用于限制主体对客体的访问操作,加强了访问控制的信息保密性,因此又被称为多级安全系统。

BLP 模型有以下三条强制的访问规则。

(1) 简单安全性规则(Simple Security):表示低安全级别的主体不能从高安全级别的客体读取数据。

(2) 星属性规则(Star Property):表示高安全级别的主体不能对低安全级别的客体写数据。

(3) 强星属性规则(Strong Star Property):表示一个主体可以对相同安全级别的客体进行读和写操作。

所有的 MAC 系统都是基于 BLP 模型,因为它允许在代码里面整合多级安全规则,主体和客体会被设置安全级别,当主体试图访问一个客体时,系统比较主体和客体的安全级别,然后在模型里检查操作是否合法和安全。图 4-3 是对 BLP 模型的简要描述。

(1) 当安全级别为机密的主体访问安全级别为绝密的客体时,简单安全性规则生效,此时主体对客体可写不可读,即对上能提供数据,但不能对上获取数据,以保证高密级的保密性。

(2) 当安全级别为机密的主体访问安全级别为机密的客体时,强星属性规则生效,此时主体对客体可写可读,即同级可读可写,同级认为是被信任的。

(3) 当安全级别为机密的主体访问安全级别为未分类的客体时,星属性规则生效,此时主体对客体可读不可写,即对下获取下级的数据,不能为下级提供数据,以避免数据非法泄露。

BLP 模型使用了主体、客体、访问操作(读,写,读/写)以及安全级别等概念,当主体

图 4-3　BLP 模型

和客体位于不同的安全级别时,主体对客体就存在一定的访问限制。实现该模型后,它能保证信息不被不安全的主体所访问,即 no read up,no write down(不上读,不下写)。

BLP 模型的优点在于:①最早对多级安全策略进行描述;②属于严格形式化的模型,给出了形式化的证明;③既有自主访问控制,又有强制访问控制;④控制信息只能由低向高流动,能满足军事部门等一类对数据保密性要求特别高的机构的需求。

BLP 模型的缺点在于:①低安全级的信息向高安全级流动,可能破坏高安全客体中数据的完整性,被病毒和黑客利用;②只要信息由低安全级向高安全级流动即合法(高读低),不管工作是否有需求,不符合最小特权原则;③高级别的信息大多是由低级别的信息组装而成的,需要解决推理控制的问题。

2. Biba 模型

Biba 模型简称毕巴模型,是在 BLP 模型之后开发的,它跟 BLP 模型很相似,被用于解决应用程序数据的完整性问题。BLP 模型使用安全级别(绝密、机密、秘密等),这些安全级别用于保证敏感信息只被授权的个体所访问。Biba 模型不关心信息保密性的安全级别,因此它的访问控制不是建立在安全级别上,而是建立在完整性级别上。

Biba 模型能够防止数据从低完整性级别流向高完整性级别,与 BLP 模型一样,Biba 模型也有三条规则提供这种保护。

(1)星完整性规则(∗-Integrity Axiom):表示完整性级别低的主体不能对完整性级别高的客体写数据。

(2)简单完整性规则(Simple Integrity Axiom):表示完整性级别高的主体不能从完整性级别低的客体读取数据。

(3)恳求属性规则(Invocation Property):表示一个完整性级别低的主体不能从级别高的客体调用程序或服务。

图 4-4 是对 Biba 模型的简要描述。

(1)当完整性级别为中完整性的主体访问完整性级别为高完整性的客体时,星完整性规则和恳求属性规则生效,此时主体对客体可读不可写,也不能调用主体的任何程序和服务,即对上获取数据,但不能对上提供数据。

(2)当完整性级别为中完整性的主体访问完整性级别为中完整性的客体时,此时主体对客体可写可读,即同级可读可写。

图 4-4　Biba 模型的主客体关系

（3）当完整性级别为中完整性的主体访问完整性级别为低完整性的客体时，简单完整性规则生效，此时主体对客体可写不可读。

Biba 模型能够解决完整性问题。能上读，不能上写，即低完整性的数据会破坏高完整性的数据，可以看高完整性的数据；能下写，不能下读，即避免读取了低完整性数据，而破坏高完整性的数据。

3. Chinese Wall 模型

Chinese Wall 模型简称中国墙或长城模型，由 David F.C. Brewer（戴维·布鲁尔）和 Michael J. Nash（迈克尔·纳什）提出，是一种同等考虑保密性和完整性的访问控制模型，主要用于解决商业应用中的利益冲突问题，它在商业领域的应用与 BLP 模型在军事领域的作用相当。

与 BLP 模型不同，访问数据不是受限于数据的属性（密级），而是受限于主体已经获得了对哪些数据的访问权限。Chinese Wall 模型的主要设计思想是将一些有可能会产生访问冲突的数据分成不同的数据集，并强制所有主体最多只能访问一个数据集，而选择访问哪个数据集并未受强制规则的限制。具体特点如下。

（1）主体只有在不能读取位于不同数据集内的某个客体时才能写另一个客体。

（2）提供根据用户先前的活动而动态改变其访问控制权限。

（3）防止用户访问被认为有利益冲突的数据。

（4）同一时间只能读取一个数据。

在 Chinese Wall 模型中，客体分为无害客体和有害客体两种，其中，无害客体为可以公开的数据，有害客体为会产生利益冲突、需要限制的数据。

Chinese Wall 模型通常用于证券交易或者投资公司的经济活动中，其目的是为了防止利益冲突的发生。例如，交易员代理两个客户投资，并且这两个客户的利益相互冲突，利用该模型的安全策略，可以防止交易员为了帮助其中一个客户盈利，而导致另一个客户损失。

4. Merkle Tree 模型

Merkle Tree 模型简称 Merkle 树、默克尔树、莫科尔树或哈希树模型，是由美国计算机科学家拉尔夫·默克尔（Ralph Merkle）在 1979 年提出，是一种通过零知识证明的方法让任意一个结点都可以验证一个数据库的所有数据是否正确的方法。

Merkle 树的特点如下。

（1）Merkle 树是一种树，大多数是二叉树，也可以是多叉树，无论是几叉树，它都具有树结构的所有特点。

（2）Merkle 树的叶子节点的值是数据集合的单元数据或者单元数据哈希值。

（3）非叶子节点的值是根据它下面所有的叶子节点值，按照哈希算法计算得出。

通常，加密的哈希算法采用 SHA-2 或者 MD5。如果仅防止数据不是蓄意的损坏或篡改，可以采用一些安全性低但效率高的校验和算法，如 CRC（Cyclic Redundancy Check，循环冗余校验码）。

Merkle 树可以看作哈希列表的泛化，反之，哈希列表可以看作一种特殊的 Merkle 树，即树高为 2 的多叉 Merkle 树，如图 4-5 所示。

图 4-5　Merkle 树

在最底层，Merkle 树将数据分成小的数据块，相应的哈希值和它对应。往根上走，是把相邻的两个哈希值合并成一个字符串，然后计算这个字符串的哈希值，这样每两个哈希值就结合得到了一个"子哈希值"。如果最底层的哈希值总数是单数，那到最后必然出现一个单个哈希值，这种情况就直接对它进行哈希运算，所以也能得到它的子哈希值。采用同样的方式，可以得到数目更少的新一级哈希值，最终形成一棵倒挂的树，到了树根的这个位置，就剩下一个根哈希值，可以称为 Merkle Root（Merkle 树根）。

在 P2P（Peer to Peer）网络环境中，彼此连接的多台计算机之间都处于对等的地位，各台计算机有相同的功能，一台计算机既可作为服务器，设定共享资源供网络中其他计算机所使用，又可以作为工作站，整个网络一般来说不依赖专用的集中服务器，也没有专用的工作站。P2P 网络应用 Merkle 树可以实现高效的存储、传输和下载。通常,在 P2P 网络下载文件之前,先从可信的源获得文件的 Merkle 树根,然后可以从其他不可信的源获取 Merkle 树。通过可信的树根来检查接收到的 Merkle 树,如果 Merkle 树是损坏的或者虚假的,就从其他源获得另一个 Merkle 树,直到获得一个与可信树根匹配的 Merkle 树。

5. Clark-Wilson 模型

Clark-Wilson 模型简称 C-W 模型或克威模型,继 Biba 模型之后被提出,专为商用设计,以保护信息的完整性,其核心目的是防止合法用户做非法操作。

完整性的目标是防止未授权的用户进行修改,防止授权用户进行不正确的修改,维护内部和外部的一致性。针对商用的数据库场景,数据与操作是紧密联系的。因此,C-W 模型既考虑数据完整性,也考虑数据操作的完整性。

数据的完整性是指:如果数据满足给定的条件,则称数据处于一个一致性状态,在每次操作前和操作后,数据都必须满足这个一致性条件。

系统的一个事务处理就是一系列操作,使系统从一个一致性状态转移到另一个一致性状态。

数据操作的完整性是指:需要有人检查和验证事务处理是否被正确执行,一个事务需要两个或两个以上不同的人来执行,如果要使用一个事务处理来破坏数据,必须有两个不同的人员犯错,或者他们合谋担保该事务处理已被正确实现。

C-W 模型将数据划分为两类:限制数据项(Constrained Data Items,CDI)和非限制数据项(Unconstrained Data Items,UDI)。CDI 是需要进行完整性控制的客体,而 UDI 不需要进行完整性控制。

C-W 模型定义了两种过程:一个是完整性验证过程(Integrity Verification Procedure,IVP),确认限制数据项处于一种有效状态,如果 IVP 检验 CDI 符合完整性约束,则称系统处于一个有效状态;另一个是转换过程(Transformation Procedure,TP),将数据项从一种有效状态改变至另一种有效状态。

为了达到并保持完整性,C-W 模型提出了证明规则和实施规则,证明规则由管理员来执行,实施规则是由系统执行。

具体过程如下。

(1) 对 CDI 进行操作的过程称为转换过程 TP。

(2) 为了确保对 CDI 的 TP 是有效的,需要授权用户进行 TP 的认证。

(3) 为了防止合法用户对 CDI 做非法或错误操作,将 TP 过程分为多个子过程,将每个子过程授权给不同的用户;如果 TP 的每个子过程被授权的用户之间存在某种利益同盟,则可能存在欺骗,从而不能保证 CDI 的完整性。

C-W 模型设计的初衷是为实现防止非授权访问设置了 CDI 和 UDI,为避免出现授权用户的非法访问设置了 TP。当用户需要访问受保护的数据项时,不是直接访问,而是需要使用 TP 代理来访问,通过职责分离(事务处理、检查和验证分别由不同的人完成)降低授权用户对非授权内容操作的可能性。

4.3　系统安全关键技术

访问控制技术

4.3.1　访问控制技术

1. 基本问题

操作系统访问控制的关键问题包括系统主体/客体的完全标记、访问控制逻辑、系统兼容性及执行效率等方面。

（1）主体/客体的完全标记。根据 GB 17859—1999 中对四级以上安全操作系统的规定，高安全级别操作系统要求强制访问控制的覆盖范围达到完全访问控制的要求。具体地说，四级操作系统要求可信计算机对外部主体能够或直接访问的所有资源实施强制访问控制。标记是实施访问控制的基础，即将系统的所有主体（如用户、进程）、客体（如进程、存储客体和输入/输出资源）与其相应的安全标记进行绑定。

（2）访问控制逻辑。通过分析 BLP、Biba 等访问控制模型，根据系统的实际需求，综合各类模型的侧重点，设计访问控制逻辑，并在操作系统中应用，实现对可执行程序以及文件的访问控制。

（3）系统兼容性及执行效率。对系统内核中的主体/客体增加安全标记，以及强制访问控制逻辑来增强系统安全的同时，由于应用系统的内核安全机制，原有系统调用的用户接口保持不变，所以安全性开发一般不影响系统的兼容性。由于在内核关键数据结构中加入了访问控制需要用到的安全标记，以及在系统执行流程的关键点上加入访问控制逻辑判断，所以系统的执行效率受到一定的影响。虽然安全操作系统追求的首要目标是系统的安全性而不是执行效率和通用性，在充分保证系统安全性的前提下，也应充分考虑系统执行效率。

2. 访问控制机制分类

传统的访问控制机制分为两种，即 DAC（Discretionary Access Control，自主访问控制）和 MAC（Mandatory Access Control，强制访问控制）。

（1）DAC 访问控制完全基于访问者和对象的身份。在 DAC 机制中，用户对不同的数据对象有不同的访问权限，还可以将其拥有的访问权限转授给其他用户。

（2）MAC 机制对于不同类型的信息采取不同层次的安全策略，对不同类型的数据来进行访问授权。在 MAC 机制中，访问权限不可以转授，所有用户必须遵守由管理员建立的安全规则，其中最基本的规则为"向下读取，向上写入"。

BLP 和 Biba 模型都属于 MAC 模型。其中，BLP 用于保护数据保密性，而 Biba 则针对数据完整性进行保护，之后是 Clark-Wilson 模型。

与传统访问控制机制相比，RBAC（Role-Based Access Control，基于角色的访问控制）是一种更加灵活的访问控制机制，既可以实现自主访问控制策略，又可以实现强制访问控制策略，如图 4-6 所示。它可以有效缓解传统安全管理处理瓶颈问题，被认为是一种普遍适用的访问控制模型，尤其适用于大型组织的有效的访问控制机制[12]。

图 4-6　基于角色的访问控制(RBAC)

RBAC 在主体和权限之间增加了一个中间桥梁——角色。权限被授予角色,而管理员通过指定用户为特定角色来为用户授权,从而大大简化了授权管理,具有强大的可操作性和可管理性。角色可以根据组织中的不同工作创建,然后根据用户的责任和资格分配角色,用户可以轻松地进行角色转换。随着新应用和新系统的增加,角色可以分配更多的权限,也可以根据需要撤销相应的权限。

RBAC 核心模型包含 5 个基本的静态集合,即用户集、角色集、权限集、对象集和操作集,以及一个运行过程中动态维护的集合,即会话集。用户集包括系统中可以执行操作的用户,是主动的实体;对象集是系统中被动的实体,包含系统需要保护的信息;操作集是定义在对象上的一组操作,对象上的一组操作构成了一个特权;角色则是 RBAC 模型的核心,通过用户分配和权限分配使用户与权限关联起来。

RBAC 支持公认的安全原则:最小特权原则、责任分离原则和数据抽象原则。

(1) 最小特权原则。在 RBAC 模型中可以通过限制分配给角色权限的多少和大小来实现,分配给与某用户对应的角色的权限只要不超过该用户完成其任务的需要就可以。

(2) 责任分离原则。在 RBAC 模型中可以通过在完成敏感任务过程中分配两个责任上互相约束的两个角色来实现。

(3) 数据抽象原则。借助于抽象许可权的概念实现,而不是使用操作系统提供的读、写、执行等具体的许可权。

RBAC 并不强迫实现这些原则,安全管理员可以允许配置 RBAC 使它不支持这些原则。因此,RBAC 支持数据抽象的程度与 RBAC 的实现细节有关。

3. 基本访问控制的实现方案

操作系统中最朴素的访问控制是用户对文件的访问控制。访问控制模型的三个基本要素是主体、客体和访问方式。在操作系统的访问控制体系中,用户是最直观的主体,文件是最直观的客体,最直观的访问方式则是用户执行的对文件的操作。

1) 访问权限的定义与表示

用户对文件的操作可以归纳为三种形式,即查看文件中的信息,改动文件中的信息或运行文件所表示的程序。与之相对应,可以为用户对文件的操作定义读、写和执行三种方式,分别用 r、w 和 x 三个字符来表示。也就是说,一个用户可以对一个文件进行 r、w、x 三种操作。

用户从操作系统中获得以某种方式对文件进行操作的许可,就是用户对文件进行访问的权限,因此用户可以拥有对文件进行 r、w、x 三种权限,拥有 r、w、x 权限分别表示操作系统允许用户对文件进行读、写、执行操作。

为了方便地进行访问控制，针对一个给定的文件，可以简单地把系统中的用户划分成三个用户域。其中，第一个域由文件的属主构成，称为属主域（Owner），只包含一个用户；第二个域由文件的属主的属组中的用户构成，称为属组域（Group），可包含一个或多个用户；第三个域由系统中属主和属组以外的所有用户构成，称为其余域（Other），包含多个用户。

将每个用户域中的用户看作一类用户，则系统中的用户便分成三类，分别是属主类、属组类和其余类。可以同时定义三类用户对一个文件的访问权限。一类用户对一个文件的访问权限可以由三个二进制位表示，因此，三类用户对一个文件的访问权限可以由9个二进制位表示。

根据"属主/属组/其余"的用户分类方法，对于系统中的任何一个用户，都必然有相应的用户类型与其对应。当一个用户试图访问一个文件时，只要为该文件定义了三类用户对它的访问权限，就一定能找到与该用户匹配的访问权限，从而控制该用户对该文件的访问。

因此，通过为操作系统中的每一个文件定义"属主/属组/其余"式的访问权限，可以实现操作系统中所有用户对所有文件的访问控制。操作系统可以为每个新创建的文件定义默认的访问权限。在自主访问控制中，文件的属主可以修改文件的访问权限。

2）访问控制算法

关于"属主/属组/其余"式的访问控制，属组的定义是文件的属主的属组，也可以称为文件的属组。该访问控制思想通过9个二进制权限位来表示用户对文件的访问权限，因而，也可以称为基于权限位的访问控制。

若操作系统采取"属主/属组/其余"式的访问控制思想对用户访问文件的行为进行控制，需要设计一个进行访问控制判定的算法。假设用户 U 请求对文件 F 进行 a 操作，其中，a 是 r、w 或 x，文件 F 的属主和属组分别为 U_0 和 G_0，按照以下步骤进行访问控制判定。

步骤 1：当 U 等于 U_0 时，如果文件 F 的9位权限位组的属主位组（由9位权限位组的左边3位组成）中与 a 对应的位为1，则允许 U 对 F 进行 a 操作；否则，不允许 U 对 F 进行 a 操作，判定结束。

步骤 2：当 G_0 是 U 的属组时，如果文件 F 的9位权限位组的属组位组（由9位权限位组的中间3位组成）中与 a 对应的位为1，则允许 U 对 F 进行 a 操作；否则，不允许 U 对 F 进行 a 操作，判定结束。

步骤 3：如果文件 F 的9位权限位组的其余位组（由9位权限位组的右边3位组成）中与 a 对应的位为1，则允许 U 对 F 进行 a 操作；否则，不允许 U 对 F 进行 a 操作。

算法首先确定用户是"属主""属组""其余"中的哪类用户，然后根据9位权限位组的对应位组为该类用户分配的权限进行判定。

传统 UNIX 操作系统的自主访问控制机制实现了对"属主/属组/其余"式的访问控制思想的支持。在操作系统中，进程才是真正活动的主体，进程在系统中代表用户进行工作，用户对系统的操作是由进程代其实施的。通常，可以借鉴用户的访问控制方法设计进程的访问控制方法,为进程设立用户标识和用户组标识属性,作为访问判定的依据。

4.3.2 文件加密技术

文件加密技术

1. 加密文件系统

近年,保护敏感数据不被泄露成为人们关注的热点问题。攻击者除了直接盗取物理存储设备,还可以通过网络攻击来窃取文件数据;由于共享的需求,多人访问敏感数据,也增大了信息泄露的可能性。对数据或文件进行加密已经成为一种公认的比较成功的保护方法。目前,研究人员已开发了许多成熟的加密算法,如 DES、AES、RSA 等,并且有一些应用程序使用这些加密算法,用户通过这些工具手工地完成加密、解密的工作。由于这些应用程序操作麻烦,缺少与系统的紧密结合,容易受到攻击,因此一般用户并不愿意使用。

加密文件系统通过将加密服务集成到文件系统这一层面来解决相关的问题[13,14]。加密文件的内容一般经过对称密钥算法加密后以密文的形式存放在物理介质上,即使文件丢失或被窃取,在加密密钥未泄露的情况下,非授权用户几乎无法通过密文逆向获得文件的明文,从而保证了安全性。与此同时,授权用户对加密文件的访问则非常方便。用户通过初始身份认证后,对加密文件的访问和普通文件没有什么区别,就好像该文件并没有被加密过,这是因为加密文件系统自动地在后台完成相关的加密和解密的工作。由于加密文件系统一般工作在内核态,普通的攻击难以奏效,更加适用于基于块设备的文件系统。

加密文件系统具有很多的优势,具体如下。

(1) 支持文件粒度的加密,用户可以选择对文件或目录加密。

(2) 用户可以完全透明地访问加密文件,应用程序不用关心文件是否被加密。

(3) 无须预先保留足够的空间,用户可以随时加密或恢复文件。

(4) 对单个加密文件更改密钥和加密算法比较容易。

(5) 不同的文件可以使用不同的加密算法和密钥,增大破解的难度。

(6) 只有加密文件才需要特殊的加密/解密处理,普通文件的存取没有额外开销。

(7) 加密文件转移到别的物理介质上时,没有额外的加密/解密开销。

2. 加密文件系统分类

加密文件系统可以分为两大类,具体如下。

(1) 一类是面向网络存储服务,通常是基于 NFS(Network File System,网络文件系统)的客户/服务器模型,称为网络加密文件系统。在网络加密文件系统中,数据以密文的方式保存在网络文件系统中,用户通过客户机服务进程与网络文件服务器交互,网络文件服务器负责将用户请求的密文传递到客户机服务进程,由客户机服务进程进行解密再交给应用程序。在这类模型中,只要求客户机操作系统是可信的,而由于网络服务器不接触明文数据,不要求其可信。

(2) 另一类是面向计算机本地存储服务,称为本地加密文件系统。密文数据直接存放在本地物理介质上(如硬盘、U 盘等),由操作系统或服务进程完成数据的读取、加密/解密工作。本地加密文件系统的目标是应对存储介质失窃的威胁,安全模型同样将加密文件系统所在的操作系统视为可信。

其中,本地加密文件系统又可以细分为两小类,具体如下。

(1) 一类是在原有的普通文件系统上直接加入加密功能,如 Reiser4,但是现有的 Ext2、Ext3 等常用文件系统并不支持加密功能,因此用户不得不转换整个文件系统。

(2) 另一类是堆叠式加密文件系统(Stackable Cryptographic File System)。这种加密文件系统可以看成一个加密/解密的转换层,而并不是一个真实的全功能文件系统。堆叠式加密文件系统没有相应的磁盘布局,也不实现数据在物理介质上存取的功能。它必须架构在别的普通文件系统之上,读加密文件时先通过下层普通文件系统将文件的密文读入内存,解密后再将明文返回到上层的用户进程;写加密文件时先将内存中的明文加密,然后传给下层普通文件系统,由它们真正地写入物理介质。堆叠式加密文件系统的优势在于实现相对容易且用户可以任意选择下层的普通文件系统来存放加密文件。

3. 加密文件系统的实现方案

1) Linux eCryptfs 设计原理

eCryptfs 是在 Linux 内核 2.6.19 版本中一个功能强大的企业级加密文件系统,通过堆叠在其他文件系统之上,为应用程序提供透明、动态、高效和安全的加密功能。本质上,eCryptfs 就像一个内核版本的 Pretty Good Privacy(PGP)服务,插在 VFS 和下层物理文件系统之间,充当一个"过滤器"的角色。用户应用程序对加密文件的写请求,经系统调用层到达 VFS 层,VFS 转给 eCryptfs 文件系统组件处理,处理完毕后,再转给下层物理文件系统;读请求(包括打开文件)流程则相反。

eCryptfs 的设计受到 OpenPGP 规范的影响,使用了两种方法来加密单个文件:①eCryptfs 使用一种对称密钥加密算法来加密文件的内容,推荐使用 AES-128 算法,文件加密密钥(File Encryption Key,FEK)随机产生。而有些加密文件系统为多个加密文件或整个系统使用同一个 FEK,这样会损害系统安全性。如果 FEK 泄露,多个或所有的加密文件将被轻松解密;如果部分明文泄露,攻击者可能推测出其他加密文件的内容;攻击者可能从丰富的密文中推测 FEK。②eCryptfs 使用用户提供的口令(Password)、公开密钥算法(如 RSA 算法)或可信平台模块(Trusted Platform Module,TPM)的公钥来加密保护 FEK。如果使用用户口令,则口令先被哈希函数处理,然后再使用一种对称密钥算法加密 FEK。口令/公钥称为文件加密密钥的加密密钥(File Encryption Key Encryption Key,FEFEK),加密后的 FEK 称为加密的文件加密密钥(Encrypted File Encryption Key,EFEK)。由于允许多个授权用户访问同一个加密文件,因此 EFEK 可能有多份。

这种综合的方式既保证了加密解密文件数据的速度,又极大地提高了安全性。虽然文件名没有数据那么重要,但是入侵者可以通过文件名获得有用的信息或者确定攻击目标,因此,最新版的 eCryptfs 支持文件名的加密。

eCryptfs 加密文件系统的架构如图 4-7 所示。eCryptfs Layer 是一个比较完备的内核文件系统模块,但没有实现在物理介质上存取数据的功能。在 eCryptfs Layer 自己的数据结构中,加入了指向下层文件系统数据结构的指针,通过这些指针,eCryptfs 就可以存取加密文件。

图 4-7　eCryptfs 加密文件系统的架构图

2）Windows EFS 设计原理

EFS 加密文件系统是存在于 Windows 2000 以上版本中,用于在 NTFS 文件系统卷上存储已加密的文件。使用 EFS,类似于使用文件和文件夹上的权限。通过为文件夹和文件设置加密属性,可以对文件夹或文件进行加密和解密。如果加密一个文件夹,则在加密文件夹中创建的所有文件和子文件夹都自动加密。获得未经许可的加密文件和文件夹物理访问权的攻击者将无法阅读文件和文件夹中的内容。如果攻击者试图打开或复制已加密文件或文件夹,将收到拒绝访问消息。EFS 加密是基于公钥密码体制实现的,在访问加密的文件时,系统利用当前用户的私钥进行解密。EFS 加密系统对加密的用户是完全透明的,在当前用户下感觉到它的存在,唯一的不同就是文件在系统中显示为绿色。EFS 加密机制和操作系统紧密结合,不需要为了加密数据安装额外的软件。EFS 集成到文件系统,因此一个恶意的用户不能绕过文件系统访问到硬盘,所有运行在内核模式的EFS 驱动程序不能由用户直接访问。

EFS 可以被认为是 NTFS 以外的第二层防护,为访问一个被加密的文件,用户必须有访问到文件的 NTFS 权限。相关 NTFS 权限的用户能看到文件夹中的文件,但不能打开文件,除非有相应的解密密钥。同样,一个用户有相应的密钥但没有相应的 NTFS 权限也不能访问到文件。所以一个用户要能打开加密的文件,同时需要 NTFS 权限和解密密钥。

EFS 加密系统对用户是透明的。如果某用户加密了一些数据,那么该用户对这些数据的访问将是完全允许的,并不会受到任何限制。而其他非授权用户试图访问加密过的数据时,就会收到"访问拒绝"的错误提示。EFS 加密的用户验证过程是在登录 Windows 时进行的,只要登录 Windows,就可以打开任何一个被授权的加密文件。

EFS 密码结合了对称加密(DES-X)和非对称加密(RSA)的优点,数据使用对称加密进行加密,优于对数据使用非对称加密(仅用于 FEK 加密)。

Windows 的 CryptoAPI 体系允许用户在智能卡上存取他们的私钥,这比将密钥放在硬盘更为安全,这也使多个位置访问成为可能。

EFS 使用对称密钥加密文件，这个密钥被称为文件加密密钥（File Encryption Key，FEK）。在不同的操作系统版本和配置上将使用不同的对称加密算法。FEK 然后会使用一个与加密文件的用户相关联的公钥加密，加密的 FEK 将被存储在加密文件的 $EFS 可选数据流。为了解密该文件，EFS 组件驱动程序使用匹配 EFS 数字证书的私钥解密存储在 $EFS 流中的对称密钥。EFS 组件驱动程序然后使用对称密钥来解密该文件。因为加密和解密操作在 NTFS 底层执行，因此它对用户及所有应用程序是透明的。

当一个用户使用 EFS 去加密文件时，必须拥有一个公钥和一个私钥，如果用户没有，EFS 服务将会自动产生一对。对于初级用户来说，即使他完全不懂加密，也能加密文件，可以对单个文件进行加密，也可以对一个文件夹进行加密，这样所有写入文件夹的文件将自动被加密。

一旦用户命令加密文件或试图添加一个文件到一个已加密的文件夹中，EFS 将进行以下步骤。

步骤 1：复制文件到临时文本文件，当复制过程中发生错误时利用此文件进行恢复。

步骤 2：随机产生密钥 FEK，FEK 的长度为 128 位，文件使用 DES-X 加密算法进行加密。

步骤 3：产生数据加密区域（Data Decrypting Field，DDF），这个区域包含使用 RSA 加密的 FEK 和用户的公钥。

步骤 4：如果系统设置了加密，EFS 同时创建一个数据恢复块（Data Recovery Field，DRF），然后将使用恢复密钥加密的 FEK 放在 DRF。这个区域的目的是为了预防在用户解密文件的过程中可能解密文件不可用。

步骤 5：将包含加密数据、DDF 及所有 DRF 的加密文件写入磁盘。

步骤 6：删除在步骤 1 中创建的文本文件。

在数据被解密时，EFS 将进行以下步骤。

步骤 1：使用 DDF 和用户的私钥解密 FEK。

步骤 2：使用 FEK 解密文件。

在恢复文件的过程中，产生同样的进程，除了在第一步中使用 DRF 而不是 DDF。

内容要被加密的文件夹会被文件系统标记为"加密"属性。EFS 组件驱动程序会检查此"加密"属性，这类似 NTFS 中文件权限的继承：如果一个文件夹标记为加密，在里面创建文件和子文件夹就默认会被加密。在加密文件移动到一个 NTFS 卷时，文件会继续保持加密。在许多情况下，Windows 可能无须询问用户就解密文件。

安全审计技术

4.3.3 安全审计技术

1. 审计系统的设计方案

安全审计是指对系统中有关安全的活动进行记录、检查和审核。主要目的就是检测和阻止非法用户对计算机系统的入侵。安全审计是安全操作系统中必要的一项安全机制[15,16]。

安全操作系统由以下部分构成：标识与认证，自主访问控制，强制访问控制，最小权限管理，安全审计，隐蔽通道等。安全操作系统的总体框架如图 4-8 所示。

图 4-8　安全操作系统的总体框架

审计机制在整个系统框架中起着重要作用,对其他内核安全机制的实施情况进行详细记录。

2. 审计系统的功能及系统组成

为了完成审计功能,审计系统需要三大功能模块:审计事件的收集及过滤功能模块,审计事件的记录及日志管理功能模块,审计事件的分析及响应报警功能模块。模块之间的关系如图 4-9 所示。

图 4-9　审计系统各功能模块之间的关系

审计事件是指审计系统待审计的事件,是系统审计用户动作的最小单位。审计事件的收集是指一定安全级别审计事件标准下的审计事件的确立。

由于过多的系统内核级操作会影响系统的运行速度,过多的审计信息会对系统产生很大负载,也会淹没其中的重要信息。对审计数据需要依据安全要求进行过滤,设置有效的审计事件过滤,切实获取与安全审计直接相关的数据,在审计粒度和系统性能之间找到一个平衡点。

审计事件收集过滤后得到的审计内容需要记录到审计日志中。为了较好地实现审计日志管理，采用三级审计日志：审计缓冲区、档案审计日志和永久审计日志。首先将来自系统各个审计点的审计数据汇集到系统的内存缓冲区。当信息量达到一定程度时，写入硬盘。当硬盘上的档案审计日志达到一定程度时，写入光盘或其他存储介质。

一般情况下，用户和审计员都可以对审计内容进行查询，用户只可以查看本人的审计内容，审计员可以按照审计事件类型、事件严重度、报警、时间等多种方式查看所有的档案日志。

系统为每个用户维持一个正常的规则库，将用户的当前行为与规则库进行比较。用户的正常规则库预定了用户的系统调用、文件访问、CPU 使用、内存、网络使用等内容。任何对系统的大量偏移都被视为不正常的。当出现异常时，系统应立即采取行动。

3. 审计系统的安全与保护

审计是安全操作系统的重要组成部分，它监督着系统中各个安全机制的实施。如果审计系统自身的安全被突破，将会对系统安全造成很大影响。在保证审计系统自身安全方面，采取以下措施。

(1) 保证程序和代码的安全。将审计数据的采集、记录、分析集成到安全内核，使审计进程的执行不受外界影响；核外的应用程序严格遵循强制访问控制和最小特权控制，保证只有审计员才能使用这些程序。

(2) 严格管理系统配置和审计数据的安全，确保只有审计员具备配置和修改系统配置的权限。审计文件在运行的过程中生成，其安全级由审计进程在创建文件时指定。根据进程创建对象的安全级等于进程安全级的原则，创建的文件是系统审计级。密码系统对于审计记录的管理，可以保证即使审计记录泄露出去也不会被别人看到。另外，系统对审计员的监督机制可以使系统特权分离，将风险降到最低。

4.4 系统安全应用实践

4.4.1 操作系统

本节以三种典型 Linux 访问控制实例进行说明。

1. REMUS(Reference Monitor for UNIX System)

REMUS 项目的主要目标在于开发一个基于 Linux 2.4 内核的入侵检测系统，它监控那些可能被用来暗中破坏特权应用的执行的关键系统调用，在非法调用完成前，能够检测到并能阻止攻击者对任何特权进程的企图。

该项目对 UNIX 系统调用做了详细分析并根据它们对系统的危险级别将它们进行分类。基于这些结果，设计了一个有效的机制来控制至关重要的安全系统调用。它通过改编系统调用的代码将其整合到现存的操作系统中，在调用进程和参数值符合访问数据库的规则时执行被授权。该机制不要求内核数据结构和算法的改变，所有内核的修改对应用进程是透明的,它们不改变代码就可继续工作,实现了基于 Linux 操作系统的可加载模块(Loadable Kernel Modules,LKM)的工作原型。

2. LIDS(Linux Intrusion Detection System)

LIDS 开发的基本出发点是保护文件系统、保护进程系统和对核心进行封装。该系统通过能力机制实现对整个系统的控制,提供访问控制表支持,具有入侵检测和响应功能。

LIDS 扩展了基本的 Linux 系统中提出的能力概念,它是能力应用的一个典型的实例,将能力扩展到进程保护、设备保护、内核封装及网络安全中,在内核中实现了参考监听模式及 MAC,加强了内核的安全性。不足之处在于,LIDS 没有任何理论模型,使用的只是对操作系统加固的方法;它将所有安全策略都放在内核中,即使是一个小的 SMTP 客户端及一种端口扫描器也在内核中实现,这种做法对内核的安全性是不利的。

3. SELinux(Security-Enhanced Linux)

曾经的主流操作系统的保护机制对支持最终系统的保密性和完整性要求是不够的,需要用 MAC 来满足这些要求,但是传统 MAC 的限制影响了主流操作系统对它的接受度。美国国家安全局 NSA(National Security Agency)和 SCC(Secure Computing Corporation)共同开发了称为 Flask 的 MAC 结构,以克服传统 MAC 的限制,后来在 Linux 操作系统中实现了这一结构,产生出一个安全增强 Linux(SELinux)的原型,它将 TE(Type Enforcement,类型实施)、RBAC 及 IBAC(Identity Based Access Control,基于身份的访问控制)集成到一起,被应用到 Linux 内核的主要的子系统,包括对进程、文件和 Socket 的强制访问控制操作的集成,实现了动态安全策略的实施。

SELinux 的最初实现形式是作为一个特殊的核心补丁,旨在提高 Linux 的安全性,提供强健的安全保证。SELinux 是 2.6 版本的 Linux 内核中提供的强制访问控制(MAC)系统,并能够灵活地支持多种安全策略。SELinux 系统相比通常的 Linux 系统安全性高,通过对于用户、进程权限的最小化,即使受到攻击,进程或者用户权限被夺去,也不会对整个系统造成重大影响[17]。

SELinux 需要改变现有内核的数据结构及 API 扩展以支持具有安全意识的应用,导致它作为一个测试系统来评估对 Linux 内核的附加和增强是有用的,但以现在的形式被 Linux 用户接受是困难的。

SELinux 的安全体系结构为 Flask,安全策略和通用接口一起封装在独立于操作系统的组件中。Flask 安全体系结构描述两类子系统之间的相互作用以及各类子系统中的组件应满足的要求。两类子系统中,一类是客体管理器,实施安全政策的判定结果;另一类是安全服务器,做出安全政策的判定。Flask 由两部分组成:策略(Policy)和实施(Enforcement)。策略封装在安全服务器中,实施由客体管理器具体执行。系统内核的客体管理器执行系统的具体操作,当需要对安全性进行判断时,向安全服务器提出请求。请求到达安全服务器后,实现与安全上下文的映射并进行计算,然后将决定的结果返回给客体管理器。该体系结构的主要目标是不管安全政策判定是如何做出的,也不管它们如何随时间的推移而可能发生变化,都确保这些子系统总是有一个一致的安全政策判定视图,从而在安全政策方面提供灵活性。该体系结构的第二个目标包括应用的透明性、防御的深层性、保障的容易性和对性能的影响要小。

SELinux 结合 TE、RABC、IBAC 的访问控制模型如图 4-10 所示。

图 4-10　SELinux 的访问控制模型

数据库系统

4.4.2　数据库系统

SQL Server 数据库是 Microsoft 开发设计的一个关系数据库智能管理系统,是全世界主流数据库之一。下面以 SQL Server 2022 为例,详细介绍 SQL Server 的安全机制[18]。

1. 身份认证

身份认证负责对登录到 SQL Server 数据库引擎的单个用户账户进行身份认证。SQL Server 数据库支持基于 Windows 身份认证的登录名和基于 SQL Server 身份认证的登录名。登录名的选取与使用与身份认证模式相关。Windows 身份认证模式会启用 Windows 身份认证并禁用 SQL Server 身份认证。混合模式会同时启用 Windows 身份认证和 SQL Server 身份认证。Windows 身份认证始终可用,并且无法禁用。两种身份认证方案各有优缺点,也有其适用场景。两种身份认证常用的场景如表 4-1 所示。

表 4-1　身份认证模式适用场景

Windows 身份认证	SQL Server 身份认证
域控制器	工作组
应用程序和数据库位于同一计算机	用户从不受信任的其他域连接
用户正在使用 SQL Server Express 或 LocalDB 的实例	Internet 应用程序(如 ASP.NET)

另外,如果选用混合模式进行身份认证,则必须创建 SQL Server 登录名,在这个过程中,必须为名为 sa(sysadmin)的内置 SQL Server 系统管理员账户提供一个强密码并确认该密码,sa 账户通过适用 SQL Server 身份认证进行连接。也就是说,如果启用 SQL Server 身份认证模式,sa 账户必须被启用。由于 sa 账户经常成为恶意用户的攻击目标,因此除非应用程序需要使用 sa 账户,否则不要启用 sa 账户,也不要为 sa 账户设置空密码

或弱密码。这也是 SQL Server 推荐使用 Windows 身份认证模式的原因之一。

2. 访问控制

完成身份认证后,用户会连接到角色。角色是被授权的主体,权限管理系统会将权限添加到角色。SQL Server 中,数据库引擎中的权限在服务器级别和数据库级别分别进行管理。服务器级别的权限管理通过登录名和服务器角色实现,而数据库级别管理通过数据库用户和数据库角色实现。SQL Server 的授权管理系统通过安全主体和安全对象实现。

安全主体是使用 SQL Server 并可以为其分配执行操作权限的标识的正式名称,他们通常是人员或一组人,但也可以是其他实体。可以通过列出的 Transact-SQL 或使用 SQL Server Management Studio 创建和管理安全主体。换言之,安全主体是一组被授予权限的用户或用户群体。

主体是可以请求 SQL Server 资源的实体。与 SQL Server 授权模型的其他组件相同,主体也可以按层次结构排列为 Windows、服务器和数据库,并且同一层次的主体还分为可分割主体和不可分割主体。例如,Windows 登录名是一个不可分割主体,而 Windows 组是一个集合主体。不同层次的主体的权限作用域也不同。主体的概念并不仅局限于用户,它还涉及一些仅供内部系统使用的实体,如 INFORMATION_SCHEMA 和 sys 仅供数据库引擎内部使用,无法修改或删除;用双井号括起来的基于证书的 SQL Server 登录名从安装 SQL Server 时就从证书创建,这些主体账户的密码基于证书无法修改。除了这些较为特殊的主体,主体主要分为 SQL Server 级的主体、数据库级的主体和 guest 用户。

3. 数据库加密

SQL Server 用分层加密和密钥管理基础结构来加密数据。每一层都使用证书、非对称密钥和对称密钥的组合对它下面的一层进行加密。非对称密钥和对称密钥可以存储在 SQL Server 之外的可扩展密钥管理(Extensible Key Management,EKM)模块中。

具体要求如下。

(1) 为了获得最佳性能,使用对称密钥(而不是证书或非对称密钥)加密数据。

(2) 数据库主密钥受服务主密钥保护。服务主密钥由 SQL Server 安装程序创建,并且使用 Windows 数据保护 API 进行加密。

(3) EKM 模块将对称密钥或非对称密钥保存在 SQL Server 的外部。

(4) 透明数据加密(Transparent Data Encryption,TDE)必须使用称为数据库加密密钥的对称密钥,该密钥受由 master 数据库的数据库主密钥保护的证书保护,或者受存储在 EKM 中的非对称密钥保护。

(5) EKM 中的对称密钥和非对称密钥可以保护对存储在 SQL Server 中的对称密钥和非对称密钥进行的访问。

4. 数据库审计

审计 SQL Server 实例或单独的数据库涉及数据库引擎中发生的跟踪和记录事件。通过 SQL Server 审计,可以创建服务器审计,其中包含针对服务器级别事件的服务器审计规范和针对数据库级别事件的数据库审计规范。

SQL Server 的审计级别有多种,具体取决于安装要求或标准要求。SQL Server 审计提供若干必需的工具和进程,用于启用、存储和查看对各个服务器和数据库对象的审计。可以记录每个实例的服务器审计操作组,或记录每个数据库的数据库审计操作组或数据库审计操作。在每次遇到可审计操作时,都将发生审计事件。SQL Server 的所有版本均支持服务器级别审计。从 SQL Server 2016 (13.x) SP1 开始,所有版本都支持数据库级别审计。

SQL Server 审计的每一个功能和命令都有其独特的权限需求。若要创建、更改或删除服务器审计或服务器审计规范,服务器主体要求具有 ALTER ANY SERVER AUDIT 或 CONTROL SERVER 权限。若要创建、更改或删除数据库审计规范,数据库主体必须具有 ALTER ANY DATABASE AUDIT 权限或针对该数据库的 ALTER 或 CONTROL 权限。此外,主体还必须具有连接到数据库的权限或者具有 ALTER ANY SERVER AUDIT 或 CONTROL SERVER 权限。拥有 VIEW ANY DEFINITION 权限,可有权查看服务器级别审计视图;拥有 VIEW DEFINITION 权限,可有权查看数据库级别审计视图。拒绝这些权限,则无法查看目录视图,即使主体拥有 ALTER ANY SERVER AUDIT 或 ALTER ANY DATABASE AUDIT 权限,也是如此。

4.4.3　大数据系统

大数据系统

1. 大数据安全需求

大数据在如今的互联网环境下面临着许多新的安全挑战,也随之产生了许多大数据安全性方面的需求[19]。下面将从两个不同的角度分析大数据的安全需求。

大数据的生命周期可以分为 4 个阶段:采集、传输、存储和应用。主要面临的安全需求是:①在数据采集过程中,如何防止对数据采集器的伪造、假冒攻击;②在数据传输过程中,如何防止传输的数据被窃取、篡改;③在数据存储过程中,数据可用性与保密性面临威胁,如何确保数据资源在存储过程中的安全隔离;④在数据应用过程中,通过大数据分析所形成更有价值的衍生数据,如何进行敏感度管理。

从大数据平台系统安全的角度,可以分为 4 个部分:预警、防护、检测、响应。主要面临的安全需求是:①大数据平台便于开发和应用的特性使得系统中存在许多漏洞,如何准确地进行系统安全预警;②大数据平台中,集群节点分布复杂,如何保护分布式的计算节点不被欺诈、重放、拒绝服务等方式攻击;③大数据系统组成相对复杂,组件数量繁多,版本功能各异,如何全面地对系统安全进行有效检测;④大数据平台中存在着各种不同的用户角色,如何对其行为和影响监测、溯源。

通过对大数据安全挑战的分析,将大数据安全需求分为 7 类,分别是:认证、访问控制、数据安全、网络安全、系统与组件安全、系统安全监控、安全审计与管理。

1) 认证

大数据平台需要为用户提供单点登录认证功能,将大数据平台的认证与访问管理系统集成。根据用户应用的实际需要,为用户提供不同强度的认证方式,既可以保持原有的静态口令方式,又可以提供基于 Kerberos 的安全认证,而且还能够集成现有其他新型的安全认证方式。不仅可以实现用户认证的统一管理,并且能够为用户提供统一的认证工具,实现用户信息资源访问的单点登录。认证系统应支持基于角色的认证管理,角色信息来源于授权管理中的角色信息;并支持基于资源的认证管理,根据资源的重要程度,定义访问资源需要的认证方式和强度。

2) 访问控制

大数据平台需要能控制不同的用户可以在数据集上做什么操作,哪些用户可以使用集群中什么范围的数据处理能力。既要防止非法的主体进入受保护的大数据资源,又要防止合法的用户对受保护的大数据资源进行非授权的访问。需要结合大数据平台提供的功能模块,如 HDFS、Hive、HBase、YARN、Spark、Storm、SSH,实现相应的访问控制,制定灵活的访问控制策略。

3) 数据安全

大数据平台需要部署合适的数据加密和隐藏技术。用户的数据可能存储在第三方平台上,为了保证敏感数据不被泄露和授权个人对敏感数据的安全访问,应当采用数据加密技术。数据加密主要分为静态数据加密与动态数据加密。静态加密是指对存储在服务器上的数据进行加密,动态加密是指数据在传输过程中对其进行加密。对数据的处理和应用过程中可能会暴露用户的相关隐私,所以需要采用数据隐藏技术对数据进行处理。另外,还需要添加一定的数据可信认证机制,对数据的可信性进行检测。

4) 网络安全

大数据平台需要加强集群网络边界安全。在集群搭建时,平台需要设计合适的网络拓扑使大数据系统与其他信息系统相隔离,布置网络安全软件来控制数据的进出。在集群边界路由器配置防火墙对流量进行分析和过滤,并能够按照管理者所确定的策略来阻塞或者允许流量经过。大数据平台还应当提供 VPN 服务,建立私有数据传输通道,提供安全的端到端数据通信。

5) 系统与组件安全

大数据平台需要加强集群中系统和其组件的安全,提供系统层次的安全。大数据平台存在着许多已知与未知的漏洞,其各种组件也存在着不同的问题。一旦这些漏洞被利用,大数据平台的安全将不复存在。没有平台系统的安全性,就没有主机系统和网络系统的安全性。所以,大数据平台十分需要加强集群中大数据系统和组件的安全,提供系统层次的安全,着重考虑大数据系统和组件已知的漏洞。同样,也需要考虑不同组件的相互结合可能会出现的兼容性问题。

6) 系统安全监控

大数据平台需要通过一个安全事故和事件监控系统来负责收集、监控、分析集群中任何可疑的活动,并提供安全警报。通过收集各种系统日志、网络日志和应用日志来识别安全事故和事件。为了防御 APT 攻击对大数据平台的渗透入侵,平台需要配置入侵检测系统与入侵防御系统来对穿过防火墙的恶意事件进行检测和报警,并通过检测网络异常流量,自动对各类攻击性威胁进行实时阻断,提供主动防御。

7) 安全审计与管理

大数据平台需要对数据生态系统的任何改变都进行记录并提供审计报告,例如,数据访问活动报告和数据处理活动报告。通过对日志和活动报告进行分析来对大数据平台进行安全审计。需要为大数据平台设计有效的安全管理策略，审计的结果可以作为大数据安全管理的重要评判标准。

2. 大数据安全关键技术

传统的安全防护手段已无法满足大数据技术、业务的要求，甚至会成为瓶颈。主要体现在以下几个方面：首先，随着大数据技术的发展，实时在线计算日益重要，传统加解密的防护措施成为计算性能的瓶颈；其次，对于海量数据的访问控制需要动态的数据权限功能满足安全管控要求；再者，大数据平台需要应对实时的数据流动，传统的安全管控机制中安全监控、流程审批等存在局限性；最后，对于敏感数据的保护问题，在大数据平台中频繁的数据流转和交换，数据泄露不再是一次性的，通过二次组合后的非敏感数据可以形成敏感数据，造成敏感数据泄露。

同时，在大数据飞速发展的今天，越来越多的企业开始关注大数据安全解决方案。大量的大数据安全项目已经逐渐发展成熟。Hortonwork 的 Knox Gateway 项目、Cloudera 的 Sentry 项目、Intel 的安全加强版 Hadoop，以及一些诸如 Rhino 等开源项目已经正式发布并承诺帮助企业应用开发者达到他们的安全要求。

结合大数据安全需求分析，本章介绍了一个大数据安全关键技术体系。如表 4-2 所示，大数据平台的安全服务主要体现在 5 方面：认证、访问控制、数据安全、网络安全、系统安全。针对大数据安全关键技术需求，提供了关键安全服务的具体解决方案。

表 4-2　大数据安全关键技术体系

安 全 服 务	具 体 要 求	解 决 方 案
认证	① 客户端认证 ② 集群节点认证 ③ 系统组件认证	Kerberos
访问控制	① 用户身份管理 ② 角色授权 ③ 功能授权 ④ 行列授权	Sentry Record Service Apache Ranger
数据安全	① 用户隐私规则 ② 数据脱敏 ③ 磁盘级加密 ④ 域/行级加密 ⑤ 文件级加密 ⑥ 中间数据保护 ⑦ 数据隐藏 ⑧ 可信认证	Rhino ECryptfs Gazzang

续表

安 全 服 务	具 体 要 求	解 决 方 案
网络安全	① 客户端与集群间加密传输 ② 集群内各节点加密传输 ③ 系统信息与计算结果加密传输 ④ 安全域 ⑤ 网络隔离	Apache Knox Gateway
系统安全	① 日志/审计 ② 数据监控 ③ 流量分析 ④ 事件监控	Ganglia Nagios Zabbix ELK

1) 认证

认证主要分为三个方面：客户端认证、集群节点认证、系统组件认证。大数据平台本质上是一种分布式系统，集群中包含大量的节点。不管作为主节点还是子节点，在加入集群时都需要进行认证，以保证用户的作业与数据在安全可信的节点中存储、处理。其次，在布置节点上的大数据环境时，应当对大数据系统的各个组件进行安全认证，以保证用户可以在系统各个服务间进行安全通信。外部用户通过客户端访问大数据平台时，应当进行身份认证。对于集群中所存储的数据，只有认证的用户才能访问；对于集群所提供的服务，只有认证的用户才能使用。

目前，对于大数据平台的认证方式最为常用的是基于 Kerberos 的认证技术。Kerberos 是一个安全的网络认证协议，主要用于计算机网络的身份鉴别，其特点是用户只需输入一次身份验证信息就可以凭借这个验证获得的票据访问多个服务，即单点登录。由于在每个客户机和服务之间建立了共享密钥，使得该协议具有相当的安全性。Kerberos 认证有许多优点：① 只在网络中传输时间敏感的票据而不会传输密码，降低了密码泄露的风险；② 使用对称密钥操作，比 SSL 的公共密钥更加高效；③ 服务器只需要识别自己的私有密钥，不需要存储任何与客户端相关的详细信息来认证客户端；④ 支持将密码或密钥存储在统一的系统中，便于管理员方便地管理系统和用户。

2) 访问控制

首先，大数据平台需要一个管理系统来对用户的身份进行统一的管理。统一用户管理系统在设计时就要能建立一个能适应各种系统权限管理要求的权限模型，平台在建设初期就要把自己权限设计的要求提交给统一用户管理系统，平台按照其需求在本身统一用户管理系统的权限模型上去构建出该系统的实例。然后，管理员就可以通过统一授权系统为各用户的权限进行配置，在登录时各系统就调用相关的统一认证和授权接口，获取用户相关的权限信息，进入各系统后再创建用户，将相关的权限信息赋予用户类，然后就可以在应用系统中进行权限验证，管理员可以通过管理系统对用户的权限进行管理。通过将用户划分成多个不同的角色，进行基于角色的授权管理。通过基于角色的授权简化管理，可以将访问同一数据集的不同特权级别授予多个组。其次，大数据平台应当支持细粒度的数据和元数据访问控制。在服务器、数据库、表和视图范围提供了不同特权级别的访问控制,包括查找、插入等,允许管理员使用视图限制对行或列的访问。同样,可以根据用户不同的操作,对用户的行为进行功能授权与控制。通过正确的访问控制,可以识别出伪装的用户,保证合法用户任务的安全隔离。

目前,对访问控制比较成熟的工具有 Sentry、Record Service 和 Apache Ranger。Apache Sentry 是 Cloudera 公司发布的一个 Hadoop 开源组件,截至目前已经孵化完成,它提供了细粒度级、基于角色的授权以及多租户的管理模式。Sentry 当前可以和 Hive/HCatalog、Apache Solr 和 Cloudera Impala 集成,未来会扩展到其他的 Hadoop 组件。Record Service 是一个全新的 Hadoop 安全层,为保证安全的访问运行于 Hadoop 之上的数据和分析引擎而设计,包括 MapReduce、Apache Spark 和 Cloudera Impala。Cloudera 之前提供的 Sentry 安全组件支持访问控制权限的定义,Record Service 通过控制访问到行和列级别来补充了 Sentry。根据 Cloudera 的介绍,对于任何嵌入 Record Service API 的框架和分析引擎,它还支持动态的数据屏蔽,统一处理以及细粒度的访问控制。Apache Ranger 是一个 Hadoop 集群权限框架,提供操作、监控、管理复杂的数据权限,它提供一个集中的管理机制,管理基于 YARN 的 Hadoop 生态圈的所有数据权限。Apache Ranger 可以对 Hadoop 生态的组件进行细粒度的数据访问控制。通过操作 Ranger 控制台,管理员可以轻松地通过配置策略来控制用户访问 HDFS 文件夹、HDFS 文件、数据库、表、字段权限。这些策略可以为不同的用户和组来设置,同时权限可与 Hadoop 无缝对接。

3)数据安全

数据安全可分为 8 个环节,包括用户隐私规则、数据脱敏、磁盘级加密、域/行级加密、文件级加密、中间数据保护、数据隐藏与可信认证。首先,在对数据进行处理之前,管理员应当根据数据与用户的具体需求制定相应的用户隐私规则。管理员需要考虑包括数据特性、安全需求、使用环境等因素来设计一个切实有效并适用的安全策略。在数据采集进入大数据平台之前,数据所有者应当根据用户隐私规则对数据进行脱敏处理。在存储数据时,系统管理员应当根据需要选择数据的加密方式,包括磁盘级加密、文件级加密、域/行级加密。在进行数据分析前,需要对可能泄露隐私的数据进行隐藏处理。由于在数据处理过程中产生的中间数据也可能会泄露隐私,所以还应当对中间结果数据进行保护。为了满足远程用户对数据可信性的要求,防止数据被恶意篡改,应当在大数据平台中加入数据可信认证,保证存入大数据平台中的数据的完整、有效。

对数据去隐私化,可以采用 k-anonymity、L-diversity 匿名等数据匿名技术。对于数据加密,可以采用同态加密、混合加密等技术。同态加密库 FHEW 可以提供全同态加密功能,并支持对称加密算法对单比特数据的加解密。对数据中间结果的保护一般会用到基于数据失真和加密的技术,包括数据变换、隐藏、随机扰动、平移和翻转技术。目前,可以提供数据安全的项目有 Rhino、eCryptfs 和 Gazzang。Rhino 项目是由 Cloudera、Intel 和 Hadoop 社区合力打造的一个项目。该项目旨在为数据保护提供一个全面的安全框架,解决静态加密的问题,使得加密解密变得透明。eCryptfs 是一个功能强大的企业级加密文件系统,堆叠在其他文件系统之上,为应用程序提供透明、动态、高效和安全的加密功能。Gazzang 提供了块级加密技术,其产品包括 Hadoop 环境下的一款数据加密产品及访问权限管理产品。后者可以控制对键值、令牌等数据访问授权协议的访问。除了支持 Hadoop 环境以外，Gazzang 的加密技术还支持 Cassandra、MongoDB、Couch base、Amazon Elastic MapReduce 等下一代的数据存储环境。

4) 网络安全

大数据平台的安全离不开网络安全。首先，大数据集群需要构建在一个与外部网络隔离的安全域当中。数据进出大数据平台均必须经过网络防火墙的监控与审查。用户无法直接访问集群中的节点，需要通过统一的网关经过认证后才能获得访问权限。在大数据平台中，为了防止数据泄露，需要对传输的数据进行加密，主要有三个方面：客户端与集群间传输加密、集群内各节点传输加密、系统信息与计算结果传输加密。

采用 SSL 对流动中的数据进行加密处理。SSL 可以认证用户和服务器，确保数据在客户机和服务器之间的交换是加密的，不被其他人窃取；还可以维护数据的完整性，确保数据在传输过程中不被改变。使用 Apache Knox Gateway 对大数据集群进行网络隔离。Apache Knox Gateway 提供的是 Hadoop 集群与外界的唯一交互接口，也就是说，所有与集群交互的 REST API 都通过 Knox 处理。这样，Knox 就给大数据系统提供了很好的基于边缘的安全性。

5) 系统安全

系统安全主要分为 4 个方面：日志/审计、数据监控、流量分析和事件监控。即使在大数据平台配置了多种安全措施，还是很有可能存在一些未授权的访问或者恶意入侵。所以管理员应当周期性地审计整个大数据平台，并且部署监控系统来对安全事件和数据流向进行自动监控。管理员需要在集群中各个节点上安装日志收集代理，负责记录节点中的事件和数据流动；然后，需要一个中央审计服务器对日志按照预先设置的安全策略进行审计。一旦发生安全事故或可疑事件，应通过警报系统自动地对用户发出提醒。

采用 Ganglia 和 Zabbix 对大数据平台进行监控。Ganglia 是一个开源集群监视项目，设计用于测量数以千计的节点，主要是用来监控系统性能，如 CPU、内存、硬盘利用率、I/O 负载、网络流量情况等，通过曲线了解每个节点的工作状态，对合理调整、分配系统资源、提高系统整体性能起到重要作用。Zabbix 是一个监视系统运行状态和网络信息的监视系统，能够监视所指定的本地或远程主机以及服务，同时提供异常通知功能，当服务或主机问题产生与解决时将告警发送给联系人。并且可以定义一些处理程序，使之能够在服务或者主机发生故障时起到预防作用。

3. 大数据系统安全体系

结合对大数据安全技术的讨论，下面将在 Hadoop 框架的基础上介绍一个大数据系统安全体系框架。如图 4-11 所示，该体系框架包含基础安全层、组件安全层、安全服务层和应用层。

具体说明如下。

（1）基础安全层

基础安全层由系统安全、网络安全、数据安全和存储安全 4 部分组成。系统安全主要是保证 Hadoop 平台所在操作系统的安全。系统应当定期对网络、主机操作系统等进行

图 4-11　Hadoop 安全体系框架

安全漏洞扫描,确保漏洞识别的全面性和时效性,及时调整和更新病毒库,安装系统补丁。网络安全由网络边界隔离、入侵检测、防火墙与 VPN 等网络边界防护手段组成,旨在保证集群可以在安全可信的网络环境中运行,使用户可以安全地远程访问 Hadoop 平台。数据安全是在已有的操作系统和文件系统之上提供一个虚拟层来支持文件加密技术。文件在写入磁盘之前进行加密,读取后进行解密。同时,提供对数据远程可信性认证,防止数据被恶意篡改。存储安全是对平台中存储的数据进行备份处理,以防止集群节点意外宕机导致数据的丢失。

(2) 组件安全层

组件安全层是为了保证 Hadoop 平台功能组件的安全,如 HDFS 安全、MapReduce 安全、Hive 安全、HBase 安全、Sqoop 安全与 Pig 安全。每个 Hadoop 生态系统组件都有自己的安全问题,需要根据它的架构来进行专门的配置。部分组件还存在安全漏洞,需要有针对性地进行防护。同时,为了保证用户对组件有效的访问控制,需要指定面向组件的访问控制策略。

(3) 安全服务层

安全服务层可以对用户提供 Hadoop 平台安全的用户服务、认证服务、授权服务、数据服务与审计服务。用户服务是对 Hadoop 平台的用户进行集中有效的管理,对用户的角色、账号和密码进行统一的管理调配。不同身份的用户通过不同应用访问 Hadoop 平台时,认证中心会结合预先设置好的认证策略对访问的用户提供身份认证、单点登录等认证服务。然后,根据需要对认证后的用户提供角色授权、功能授权或者行列授权服务。数据服务是为用户在 Hadoop 平台传输数据时提供安全的加密传输服务,以及对静态数据的加密与敏感数据的隐藏服务。审计服务主要负责日志审计工作,提供对集群节点的实时监控与流量分析服务。

(4)应用层

应用层为管理员、开发者、分析师、普通用户等不同角色的用户提供登录 Hadoop 平台的访问接口,并将操作界面进行可视化处理,方便不同用户的使用。通过管理工具、开发工具、分析工具和客户端,用户可以安全地远程访问 Hadoop 平台。

习题

1. 什么样的信息系统可以称为一个安全的信息系统?

2. 如何构建一个安全的信息系统?应该具有哪些基本的机制?

3. 如何结合自主和强制访问控制模型对操作系统进行设计?

4. 分析 BLP 模型与 Biba 模型的异同,并给出它们可能适用的应用场景。

5. 文件系统 NTFS 有很多优点,但多用于硬盘,很少用于 U 盘,说明具体原因。

6. 针对 eCryptfs 的不足,说明文件加密的改进思路。

7. 针对 EFS 的不足,说明文件加密的改进思路。

8. 为什么要对系统进行审计?

9. 4A 包括 Account(账号)、Authentication(认证)、Authorization(授权)、Audit(审计),如何理解?

10. 在 Linux 中,常见的 syslog 服务器程序是如何进行日志信息收集和处理的?

11. 如何理解安全审计的目标和内容?

12. 数据库系统包含哪些安全机制?

13. SQL Server 数据库有哪些安全技术?简述这些安全技术如何保证 SQL Server 数据库的安全性。

14. 非结构化的数据库与结构化数据库的安全需求有什么不同?

15. 大数据采用什么样的安全机制来保证数据库的安全?

参考文献

[1] 卿斯汉,沈晴霓,刘文清,等.操作系统安全[M].2 版.北京:清华大学出版社,2011.

[2] 王珊,萨师煊.数据库系统概论(第五版)[M].北京:高等教育出版社,2014.

[3] 企业内部控制编审委员会.企业内部控制基本规范及配套指引案例讲解[M].上海:立信会计出版社,2017.

[4] 董建成.医学信息学概论[M].北京:人民卫生出版社,2010.

[5] 苗德宏,蔡光荣.现代企业管理[M].广州:广东高等教育出版社,2016.

[6] 石文昌,梁朝晖.信息系统安全概论[M].北京:电子工业出版社,2009.

[7] 石文昌.信息系统安全概论[M].2 版.北京:电子工业出版社,2014.

[8] weixin_34290000.Bell-Lapadula 模型[EB/OL].(2011-05-31)[2024-03-03].https://blog.csdn.

net/weixin_34290000/article/details/9212267.

[9] Bell DE,La Padula L J. Secure Computer system：Mathmatical Foundations［R］. The MiTRE Corporation,Technical Report,1973,M74 244.

[10] 康雨城.（10）安全模型［EB/OL］.（2017-12-30）［2024-03-03］. https：//blog. csdn. net/kangyucheng/article/details/78939039.

[11] Hunandexingkong. Merkle Tree（梅克尔树）算法解析［EB/OL］.（2017-06-13）［2024-03-03］. https://blog.csdn.net/hunandexingkong/article/details/73188945.

[12] Vashon 杨博程. 权限系统与 RBAC 模型概述［绝对经典］［EB/OL］.（2017-06-30）［2024-03-03］. https://blog.csdn.net/yangwenxue_admin/article/details/73936803.

[13] chinacloud. 企业级加密文件系统 eCryptfs 详解［EB/OL］.（2010-12-23）［2024-03-03］. https://www.cnblogs.com/chinacloud/archive/2010/12/23/1915022.html,2010.

[14] 李颖. 浅谈 EFS 加密文件系统［J］. 今日科苑,2009,（04）：187.

[15] 刘海峰,卿斯汉,刘文清. 安全操作系统审计的设计与实现［J］. 计算机研究与发展,2001,38（10）：7.

[16] 刘宏哲,鲍泓,须德. Linux 安全操作系统的审计机制的研究与实现［J］. 计算机工程与应用,2005（17）：50-52＋87.

[17] Arrow. 深入解析 Linux 系统中的 SELinux 访问控制功能［EB/OL］.（2016-04-11）［2024-03-03］. http：//www.jb51.net/LINUXjishu/449779.html.

[18] Microsoft. 保护 SQL Server ［EB/OL］.（2023-02-19）［2024-03-03］. https://learn. microsoft. com/zh-cn/sql/relational-databases/security/securing-sql-server?view＝sql-server-ver16.

[19] 尚涛,刘建伟. 大数据系统安全技术实践［M］. 北京：电子工业出版社,2020.

第 5 章

内容安全基础

信息内容安全是一个日益受到重视并不断发展的领域。随着信息互联网的普及和技术的飞速发展，我们生活中产生的各种信息及其传播方式日益多样化，给信息内容安全带来了一些新的挑战。信息内容安全涉及多个研究领域，如多媒体信息处理、安全管理、计算机网络和网络应用等，直接和间接地应用各个领域的最新研究成果，为信息内容的安全提供保障。随着信息技术的进步，我们生活中的信息内容已经不再局限于传统的文字、图像和声音，还包括视频、虚拟现实等多媒体形式，这种多样形式使得信息内容面临着更多的风险和威胁，如数据泄露、网络攻击、恶意软件、网络水军、网络暴力和虚假信息等。本章将对信息内容安全基础做一个全面介绍。从信息内容安全的概述、网络舆情与事件检测、网络欺诈与虚假新闻、网络水军与网络暴力以及内容伪造与深度鉴别等角度展开介绍。

5.1 内容安全概述

内容安全概述

随着互联网的迅猛发展，内容安全成为一个备受关注的问题。互联网的出现给人们带来了前所未有的信息自由和便利，互联网与各个行业的融合也日益加深，创造了巨大的经济效益和社会效益，已经成为人们获取信息、互相交流、协同工作的重要途径，并具有应用极为广泛、发展规模最大、贴近人们生活等众多优点。同时，互联网也带来了一些负面影响，如网络欺凌、色情、暴力、恐怖主义等不良内容的泛滥，这些不良内容不仅对个人的心理健康和社会稳定造成威胁，也对企业的声誉和利益构成了危险。与此同时，随着大模型的快速发展，大模型存在的内容安全隐患和风险也越来越明显。大模型可以用于自然语言处理、图像识别、语音生成等众多领域，它们可以生成各种类型的内容，包括文字、图像、音频等，但大模型并不具备判断内容是否合适或符合道德的能力，因此可能导致生成虚假的信息或侵犯他人的知识产权，也可能存在滥用或泄露个人隐私数据的行为。不法分子常使用大模型进行欺诈，严重危害个人及社会的安全。因此，网络信息内容的安全值得广泛关注和深入研究。信息内容安全问题是当今社会面临的严峻挑战之一，这些问题涵盖了国家和社会层面以及组织和个人层面，对社会稳定、个人权益和经济发展产生着重要影响，典型的信息内容安全问题如图 5-1 所示。信息内容安全威胁分为两个层面：国家和社会层面、组织和个人层面。

图 5-1 信息内容安全问题

　　在国家和社会层面上,信息内容安全威胁的种类多样。例如,反动信息可能通过网络传播,用于组织和策划犯罪活动、网络攻击、网络渗透等行为,对国家的政治稳定和社会和谐构成潜在威胁。谣言信息也是一个重要问题,虚假的信息传播可能导致社会恐慌、舆论混乱和社会不稳定。恐怖信息和低俗信息也会对社会产生负面影响,破坏社会道德和价值观。在组织和个人层面上,信息内容安全问题同样严重。虚假信息是一个突出的威胁,包括虚假广告、虚假新闻和虚假宣传等,这些虚假信息可能误导消费者、损害企业信誉,甚至对人们的生命财产安全产生重大影响。欺骗信息也是一个重要问题,如网络诈骗、网络钓鱼等,这些欺骗信息以欺骗手段获取个人敏感信息或财产,给个人和组织带来经济损失和信任危机。垃圾信息的泛滥也给人们的信息获取和处理带来困扰,增加了信息过滤和管理的难度。侵害隐私信息是个人和组织都面临的威胁,如个人隐私泄露、监控和监听等侵犯行为。网络欺凌信息对个人尤为严重,给受害者带来心理创伤和社交困扰。侵犯知识产权信息是对创新和知识产权保护的威胁,可能导致技术窃取、盗版和侵权行为的增加。面对这些威胁,我们需要采取一定的方法来确保信息内容的安全。在国家和社会层面,政府应加强信息监管和法制建设,制定相关法律法规,并加强对反动信息、谣言和恐怖信息的监测和打击,应用先进的技术手段,如人工智能和大数据分析技术,自动检测和过滤有害信息,并建立信息安全监测系统,及时发现、阻止和处理威胁行为。在组织和个人层面,组织应加强信息安全管理,包括加强员工培训、建立安全审查机制和加强网络防护措施。个人应提高信息素养,警惕虚假信息和网络欺凌,采用安全认证机制和加密技术,确保个人信息传输的机密性和完整性。

　　全球信息化的今天,互联网已经成为人们生活的重要组成部分,对社会、经济和文化产生了深远的影响。互联网的发展呈现出一些明显的趋势和特点,包括开放性、异构性、移动性、动态性和并发性。与此同时,互联网的发展还催生了一系列新型网络形式和服务模式,例如,下一代互联网的研究和探索正在进行中,旨在进一步提升网络的性能和功能。

5G 移动通信网络的商用化已经开启了新的时代,为更快速、可靠的移动互联网连接打下了基础。物联网的兴起将各种物理设备和传感器连接到互联网,实现智能化和自动化的应用。同时,云计算作为一种新的服务模式,提供了基于互联网的存储、计算和应用服务,为个人和企业提供了灵活、可扩展的解决方案。然而,互联网和新兴媒体的迅速发展带来的负面影响需要我们加强重视,例如,大量未经证实或带有偏见的信息在网络上过度泛滥,网络诈骗、网络钓鱼、网络暴力等行为出现,以及利用互联网和新兴媒体传播盗版,对知识产权进行侵犯。因此,在以信息内容为中心的互联网环境下,网络信息内容的安全值得广泛关注和深入研究。

5.1.1　定义

内容安全是信息安全领域中一个至关重要的分支,不同于网络安全、数据安全等,内容安全专注于研究和保护信息的内容,分析并确保内容的合法性、健康性和安全性,保护用户免受有害和不良内容的影响。内容安全的职责包括确保内容符合法律法规、版权规定和其他相关法律要求,涉及上传内容的审核和筛查,防止盗版、侵权、非法内容等问题。内容安全也致力于保护用户的心理和身体健康。内容安全通过内容过滤和审核机制,限制色情、暴力、赌博,以及虚假信息等不良内容的传播。为了保护用户免受恶意内容的侵害,内容安全措施包括识别和阻止恶意代码、网络攻击、网络钓鱼、网络欺诈、网络水军、内容伪造以及采取适当的安全防护措施,确保用户的信息和设备安全。内容安全涵盖了各种类型的信息,包括文本、图像、音频、视频等。通过综合运用技术手段和人工审核机制,内容安全致力于维护一个安全、健康、积极的网络环境。

5.1.2　目的

随着信息技术的发展,我们不可避免地面临着不良信息在网络上迅速扩散的问题,例如,暴力血腥、色情、邪教、赌博等非法信息,这些不良信息不仅严重污染网络环境,而且对社会公共安全、国家安全构成了威胁。内容安全的目的是保护用户免受有害和不良内容的影响,创建一个安全、健康和可信赖的数字媒体环境。信息内容安全可分为两个主要方面:首先是对信息内容的保护,信息内容的保护是确保信息在传输、存储和处理过程中不受未授权访问、篡改、泄露和破坏的影响,确保内容的保密性、完整性和可用性;其次,信息内容必须符合政治、法律及道德的相关要求。信息内容应符合国家或地区的政治要求,不得传播违法、危害国家安全、煽动暴力或恐怖主义等违反政治准则的信息;信息内容应符合法律法规的要求,不得侵犯他人的知识产权、隐私权,不得传播诽谤、淫秽、暴力等违反法律规定的信息;信息内容应符合社会道德准则,不得传播低俗、歧视、仇恨等违背道德规范的信息,尊重他人的尊严和权益。

5.1.3　重要性

信息内容安全对个人、国家和社会都具有重要意义,事关国家安全、公共安全、文化安全等。对于个人而言,内容安全直接关系到个人的隐私和权益保护。在数字化时代,个人的大量信息被存储、传输和共享,包括个人身份信息、财务数据、健康记录等敏感信息。如果个人信息受到未经授权的访问、滥用或泄露,个人可能面临身份盗窃、财务损失以及个人声誉受损等风险。因此,内容安全对于个人而言是确保个人隐私和个人安全的重要保障。对于企业而言,内容安全关乎商业机密的保护和商业运作的可持续发展。现代企业依赖于信息技术存储和处理大量的商业数据、客户信息和研发成果,如果企业信息受到未经授权的访问、窃取或篡改,企业可能面临商业机密泄露、品牌声誉受损、经济损失甚至企业倒闭的风险。因此,保护企业的信息内容安全对于企业的持续经营和成功至关重要。对于国家和社会而言,内容安全事关国家安全、社会稳定和公民权益。保护国家重要信息和基础设施的安全是国家的战略需要,涉及国家安全、国防、金融稳定等重大领域。信息泄露或被篡改可能导致国家机密暴露,国家安全受到威胁,甚至对社会秩序和公民权益产生负面影响。除此之外,内容安全还涉及文化安全的保护。文化是一个国家和民族的瑰宝,包括文学、艺术、历史、传统等方方面面。如果不良内容泛滥,可能对文化价值观和社会道德造成冲击,甚至导致文化多样性的丧失。因此,内容安全对于保护和传承文化遗产、维护文化多样性和社会和谐至关重要。总之,内容安全对于维护社会的稳定、保障公民权益和促进可持续发展具有重要意义,需要我们共同努力保障。相关部门通过加强内容安全措施、提高用户意识和建立法律法规,共同创造一个安全、健康和可信赖的数字媒体环境,促进社会的繁荣与进步。

5.1.4　大模型时代的内容安全

随着大模型的发展和普及,内容安全问题也凸显出来。大模型的强大能力使其能够生成高质量的文本,但也带来了一系列潜在的风险和挑战。尽管大部分情况下大模型能够产生准确和有用的信息,然而当大模型使用不当时,它会散播一些虚假或令人担忧的内容,从而导致网络欺诈、网络暴力、仇恨言论等问题的加剧,对个人、群体和社会造成伤害。

1. 大模型概述

大模型是一种参数规模庞大且复杂的机器学习模型,具有强大的学习和推理能力,能够解决更复杂的问题。在深度学习领域,大模型通常是指具有数百万到数十亿参数的神经网络模型。神经网络模型需要大量的计算资源和存储空间来进行训练和存储,并且通常需要使用分布式计算和特殊的硬件加速技术实现高效计算。大模型在处理复杂任务时通常有更好的性能和准确度,但需要更多的计算资源和硬件支持。大模型在自然语言处理、图像识别、语音识别等多个领域都有广泛的应用,如图5-2所示。例如,在自然语言处理领域,大模型可以用于机器翻译,将一种语言的文本翻译成另一种语言;用于文本生成,如生成新闻文章或消息;用于情感分析,分析文本中的情感倾向,如判断一篇文章是积极的还是消极的。与小模型相比,大模型的优势在于更高的计算效率和更强的处理能力,但同时需要更多的计算资源和存储需求,并且整个过程对外来观察者来说是一个"黑盒",我们无法准确了解其内部学习的知识和能力体系及其运行的具体规律。因此,我们无法确保模型会按照我们的意图和目标进行工作,并且无法解释其决策的依据和过程,可能会引发一些法律、伦理和责任方面的争议和纠纷,也会带来一定的安全风险。

2. 大模型的使用风险

尽管大模型在应用中具有巨大潜力,但也存在一些问题。其中一个问题是大模型可

图 5-2　大模型应用示例

能会产生与人类价值观不一致的输出,例如,模型可能会生成不准确、不完整或误导性的信息,可能会误导用户或传播错误的观点,而且大模型也可以被恶意用户滥用来生成虚假信息、恶意内容或进行网络钓鱼等活动,对个人、组织或社会造成危害。大模型的安全风险在文本、图像、语音和视频等多个应用场景中广泛存在,并随着模型的大规模部署而日益严重,导致用户难以信任人工智能系统所做出的决策。更重要的是,大模型在安全风险防范方面相对脆弱,容易受到指令攻击、提示注入和后门攻击等恶意攻击的影响。

此外,在大模型技术的蓬勃发展下,越来越多的企业利用大模型来实现业务赋能。企业通过记录客户的个人资料、购买记录、行为习惯等信息,并运用先进的分析和挖掘技术,为客户提供个性化的商品推送和服务体验。然而,我们必须认识到,大模型技术的不当使用,可能会导致过度收集和违规使用信息数据,导致个人隐私被侵犯。

随着大模型在各个领域的广泛应用,大模型的内容安全风险的范围逐渐扩大,对社会秩序造成的冲击变得更为严重。大模型自身存在着一些风险,下面列举了几种风险类型。

- 虚假信息:大模型可以被不法分子滥用,生成伪造内容、虚假信息、敏感话题或进行网络水军等活动,搅乱社交媒体平台的秩序或破坏公共讨论的健康环境。
- 网络欺诈:大模型的能力可以被黑客或网络犯罪分子利用,进行网络欺诈等行为。例如,犯罪分子可以利用大模型生成逼真的虚假身份、仿冒网站或欺诈性广告,诱导用户泄露个人信息,产生经济损失。
- 数据泄露:大模型通常需要大量的数据来进行训练和优化,其中可能包含用户的个人信息。如果个人信息数据未经适当保护,可能会导致用户隐私的泄露。
- 违法犯罪:大模型可以被恶意用户使用,进行电信诈骗、网络钓鱼等违法犯罪活动,对个人、组织或社会造成危害。
- 不准确或误导性的信息:大模型通过学习大量的文本数据,可能会生成不准确、不完整或误导性的信息,可能会误导用户或传播错误的观点。
- 辱骂仇恨:大模型可以生成一些带有辱骂、脏字脏话、仇恨言论等不当内容来进行网络暴力,从而扰乱社会稳定。
- 偏见和歧视:如果训练数据中存在偏见或歧视,大模型可能会学习到这些偏见并在生成文本时表现出来,可能导致生成的文本具有性别、种族、宗教等方面的偏见或歧视。

3. 大模型的内容安全问题

随着大模型技术的迅速发展和广泛应用,我们进入了一个数据驱动的时代。先进的算法和模型在提高我们生活质量的同时,也引发了一系列前所未有的安全问题。大模型算法本身可能存在缺陷,导致其生成虚假新闻或不正当言论。例如,大模型可以生成没有语法错误和自动翻译痕迹的电子邮件,不法分子利用大模型进行网络钓鱼和电子邮件诈骗,增加诈骗风险。大模型引发的内容安全问题已经成为当前人们关注的焦点,也是人工智能领域面临的挑战之一。应对大模型时代的内容安全问题,可以从以下三个方面展开。

1)开发管理

在大模型开发阶段,相关人员可以对训练数据进行筛查清洗,同时需要考虑内容安全等因素,发现大模型存在的内容安全问题。例如,相关人员可以通过排除不当、冒犯性或违法的内容,确保数据的质量和安全性。相关人员可以制定合理的规则策略、权限机制来限制训练数据的获取和使用,确保只有经过审核和授权的数据源可以用于模型训练。相关人员也可以引入内容过滤的模块或机制,根据预先设定的规则和标准,对生成内容进行即时检测和过滤,减少不当或冒犯性内容的生成,确保模型生成的内容符合政治、法律和道德准则。

2)攻防技术

相关人员可以使用攻防技术模拟真实攻击行为,发现大模型中的漏洞和弱点,使大模型具备更强的鲁棒性和抵抗能力,应对各种恶意攻击,防止用户数据被泄露、滥用或篡改,维护用户的隐私和个人安全。例如,相关人员可以使用加密技术保护隐私信息,通过数据加密和隐私保护技术,使用户的敏感信息在传输和存储过程中得到保护,防止未经授权的访问和数据泄露,维护用户的隐私权和个人信息安全,增加用户对大模型的信任度,促进用户参与和数据共享。相关人员也可以通过对抗样本生成和对抗性训练,减少对恶意内容的生成和传播,防止模型被攻击者利用进行不良行为,提高模型对恶意输入的识别能力和鲁棒性。

3)监测报警

相关部门可以提供实时的监测和报警系统,及时发现并处理存在的内容安全问题及漏洞。例如,相关部门可建立实时监控机制,对模型生成的内容进行持续监测和实时分析,通过设定阈值、检测异常模式或使用机器学习算法,及时识别并报警不当或冒犯性内容的出现。同时,相关部门应鼓励用户提供反馈和举报不当或冒犯性内容,建立用户反馈和举报机制,及时响应用户的反馈并采取相应的措施。

5.2 网络舆情与事件检测

随着互联网的普及和社交媒体的兴起,网络舆情事件的规模和影响力不断增大,可能会产生一些负面影响。因此,网络舆情事件检测成为网络信息内容安全管理的重要领域之一。网络舆情事件通常在社交媒体平台上展开,在这些平台上发布的文字、图片和视频等信息内容被关注并广泛传播,使得舆情事件具有了传播速度快和影响范围大的特点。

网络舆情事件往往起源于社交媒体平台上用户发布的内容,一条简短的推文、一张照片或一个视频片段都有可能引发广泛的讨论和关注。当话题或事件引起了足够多的关注和讨论时,这个话题就可以被认定为一个网络舆情事件。网络舆情事件可能对个人、组织或社会产生重大影响,引发公众对某个议题的关注,改变人们的态度和行为。某些网络舆情事件会对相关个体或组织造成名誉损害,甚至会引发社会动荡造成矛盾激化的局面,对社会稳定和秩序构成威胁。为了应对上述负面情况,及时发现和处理网络舆情事件成为一个重要的任务。为此,网络舆情检测技术应运而生,这类技术通过监控和分析社交媒体上用户发表的内容,可以及时发现潜在的网络舆情事件。

5.2.1　网络舆情事件概述

网络舆情事件概述

网络舆情是在互联网形成,通过网络传播的群体舆论情绪和言论倾向。网络舆情事件是一种引起广泛关注和讨论,并与特定主题相关的网络舆情现象,它们通常由大量网民在社交媒体、论坛、新闻评论等网络平台上发布的言论、观点和情感所构成,表达了群众的观点、立场和感受。网络舆情事件通常涉及一些重大、敏感或具有争议性的社会事件,可以涉及各种主题,包括社会、政治、商业、科技等。网络舆情事件与传统媒体的舆论事件不同,传统媒体的舆论事件由少数媒体机构操控和引导,而网络舆情事件是由广大网民自发产生和参与。网络舆情事件的主要形式体现在社交媒体的评论、讨论、转发、点赞等交互行为,以及社交媒体的帖子、博客、新闻评论等内容。相比传统舆情事件来说,网络舆情事件更便捷,传播速度更快。

网络舆情事件具有突发性、多样性、实时性等特点。网络舆情事件的突发性是指,网络舆情事件可能源于某一具体事件、言论或行为,能够在短时间内迅速传播扩散,迅速引发公众的关注和参与。网络舆情事件的多样性是指,网络舆情事件涉及的话题和讨论内容多种多样,涵盖社会、政治、经济、文化等领域。网络舆情事件的实时性是指,网络舆情事件受到网络的即时性的影响,使得舆论变化迅速,在短时间内引发公众剧烈的情绪波动。

网络舆情事件对个人、企业、政府和公众等各方面都产生了重大的影响。在个人方面,网络舆情事件可以对个人的声誉和形象产生直接影响,负面的网络舆情可能导致个人声誉受损,社交关系、职业发展受到影响,而正面的网络舆情则可以提升个人的知名度和影响力。在企业方面,网络舆情事件可以对企业的形象和声誉造成直接影响。负面舆论和批评可能导致公众对企业产生怀疑和不信任,进而影响企业品牌价值和市场地位。而正面舆论可以增强企业的声誉和受欢迎程度。网络舆情事件对政府决策也具有一定的影响力。政府需要密切关注舆情事件发展动向,及时了解公众的关切和诉求,以便能够及时做出决策调整。同时,政府也需要通过积极参与和引导舆情方向,及时回应公众的关切和批评,维护社会稳定和公众满意度。网络舆情事件对公众的影响也非常直接和深远,公众可以参与社会热点事件和公共事务,表达自己的意见和观点。然而,舆情事件也可能带来信息过载和虚假信息的传播风险,公众需要具备批判性思维,正确理解和评估舆情事件内容的真实性。

网络舆情
事件检测
技术

5.2.2 网络舆情事件检测技术

随着互联网的普及和社交媒体的兴起,网络舆情事件的发生频率和影响力越来越大。网络舆情事件对个人、组织甚至整个社会都具有重要的影响和挑战。因此,网络舆情事件检测技术应运而生。网络舆情事件检测技术旨在通过自动化方法和机器学习等算法,实时监测和分析涉及舆情的信息,发现和追踪潜在的事件。网络舆情事件检测技术可以帮助我们快速捕捉到用户的声音和关注点,及时了解和评估网络舆情事件的规模、趋势和情感倾向,从而及时采取适当的措施应对和管理不良事件,提前预警潜在的危机和风险,采取相应的措施进行危机管理和舆情引导,以最小化负面影响。网络舆情事件检测方法可以按照不同的技术进行划分,几种常见的类型包括基于传统机器学习的事件检测方法、基于深度学习的事件检测方法和基于图神经网络的事件检测方法。

1. 基于传统机器学习的事件检测方法

在深度学习时代到来之前,人们主要依赖传统机器学习方法进行事件检测。基于传统机器学习的事件检测方法主要通过分析文本特征,如关键词、情感倾向、主题等,来识别和分类网络舆情事件。聚类技术是传统机器学习事件检测中常用的方法,可以通过将文本分成不同的分区并判断文本是否属于某个特定的事件。例如,我们将网络舆情文本作为输入数据,将聚类技术应用在事件检测中,聚类算法会根据文本之间的相似性将其分配到不同的聚类簇中,算法通过观察聚类簇的内容,可以快速理解和发现关于特定事件的讨论和观点。

在事件检测中信息内容经常具有不确定性,这是因为舆情信息存在大量噪声和错误单词且用户位置可能不是实际位置。为了确定内容、时间和位置等信息数据,相关研究人员提出了一个位置-时间约束主题模型,如图 5-3 所示[1]。该模型将每条消息的时间和位置视为附加变量,将位置经度、纬度和时间变量附加到每个令牌上,通过这种方式将不确定的时间、地点和社会内容信息融合在一起。位置-时间约束主题模型使用 KL 散度来度量内容相似性,并使用最长公共子序列度量消息对的链接相似性,将内容相似性与链接相似性集合起来,从而在全局上形式化信息的相似性。

然而,基于传统机器学习的事件检测方法在面对大规模数据和复杂模式时可能存在一些限制,随着深度学习的兴起,人们开始探索使用神经网络来进行事件检测和分类。

2. 基于深度学习的事件检测方法

舆情数据通常具有复杂的语义和结构,传统的手动特征提取方法可能无法捕捉到高度抽象的特征,而深度学习模型可以捕获多层信息,通过多层非线性变换来提取更高级别的语义信息。另外,舆情事件检测通常不仅依赖于文本数据,还可能包含图像、视频、音频等多模态数据,深度学习模型可以灵活地处理和融合多模态数据,提高事件检测的准确性和全面性。常见的深度学习模型方法包括卷积神经网络(Convolutional Neural Networks,CNN)、循环神经网络(Recurrent Neural Network,RNN)、注意力机制、长短期记忆网络(Long Short-Term Memory,LSTM)等,这些深度学习模型方法可以根据任务需求和数据特点进行选择和优化。

图 5-3　位置-时间约束主题模型架构图

　　传统的机器学习方法在事件检测方面存在一个挑战,即很难准确地表示事件。然而,基于深度学习的事件检测方法能够有效地解决这个问题。相关研究人员为解决这类问题,针对事件表征问题提出了一种上下文分级的 LSTM 事件表征方法,如图 5-4 所示[2]。上下文分级的 LSTM 事件表征方法可以捕获多个序列结构,即词级序列和事件级序列,并采用两级层次 LSTM 架构对事件进行增强表示,从而提高舆情事件检测工作的准确

图 5-4　上下文分级的 LSTM 事件表征方法架构图

度。具体而言,第一级层次 LSTM 是对事件进行编码,即词级序列,然后将每个事件映射到嵌入中;第二级层次是对观察到的事件序列进行编码,并与上下文主题特征嵌入向量结合,增强语义信息,从而更好地表征事件的语义关联。

3. 基于图神经网络的事件检测方法

传统的事件检测方法通常面临数据稀疏、特征提取困难和模型泛化能力不足等挑战。而图神经网络技术以图形的形式来表示数据,能够有效地捕捉数据之间的复杂关系,具备强大的表征学习和泛化性能。基于图神经网络的事件检测方法利用图结构的信息学习节点的表征能力,挖掘数据中的隐藏关系和模式,从而实现对事件的准确检测和跟踪。从技术划分上,包括无监督的图神经网络模型、半监督的图神经网络模型以及有监督的图神经网络模型。

在舆情事件检测方面,尽管图神经网络已经取得了一定的成果,但仍然存在一些缺陷,例如,消息建模和长尾分布问题等。针对上述问题,已经有相关的研究工作进行探索和解决,其中一种比较先进的图事件检测模型旨在重新定义消息建模方法,并针对长尾分布数据采取相应策略,如图 5-5 所示[3]。这种图事件检测方法的核心思想是将原始消息建模成具有多元关系的加权异构图,以保存更丰富的连接信息。为了解决消息建模的问题,该图事件检测方法利用多智能体强化学习算法来选择不同关系的邻居节点,并使用邻居聚合方法学习消息的最佳嵌入表示,以更好地表达消息之间的关系和语义信息。为了应对长尾分布数据的问题,该方法采用了平衡采样策略和对比学习机制,对消息表示学习进行增量处理,以克服样本数据量不足导致模型训练不充分的问题。此外,这种方法还引入了深度强化学习引导的 DBSCAN 模型优化事件的聚类效果,包括所需的数量和距离参数,能够更好地发现和识别事件,提高聚类的准确性和效果。

图 5-5　基于图结构的强化聚合事件检测模型架构图

5.2.3　网络舆情事件检测的应用

网络舆情监测与预警系统是网络舆情事件检测技术的典型应用之一。针对互联网媒体发布的内容,网络舆情监测与预警系统可以利用大数据分析和自然语言处理技术,实时监测和分析社交媒体、新闻网站、论坛等网络平台上的文本、图像和视频数据,及时发现和识别与特定事件相关的舆情信息。网络舆情监测与预警系统通过收集、整理和分析舆情数据,提供对特定事件的舆情态势、情绪和舆论动态的洞察,帮助决策者了解公众对事件的态度和情感,并获取相关事件的热点话题、关键观点和舆论倾向等信息,以便决策者采取相应的措施来管理舆情、引导舆论和维护社会稳定。网络舆情监测与预警系统在突发事件监测和舆情风险预警方面发挥着重要作用。

突发事件监测利用各种数据源和技术手段实时监测和追踪突发事件的发生和发展情况,帮助政府、组织更快速地了解事件的情况,使政府组织采取适当的应对措施,减轻影响并保护公众安全。突发事件监测系统可以监测帖子的出现频率,并设置舆情预警的阈值。一旦在特定时间段内有关突发事件的帖子数量超过阈值,突发事件监测系统将生成舆情预警,政府就可以立即采取危机管理措施,如发布紧急通知、调动救援资源等。舆情风险预警利用各种数据源和技术手段对社会舆情进行实时监测和分析,识别和预测对政府、组织和公众产生负面影响的事件和情况。舆情风险预警通过及时获取和分析社会媒体、新闻、论坛等多种数据来源的信息内容,发现潜在的危机和舆情风险,为决策者提供预警和决策支持。相关部门可以通过舆情分析技术,实时监测社交媒体、新闻、论坛等多种数据来源的舆情信息,当出现负面舆情或危机迹象时,舆情风险预警系统可以及时提醒管理层采取行动。舆情风险预警系统也可以通过对内部舆情的监测和分析,及时发现和解决潜在的问题,避免其演变成为危机。

5.3 网络欺诈与虚假新闻

在大模型时代下,网络欺诈和虚假新闻问题愈加严峻和复杂。随着技术的进步,网络欺诈方式变得更加隐蔽和难以察觉。例如,诈骗者通过使用语音合成技术模仿各种声音,伪装成银行或政府机构,诱使受害者泄露个人敏感信息。钓鱼网站是网络欺诈的一种常见手段,诈骗者创建虚假的网站冒充真实的机构或企业,诱导受害者输入个人账户信息或支付信息,从而达到窃取财务信息的目的。除此之外,由于新闻传播是我们获取信息和了解世界的重要途径,虚假新闻的传播则成为一个严重的问题。虚假新闻是一种故意编造报道或夸大事实的新闻内容,其目的是误导公众、制造舆论或谋取经济利益。虚假新闻的传播给社会带来严重后果,它们通常夹杂着偏激、极端的观点,容易煽动人们的情绪,导致社会的撕裂和对立。

5.3.1 数据泄密和隐私泄露

网络欺诈与虚假新闻与日俱增,使得数据泄密和隐私泄露问题愈加严重。数据泄密指的是,未经授权或非法获取的个人的敏感信息被泄露或公开。犯罪分子利用人们对互联网和通信技术的依赖获取敏感数据,例如,冒充合法机构发送钓鱼邮件、短信或电话,引诱人们提供个人信息。犯罪分子还可能通过网络攻击手段,如假新闻网站和钓鱼网站,非法获取个人数据。隐私泄露指的是,个人的私人信息被未经授权的方式收集、使用或披露。个人隐私包括个人的照片、社交媒体账户、通信记录和个人偏好等敏感信息,这些信息可能被不法分子滥用,如人身攻击、骚扰和勒索,对个人隐私安全的影响严重。数据泄密和隐私泄露会造成财产损失、身份盗窃、金融欺诈等违法行为。同时,网络欺诈手段不断升级,钓鱼网站等手段增加了数据泄密和隐私泄露风险。诈骗者可能会找到个人的登录凭证、密码或其他身份验证信息,伪装成合法实体,实施诈骗行为。针对这些问题,个人也要采取一系列措施来保护数据和个人隐私。个人应提高对网络诈骗与虚假新闻的警惕性,避免轻易泄露个人信息,定期检查银行账户和信用卡交易,定期备份和加密重要的个人数据,及时发现异常行为。

5.3.2　欺诈行为与攻击方式的分析

在数字时代,欺诈手段和攻击方式不断演变,给个人和组织带来了严重的风险和损失。欺诈者利用技术手段和社交工程技巧,针对人们的信任、贪婪和技术薄弱点展开攻击。常见的欺诈攻击手段包括钓鱼网站攻击、通信方式欺诈、社交网络欺诈等。欺诈攻击手段日益增多,给企业和政府组织带来巨大的损失和安全威胁。

(1) 钓鱼网站。钓鱼网站是一种常见的网络欺诈手段,犯罪分子通过伪造合法网站页面或通过发送电子邮件、短信、社交媒体消息或网站链接引导用户点击并输入个人敏感信息。钓鱼网站通常伪装成银行、电子支付或社交媒体等平台实施欺诈。

(2) 通信方式欺诈。通信方式欺诈也是一种常见的网络欺诈手段,犯罪分子通过电话和短信等通信方式来欺骗受害人,获取受害人的个人信息、财务信息或其他敏感信息,从而实施非法活动。例如,犯罪分子发送短信或打电话告知受害人中奖,需要受害人提供个人信息或支付一定金额的手续费才能领取奖金。

(3) 社交网络欺诈。犯罪分子通过社交媒体平台,以虚假身份进行欺诈获取利益,从而进行社交网络欺诈。犯罪分子会创建虚假的社交媒体账号,冒充他人的身份,如朋友、同事、名人等,诱使其进行某种行为,如点击恶意链接、分享敏感信息、索要金钱等。犯罪分子也可能会在社交媒体平台上发布带有恶意链接的内容或发送包含恶意文件的消息,导致恶意软件的安装和个人信息的窃取,或者对目标设备进行其他形式的攻击。

5.3.3　虚假新闻检测技术

虚假新闻
检测技术

1. 虚假新闻传播

虚假新闻是指故意制造和散布虚假信息以迷惑公众或达到特定目的的新闻内容。虚假新闻可能包含虚假、夸大、歪曲或捏造的信息,旨在误导读者并引起关注。虚假新闻的制造者通常追求点击量和流量,增加广告收入或实现其他目的。为了吸引读者点击,制造者可能使用具有感情色彩的标题和摘要。虚假新闻的出现是信息时代的一个严重问题,它可能导致公众对现实情况的错误理解,破坏社会和政治稳定,削弱媒体的公信力,并对个人、组织和社会产生负面影响。虚假新闻会误导公众对事件、问题或人物的看法和判断,导致公众对现实情况产生错误的理解;虚假新闻会破坏公众对媒体和新闻的信任,削弱媒体的公信力,使人们对真实新闻持怀疑态度;虚假新闻会引发社会恐慌、分裂和不稳定,甚至导致社会冲突和暴力事件;虚假新闻会对经济产生负面影响,例如,影响股票市场、公司形象和消费者行为。

虚假新闻在社交媒体上的传播速度非常快,社交媒体平台的广泛使用和信息的快速传播使得虚假新闻可以在短时间内迅速传播到大量受众之中,用户可以通过分享、评论和点赞等方式将虚假新闻迅速传播给更广泛的受众。虚假新闻有时很难被普通读者辨别出来,它们可能以类似真实新闻的形式呈现,使用官方标识或伪造的专家评论,使新闻内容看起来更可信。因此,检测虚假新闻并阻断虚假新闻传播十分重要。媒体机构应加强新闻报道的准确性和真实性,进行事实核实和多方求证,避免传播虚假信息。公众需要提高对虚假新闻的辨识能力,学会分辨真假信息,不盲目相信和传播未经证实的消息。社交媒体和搜索引擎平台可以采取技术手段来检测虚假信息并限制虚假信息的传播,例如,算法优化、举报机制和人工审核等。

2. 虚假新闻检测技术

在当今信息爆炸的时代,虚假新闻(信息)成为一个严重的问题。虚假新闻的传播给人们的生活、政治和社会带来了巨大的负面影响。因此,虚假新闻检测技术的研究和发展变得尤为重要。从文章信息的角度来看,虚假新闻检测技术可以分为基于文本的虚假新闻检测方法、基于视觉信息的虚假新闻检测方法和基于多模态信息的虚假新闻检测方法。

1) 基于文本的虚假新闻检测方法

基于文本的虚假新闻检测方法通过分析文本的内容、语言风格、结构等特征,以及对真实和虚假新闻之间的模式和差异进行学习,判断给定文本是否包含虚假信息。基于文本的虚假新闻检测通常涉及文本特征提取,通过将文本转换为可处理的形式,获得一系列特征来描述文本的内容和结构,如词嵌入方法。与经典特征提取方法不同,深度学习方法能够自动提取文本中的重要特征,并对文本进行更复杂的建模和表示,学习更高层次的语义信息,从而提高虚假新闻检测的性能。

以前的虚假新闻检测工作通常只针对某一个特定的特征来制定解决方案,这种方法明显限制了检测工作的普遍性。为了解决上述问题,相关人员结合了三种特征,即文章的文本、用户对文章的回应以及推广文章的源用户,实现更准确和自动化的检测,如图 5-6 所示[4]。具体而言,该方法使用递归神经网络提取文章的时间表征,捕获文章上用户活动的时间信息。然后,该方法根据用户的行为学习源特征,并得到相应的用户权重分数。最后,该方法将上述捕获的不同特征,即文章表征与用户分数相结合,来判断新闻的真实性。

2) 基于视觉信息的虚假新闻检测方法

除了文本信息,文章还包括图片和视频等信息。基于视觉信息的虚假新闻检测方法通过分析图像、视频或其他视觉元素,判断给定的视觉信息是否包含虚假内容。基于视觉信息的虚假新闻检测方法通常使用深度学习模型提取图片和视频的特征,自动学习图像中的低级和高级视觉特征,并利用提取的特征进行虚假新闻检测。

由于新闻的图像可能经过修改、篡改或制造,因此如何充分利用假新闻中图像的固有特征成为一个具有挑战性的问题。为解决这一难题,相关人员利用卷积神经网络和多域视觉信息(频率域和像素域)捕获图像的固有特征,进行虚假新闻检测任务,如图 5-7 所

图 5-6　三种特征结合检测架构图

示[5]。具体而言,该方法在频率域自动捕获输入图像物理层次的视觉特征。同时,该方法在像素域提取输入图像不同语义层次的视觉特征,并利用双向门控循环单元(GRU)网络建模语义层次的特征之间的关系。然后,该方法利用注意机制动态融合频率域和像素域的特征表示,学习该图像的最终视觉表示,检测新闻图像的真假。

图 5-7　基于多域视觉信息的虚假新闻检测架构图

3）基于多模态信息的虚假新闻检测方法

基于文本的虚假新闻检测方法和基于视觉信息的虚假新闻检测方法只适用于某些特定类型或特定形式的虚假新闻,对其他类型的虚假新闻检测效果不理想。为了解决上述问题,研究者们提出了基于多模态信息的虚假新闻检测方法。基于多模态信息的虚假新闻检测方法利用多种模态(如文本、图像、视频等)的信息,然后将这些信息进行拼接融合,进行虚假新闻的检测。与单模态检测方法相比,基于多模态信息的虚假新闻检测方法能够结合多个模态信息(如文本和视觉等),更全面地分析新闻内容,并从多个角度获取特征来判断其真实性。基于多模态信息的虚假新闻检测方法能够充分学习原始数据中存在的模态关联信息,从而提供更准确和可靠的判断。同时,基于多模态信息的虚假新闻检测方法能够更好地模拟人类的多模态感知和判断能力,有效降低虚假新闻检测的误判率。

现有多模态检测方法大多数倾向于学习事件的固定特征,很难识别新出现事件中的假新闻。为解决上述问题,相关人员利用一种对抗神经网络自动提取事件的不变特征,进行新事件的假新闻检测工作,如图 5-8 所示[6]。具体而言,该模型主要由三部分构成,即多模态特征提取器、假新闻检测器和事件鉴别器。该方法通过多模态特征提取器提取文章的文本特征和视觉特征,处理不同类型的输入,将文本特征和视觉特征连接在一起,形成一个多模态特征表示。假新闻检测器使用学习到的多模态特征表示作为输入,预测新闻内容的真实性。事件鉴别器利用多模态特征表示标记每个新闻内容的事件标签。

图 5-8　基于对抗神经网络的多模态新闻检测架构图

5.3.4　网络欺诈检测技术

1. 网络欺诈

网络欺诈是一种利用互联网进行欺骗、诈骗的违法行为。网络欺诈的目的通常是非法获取他人的财产或个人信息,获得经济利益。网络欺诈具有多样化、范围广和传播速度快等特点。网络欺诈多样化是指,网络欺诈涵盖了各种形式的欺诈行为,如电子邮件诈

网络欺诈
检测技术

骗、虚假信息诈骗、网络通信诈骗、网络钓鱼等。网络欺诈范围广是指,网络欺诈没有地域和时间的限制,使得受害者范围也非常广泛,无论是个人用户、企业机构还是政府部门,都可能成为网络欺诈的目标。网络欺诈传播速度快是指,犯罪分子通过电子邮件、社交媒体、即时通信和恶意网站等渠道在短时间内传播虚假信息。

由此可见,网络欺诈行为识别变得尤为重要。网络欺诈行为识别通过各种方法检测网络中的欺诈行为,如通信行为分析方法、内容分析方法等。通信行为分析是一种应用于网络电信诈骗识别的方法,它通过对电话和短信的发送和接收行为进行分析,识别出潜在的诈骗风险。常见的通信行为分析方法有通话频率分析方法、通话时长分析方法、号码识别评估方法、短信内容分析方法。通话频率分析方法通过统计用户通话的频率和时段,发现异常的通话行为。通话时长分析方法通过分析通话的时长,判断是否存在异常的通话模式。号码识别评估方法通过对通话记录中的号码进行识别和评估,发现潜在的欺诈号码。短信内容分析方法通过对短信内容进行文本分析(如垃圾短信),以了解短信的主题、情感和意图,发现潜在的欺诈行为。内容分析是一种用于分析和评估文本、图像、视频、音频等内容的特征和模式的方法,以识别潜在的欺诈行为。文本内容可来自于网页内容或短信内容等多种途径的内容,文本分析通过使用自然语言处理技术,如词频统计、词法标注、情感分析等,来判断文本的真实性和欺诈风险。图像分析通过图像特征提取、图像识别、图像内容分析等技术,提取图像的颜色、纹理、形状等特征,并进行图像相似性比对、物体识别等操作,来检测和识别欺诈图片、虚假广告或恶意二维码等。视频分析通过视频帧提取、运动分析等技术,提取视频的关键帧、运动轨迹等信息,来检测和识别欺诈视频、虚假广告等。音频分析通过音频特征提取、语音识别、情感分析等技术,提取音频的声音特征、语音内容,并进行语音识别、情感判断等操作,来检测和识别欺诈电话或虚假录音等。

同样,网络欺诈预防也是降低网络欺诈风险的重要手段之一。网络欺诈预防的常用方法包括短信关键词过滤、链接分析、语义分析、协同过滤。短信关键词过滤通过识别短信中的特定关键词或短语来判断是否为垃圾短信、欺诈短信或包含不良内容。链接分析用于分析和评估网页或网站之间的链接关系,以识别潜在的欺诈链接或恶意链接。语义分析通过自然语言处理技术对文本内容进行语义分析和情感分析,从而识别出可能的欺诈行为或威胁。协同过滤可以利用用户的历史行为数据和反馈信息,识别出潜在的欺诈行为或不受信任的链接,协同过滤可以提供个性化的欺诈预防服务。

2. 网络欺诈检测技术

网络欺诈检测技术是指用于发现和防止在网络环境下进行的各种欺诈行为的技术手段和方法。网络欺诈检测技术对于保护个人和组织财产安全、防止身份盗窃和个人信息泄露、阻止网络诈骗和欺骗以及维护网络生态系统安全都具有重要意义。网络欺诈检测技术可以帮助提高网络安全性,降低欺诈风险,促进用户和组织在网络环境中的安全和信任。网络钓鱼攻击是一种常见的网络欺诈活动,攻击者利用欺骗性的电子邮件和伪造的网站骗取用户的私人信息。网络钓鱼攻击手段通过发送看似正规的电子邮件,但实际上包含引诱性的内容或紧急情况的描述,引起受害者的注意,进而获取受害者信息,并利用受害者的信息进行个人信息盗窃、金融欺诈和身份盗用等活动。为了应对这种威胁,反钓鱼检测技术变得尤为重要。反钓鱼检测技术是一种用于识别和预防网络钓鱼攻击的网络欺诈检测技术,旨在保护用户免受网络钓鱼的攻击。内容安全领域提出了一系列有效的反钓鱼技术和防护策略。以下为常用的三种反钓鱼检测方法的介绍。

1) 基于特征选择的反钓鱼检测技术

基于特征选择的反钓鱼检测技术的目标是通过分析和识别钓鱼网站或钓鱼邮件中的关键特征,从而区分它们与合法网站或邮件之间的差异。基于特征选择的反钓鱼检测技术首先需要在钓鱼网站或钓鱼邮件中提取相关特征,如网页或邮件的 URL、域名、文本内容、图像等;然后,通过特征选择算法,从提取的特征集中选择最相关的特征;最后,使用选定的特征构建分类模型,根据特征的权重和模式来判断样本是否为钓鱼。

很多反钓鱼研究人员专注于提出新的特征或优化分类算法,但不相关的特征可能仍然存在,因此需要一个系统的特征选择框架来识别真正有效的特征集。有相关研究人员提出一种被称作混合集成特征选择(HEFS)的网络钓鱼检测系统特征选择框架,如图 5-9 所示[7]。该框架利用了一种累积分布函数梯度(CDF-g)算法来产生主要特征子集,累积分布函数梯度算法克服了特征截止等级识别技术的不稳定性。然后,主要特征子集经数据扰动集合产生次要特征子集,再经函数扰动集合产生一组基线特征。该框架是灵活的、稳定的、全自动的,提高了基于机器学习的网络钓鱼检测系统的检测精度和计算效率。

图 5-9　混合集成特征选择的网络钓鱼检测架构图

2) 基于交易记录的反钓鱼检测技术

随着在线业务的发展,网络钓鱼诈骗逐渐成为交易安全的主要威胁。交易记录通常是实时生成的,并且交易记录通常包含详细的信息,例如,交易金额、时间戳、交易双方、交易地点、交易方式等,基于交易记录的网络钓鱼检测方法可以及时并准确地检测到钓鱼网站的活动。

近年来,区块链技术成为人们广泛谈论的话题,同时区块链中的各种网络犯罪接踵而来。区块链数字加密货币受网络钓鱼诈骗的影响出现了各种安全问题,其中,以太坊上的网络钓鱼诈骗正在以多样化的方式进行。以太坊是一种开源的区块链平台,相应的加密货币以太坊是第二大加密货币,对此,有效的检测和预防网络钓鱼诈骗十分重要。相关研究人员将以太坊交易历史建模为一个有向交易网络,并提出了一种通过挖掘其交易记录来检测以太坊网络钓鱼诈骗的方法,如图 5-10 所示[8],这种方法可以自动学习地址的特征,以区分网络钓鱼和非网络钓鱼地址。具体而言,这种方法首先通过网络钓鱼标签及交易记录建立一个交易网络,然后基于交易数量和时间戳,提出了一种网络嵌入算法

trans2vec 用来进行特征提取,最后利用单类支持向量机检测节点是否正常。

图 5-10　基于交易记录检测以太坊网络钓鱼诈骗架构图

3)基于内容的反钓鱼检测技术

基于内容的反钓鱼检测方法利用高级分析技术来检测网络钓鱼攻击,通过对网站、电子邮件、应用程序的内容进行细致的分析来实现这一目标。分析内容的过程包括检查拼写和语法错误、密码字段的安全性、图片的真实性、URL 的合法性、WHOIS 信息的准确性、验证 HTML 代码等功能。

为应对网络钓鱼网站急剧增加的威胁,相关研究人员提出了一种基于内容的网络钓鱼网站检测方法(CANTINA),如图 5-11 所示[9]。CANTINA 不仅利用表面特征,还分析页面本身的基于文本的内容,CANTINA 使用了鲁棒超链接算法来克服断开的超链接,并能够有效地检测网络钓鱼诈骗。具体而言,CANTINA 对给定网页中的每个词计算它们的 TF-IDF 分数,通过使用权重最高的 5 个术语生成词法签名,将这 5 个词法签名提供给搜索引擎,若当前域名与前 n 个搜索结果域名相匹配,则认为该网站合法,若不匹配,则认为该网站为钓鱼网站。

5.3.5　反诈措施与新闻监管

反诈措施与新闻监管

网络诈骗已经成为一种全球性的犯罪现象,给个人和社会带来了巨大的困扰和损失。为了应对这些问题,反诈措施与新闻监管就变得至关重要。反诈措施利用先进的科技手段和策略防范打击网络诈骗活动,新闻监管通过监管新闻内容保护公众免受虚假和误导信息的侵害。网络诈骗形式多样、手段隐蔽,对应的反诈措施也需要不断创新和发展。目前,人工智能、大数据分析、机器学习等先进技术正在被广泛应用于反诈领域。反诈措施通过分析大量的数据和模式,识别出潜在的诈骗行为,并及时发出预警,帮助用户避免上当受骗。例如,人工智能技术通过分析用户的行为模式和交易记录,识别出异常行为和可疑交易,并及时通知用户。然而,单纯依靠技术手段来解决网络诈骗问题是不够的,新闻监管也是至关重要的。在信息爆炸的时代,虚假和误导信息的传播速度极快,一旦公众接触到这些信息,就可能产生误导和伤害。政府和相关机构应该建立健全的监管机制,加强

图 5-11 基于内容的网络钓鱼网站检测架构图

新闻内容的审核和审查,严格打击虚假新闻和谣言的传播。同时,公众也应该增强新闻的辨识能力,学会分辨真假信息,不盲目相信和传播未经证实的内容。相关人员运用先进的技术手段和建立有效的监管机制,可以有效地减少网络诈骗活动的发生,保护公众免受误导和伤害。

1. 反诈措施应用

网络诈骗是随着科技的不断进步和互联网的普及而日益严重的问题。为了有效防范并打击网络诈骗行为,各行各业都需要加强网络反诈骗措施的研究和应用,保障人们的财产安全和个人隐私,减少欺诈行为对人们的影响。网络反诈措施利用现代科技手段和技术手段,预防、监控和打击网络诈骗行为。常见的网络反诈措施应用包括身份验证、风险评估、欺诈检测等。

(1)身份验证:身份验证是防范诈骗和保护用户账户安全的基础方法,通过验证个人身份信息的真实性、完整性和有效性确认用户的身份。身份验证主要包括实名认证、人脸识别等技术。实名认证通常要求用户提供真实的个人信息,如姓名、身份证号码、手机号码等,进行验证确认,确保用户的身份真实可信,并降低恶意注册的风险。人脸识别技术是一种通过识别用户的面部特征来验证用户身份真实性的技术,使用摄像头或其他图像采集设备获取用户的面部图像,并与事先注册或存储的面部特征进行比对,如果比对结果一致,就可以确认用户的身份。

(2)风险评估:风险评估是一种根据用户行为数据进行分析和评估,确定用户的行为风险水平,采取相应措施的方法。风险评估主要包括行为分析、关联分析和聚类分析等方法。行为分析通过对用户的行为数据进行监测和分析,判断用户的行为是否符合要求,识别出正常和异常的行为模式。例如,在电子支付场景中,风险评估系统可以分析用户的消费习惯、交易频率和金额等,确定是否存在异常的交易行为。如果风险评估系统检测到异常行为,就可以触发风险提示或进一步的身份验证措施,确保账户安全。关联分析通过分析用户关联的多维数据，如 IP 地址、设备信息、交易关系等，评估用户的行为风险，发现潜在的风险因素。例如，如果一个用户在不同的设备上使用相同的账户进行登录，或者与其他高风险用户存在交易关系，风险评估系统就可以将其标记为风险用户并采取相应的安全措施。聚类分析是一种将用户行为数据进行聚类和分析的方法，通过对用户行为进行聚类，识别出异常行为群体或模式。例如，在网络安全领域，聚类分析方法通过对大量用户的登录行为进行聚类，发现异常登录行为，如多次尝试密码、频繁更换 IP 地址等。异常登录行为可能暗示着恶意攻击或未授权访问，风险评估系统可以及时预警或采取阻止措施。

（3）欺诈检测：欺诈检测方法是网络内容安全领域中的重要研究方向。欺诈检测通过识别和预测网络攻击和欺诈行为，及时发现网络攻击的风险，并采取相应的防护措施。例如，机器学习算法通过对大量历史数据进行训练，自动学习欺诈行为的模式和特征，建立模型并使用机器学习算法识别网络攻击和欺诈行为。在欺诈检测中，机器学习可以利用大量的特征数据，包括交易金额、交易频率、地理位置等，来识别欺诈模式。

深入研究网络反诈措施对社会发展至关重要，尽管当前的欺诈检测和防范技术有所进展，但是网络环境的复杂性和变化速度仍然是一个巨大的挑战。网络反诈措施对于保护用户权益、维护网络安全、降低社会成本、促进创新和发展以及支持法律执法具有重要意义，是建立安全可信的网络环境，促进数字化社会健康发展的关键一步。

2. 新闻监管

虚假新闻的存在给社会带来了巨大的风险和挑战，采取相关行动来解决这个问题至关重要。除了政府需要制定有效的监管政策和加强法律制裁以外，媒体自律和公众素质的提升同样至关重要。政府部门应该完善法律框架，确立相关法律法规以提供明确的界定和规范。法律法规应包括对虚假新闻行为的定义、追责机制和处罚措施。政府部门应明确违规行为的界限并给予相应的法律制裁，有效减少虚假新闻的传播。政府部门可以建立有效的监督机制，包括设立专门机构或加强现有机构的职责，负责监督新闻报道的准确性和可信度。政府部门通过调查、处罚和公开曝光违规行为打击虚假新闻的传播，起到震慑作用。媒体机构应自觉遵守职业道德准则，加强内部管理，包括事前审查、事后监督和追责机制等。媒体自律有助于提高新闻报道的准确性和客观性，减少虚假新闻的产生和传播。媒体机构应加强对新闻报道的事实核实，并确保消息来源的可信性，建立透明的新闻编辑流程和内部监督机制，减少虚假信息的传播。公众的教育与培训也至关重要。公众应该接受教育，了解辨别虚假新闻方法，并具备批判性思维能力。培养公众对于媒体报道的审慎态度，提高新闻来源的辨别能力，减少对虚假信息的接受和传播。同时，媒体和社会组织可以开展相关宣传活动，提高公众对虚假新闻问题的认识。

除此之外，我们还可以充分利用现代技术来应对虚假新闻，如自然语言处理技术、数据挖掘技术、社交媒体分析技术和人工智能技术等。自然语言处理技术可以自动分析和理解文本内容，对新闻内容进行自动分类，并判断其中是否存在虚假信息。数据挖掘技术可以从大量的新闻数据中发现模式和规律，分析新闻内容的结构、词汇、语法等特征，识别虚假新闻的特征和模式，进而检测出可能的虚假新闻。社交媒体分析可以对社交媒体数据进行分析,追踪虚假新闻的传播路径和影响力。

5.4　网络水军与网络暴力

　　网络水军和网络暴力是信息内容安全领域中的两个严重问题。随着互联网的普及和社交媒体的兴起,网络水军和网络暴力行为变得越发猖獗,造成了恶劣的社会影响。网络水军和网络暴力的出现与互联网社交媒体的兴起密不可分。互联网的匿名性和信息传播的迅速性使得网络水军与网络暴力问题更加严重和普遍。网络水军通过虚假身份和大量账号制造虚假信息,扰乱网络舆论环境,影响公众的判断。网络暴力借助网络平台的便捷性和广泛传播的特点,给受害者带来极大的心理和身体上的伤害。网络水军和网络暴力加剧了信息泛滥和虚假信息的传播,使人们容易受到误导和欺骗,并给当事人或组织带来伤害。本节将从网络水军与网络暴力概念、网络水军检测技术、网络暴力识别技术以及社交媒体平台的反制措施等角度展开介绍。

5.4.1　网络水军与网络暴力概念

1. 网络水军

网络水军
与网络暴
力概念

　　随着互联网技术的飞速发展,互联网已经成为人们获取信息、与他人交流、分享观点和经验的重要平台,人们可以在互联网上进行各种形式的互动。社交媒体的兴起使得人们可以轻松地与朋友、家人和陌生人建立即时联系,使得距离和时区的限制变得不再重要。然而,社交网络环境中出现了一个严重的问题——网络水军。网络水军是一种利用网络和社交媒体渠道,通过操纵软件机器人或水军账号在互联网上散播虚假信息、操纵舆论或制造舆论的行为总称。网络水军活动在过去几年迅速发展,成为网络社交媒体环境中的一大难题。网络水军用于政治宣传、商业竞争、社交媒体操纵等各种目的,发布大量无用或有害的信息,改变公众舆论或制造假象,谋取幕后主使的利益。

　　机器人水军相比于人类水军的影响和危害更大。机器人水军具有自动性、廉价性、匿名性、广泛传播性等特点。机器人水军的自动性是指,机器人水军通过自动化程序或机器人同时创建和管理大量虚假账号,而人类水军则需要耗费大量时间和精力来创建和维护多个账号。机器人水军的廉价性是指,相比于人类水军,机器人水军的成本低很多,而且成本差距还在逐年扩大。机器人水军的匿名性是指,机器人水军通过匿名化方式操作,掩盖真实身份和意图,难以被普通用户或平台监测和辨别。机器人水军的广泛传播性是指,机器人水军能够迅速、大规模地传播信息,而人类水军的行动受限于时间和人力资源,无法与机器人水军的传播速度相媲美。

　　随着机器账号技术的进步,越来越多的人试图利用水军账号实现不良目的。在社交平台上,不法分子利用机器账号散布低俗、色情、赌博等广告信息,引诱用户点击广告或者钓鱼网站链接,谋取经济利益。网络水军的存在对社交网络和在线社区的健康发展带来了严重的影响,它们破坏了信息的真实性和可信度,扭曲了舆论环境,使得真实的声音难以被听到。机器账号能够迅速传播虚假信息和谣言,导致社会争议和冲突的加剧,破坏了社会的和谐和稳定。我们需要共同努力来应对网络水军的挑战,保护社交网络的健康发展,维护信息的真实性和可信度,促进公正和包容的舆论环境。

2. 网络暴力

网络暴力,也称为网络霸凌或网络欺凌,是一种通过互联网实施的具有群体性、欺凌性的暴力行为。网络暴力的表现形式多样,如恶意评论、人肉搜索、网络喷子、网络谣言等。恶意评论是一种在社交媒体、论坛或博客等网络平台上发布带有攻击性、暴力性或威胁性言论的行为。人肉搜索是一种通过网络追踪和公开个人信息,对特定个人进行骚扰、侵犯隐私或恶意追踪的行为。网络喷子是一种在网络上故意挑起争端、发表冒犯性言论或攻击他人,为博取关注故意挑起事端的人。

网络暴力不仅对受害者造成身心伤害,也对社会和网络环境带来了一系列的问题。网络暴力利用言语欺凌对他人进行辱骂、人身攻击、威胁、恶意揭露隐私等行为,给受害者造成心理和精神上的伤害。一些组织或团体会利用网络暴力来传播仇恨言论、推广极端主义观点或实施网络恐怖主义行为,破坏社会的和谐与凝聚力。网络暴力可以随时随地发生,持续时间长,造成的伤害更为深远。网络暴力破坏了网络社交的和谐氛围,影响了公众的参与度和积极性。我们应该积极参与创建一个友善、尊重和包容的网络环境,使互联网成为促进交流、理解和合作的工具。

5.4.2 网络水军检测技术

网络水军
检测技术

随着水军账号的泛滥,研究者们提出了许多针对网络水军的检测方法。网络水军检测技术对于维护网络平台公正性、保护用户权益、防止舆论操控和信息扭曲、维护社会稳定具有重要作用,它可以帮助网络平台识别和处理网络水军,提高平台的可信度和用户体验,营造一个更健康、公正和友好的网络环境。网络水军检测技术是一类利用人工智能等技术检测和辨别网络水军活动的方法。网络水军检测方法可以分为以下两类:①基于内容特征的网络水军检测方法;②基于用户行为关系特征的网络水军检测方法。

1. 基于内容特征的网络水军检测方法

基于内容特征的网络水军检测方法是一种利用文本内容属性的水军账号识别方法。基于内容特征的网络水军检测方法主要依靠词嵌入和预训练语言模型等技术,对网络水军账号发布的文本内容进行分析,获得一系列特征描述文本的内容和结构,进而判断账号是否属于水军。

网络水军检测在成本方面存在很大的挑战,这是因为要有效地检测网络水军,需要进行大量的数据审查和数据集构建生成网络水军示例。同时,随着网络水军技术的不断进化,检测算法也需要不断更新和改进,增加了检测算法的研发成本和维护成本。为了解决上述难题,相关人员利用文本内容和生成的元数据特征进行水军识别,如图 5-12 所示[10]。具体而言,这种方法首先对文本内容进行标记,并使用全局词向量嵌入方法将标识的数据转换为嵌入序列。然后,该方法利用过采样技术生成元数据获取可解释的上下文特征。最后,该方法将元数据特征作为辅助输入与文本内容嵌入序列输送给 LSTM 深度网络进行水军识别。

图 5-12　上下文 LSTM 架构图

2. 基于用户行为关系特征的网络水军检测方法

基于用户行为关系特征的网络水军检测是一种利用账号之间的社交网络行为关系的水军账号识别方法。基于用户行为关系特征的网络水军检测方法的典型做法是构建社交网络关系图。这类方法的重点在于分析用户之间的关系行为,如账号之间的关注关系、粉丝关系、互动关系、发帖内容。正常用户的社交关系图结构与机器账号的图结构之间存在明显差异,通过分析用户关系行为特征,可以发现一些区别于真实用户的模式。水军账号与正常用户账号存在的特征差异大致如下:

(1) 关注关系:水军账号与其他水军账号建立大量互相关注关系,形成一个密集的网络图结构。相比之下,真实用户的关注关系更加多样化,包括关注朋友、家人、名人等。

(2) 粉丝关系:水军账号拥有大量虚假粉丝,而真实用户的粉丝来自现实生活中的朋友和关注者。

(3) 互动关系:水军账号缺乏真实用户之间的频繁互动,更多的是通过发送推文或转发扩大影响力。真实用户会在社交网络上与朋友、家人和其他用户进行更多的互动,如评论、点赞等。

(4) 发帖内容:水军账号发表的内容以造谣、散布虚假信息为主要手段,以达到特定的目的,缺乏真实性、可信度。而真实用户更多是出于个人的兴趣、需求和分享自己的生活状态而发表内容。

虽然基于用户行为关系特征的网络水军检测已经大量应用于网络水军检测领域,但仍然存在一些缺陷,如嵌入问题和标签样本不足问题。为解决上述问题,相关人员利用多智能体深度强化学习自适应地确定图结构中最优邻域和网络层的搜索,如图 5-13 所示[11]。具体而言,该方法首先利用用户数据、关系、行为特征和内容特征构建异构信息网络,并提取子图结构。然后,该方法利用强化学习进行网络层搜索,获得子图编码嵌入的最优策略。接着,该方法利用对比自监督学习方法区分子图表示,并利用堆叠 GNN 模型将目标节点的输入特征及其相应的嵌入进行聚合。最后,该方法使用注意力机制将相关邻域的子图整合到最终嵌入中,分类器学习最终嵌入进行分类,识别网络水军。

5.4.3　网络暴力识别技术

网络暴力是一种以虚拟化、模糊化的互联网语言为手段的暴力攻击行为,相较于传统

网络暴力
识别技术

图 5-13　增强自监督 GNN 搜索架构图

语言暴力更加难以辨别。为了应对网络暴力问题，识别网络暴力行为成为一项紧迫的任务。有效的网络暴力识别技术可以帮助监测和分析网络暴力行为，及早发现和应对潜在的威胁。研究者们利用人工智能开发一些技术手段来识别网络暴力行为。按照方法角度，网络暴力识别技术可以分为基于文本内容的网络暴力识别方法和基于视听信息的网络暴力识别方法。

1. 基于文本内容的网络暴力识别方法

文本内容是网络暴力言论的主要表达形式，需要从文本中提取特征进行网络暴力识别。基于文本内容的网络暴力识别方法基本思想是通过分析文本内容，从文本中学习到仇恨和暴力言论的特征模式，并使用这些特征模式来对文本进行分类，判断其是否包含暴力言论。这类方法主要分成两个阶段，即特征提取阶段和分类识别阶段。在特征提取阶段，这类方法通常使用一些提取方法构建特征表示形式，如词法分析、情感分析、词袋模型等，然后选取最具代表性的特征集合。在特征提取完成之后，这类方法使用传统的分类算法，如随机森林等算法，来训练模型分类和识别。

目前的基于文本内容的网络暴力识别方法存在着一定的局限性，在遇到更微妙、不明显的仇恨言论时，效果不佳。为了解决这个问题，相关人员使用自然语言处理特征衡量用户评论的不同方面，检测用户评论中的滥用语言，如图 5-14 所示[12]。具体而言，该方法的特征包括使用 N-gram 特征、语言特征、句法特征和语义分析特征，通过对这些特征评估提高检测性能。N-gram 特征对有意识或无意识诋毁类型的冒犯性词语进行建模；语言特征寻找非辱骂性语言元素在内的煽动性词汇；句法特征获得单词、依赖关系等元组；语义分析特征使用两种词嵌入和一种评论嵌入方法获取低维向量表示。

2. 基于视听信息的网络暴力识别方法

除了文本信息，文章还包括视频和音频等信息，这些视听信息也可能包含暴力言论和暴力行为的内容。基于视听信息的网络暴力识别方法利用视频和声音等视听信息识别网络暴力内容或暴力行为。与基于文本内容的网络暴力识别方法相比，基于视听信息的网络暴力识别方法需要通过音频和视频处理技术提取视听信息中的特征，并使用专门设计用于处理音频和视频数据的模型进行网络暴力检测。

以前的基于视听信息的网络暴力识别工作存在场景单一、模态单一等问题。为了解决上述问题，相关人员使用三个并行分支的神经网络捕获视频片段之间的不同关系[13]。

图 5-14　基于文本内容的暴力言论检测架构图

三个分支网络包括整体分支、局部分支和分数分支。整体分支利用相似先验捕获远程依赖关系，局部分支利用接近先验捕获局部位置关系，分数分支动态捕获预测分数的接近度。具体而言，该方法将视频片段通过视频特征提取器和音频特征提取器分别获取视频特征和音频特征，然后将视频特征和音频特征融合得到片段特性，通过分支网络捕获片段关系并进行特征融合，最后通过完全连接层将融合特征表示投影到标签空间，识别暴力行为，该方法架构如图 5-15 所示。

图 5-15　基于视听信息的暴力言论检测架构图

5.4.4　社交媒体平台的反制措施

社交媒体平台在治理网络水军和网络暴力方面扮演着重要角色。为了防止不恰当的言论产生恶劣影响，社交媒体平台致力于采用识别、排除和过滤措施，及时清除网络水军和网络暴力行为。社交媒体平台应该承担相应的责任，成为第一道防火墙。社交媒体采取的策略包括账号自动检测、内容关键词过滤审核、互联网监测、用户举报反馈、账号验证

社交媒体平台的反制措施

和实名制等。

（1）账号自动检测：社交媒体平台利用机器学习和自然语言处理技术开发算法自动检测账号。账号自动检测方法通过检测出大量重复发布的内容、恶意攻击性言论以及其他违规行为，识别和过滤出现异常行为的用户。社交媒体平台通过大数据分析和挖掘技术，分析出大规模的用户行为数据、社交媒体内容和关系网络，及早发现异常疑点和恶意行为。

（2）内容关键词过滤审核：社交媒体平台可以设定关键词过滤和敏感词审核机制，严格审核和筛选信息，自动屏蔽或标记包含违规内容的言论，降低机器账号和恶意水军散布虚假信息和暴力信息的能力。社交媒体平台可以将自动化工具和人工审核团队相结合使用，发挥出最大优势。自动化工具通过关键词过滤和自然语言处理技术识别潜在的违规内容，人工审核团队对被标记为可疑的内容进行进一步审查，确保平台上的内容符合规定和道德标准。

（3）互联网监测：社交媒体平台建立实时监测系统，利用人工智能技术完善网络监督管理体系，并及时发现和应对恶意水军和暴力活动。监测系统利用人工审核和机器辅助的方式，对用户发布的内容进行审核，监控用户异常行为，以便及时发现可疑活动并采取快速响应措施，包括封禁账号、删除虚假信息等。互联网监测系统可以帮助平台及早发现并阻止恶意行为，保护用户免受虚假信息和网络暴力的影响。

（4）用户举报反馈：广大网民是网络的主要参与者，社交媒体平台应利用这一优势，鼓励用户积极举报违规内容，并提供举报通道，让用户能够直接向平台报告违规行为或问题。用户的反馈可以帮助平台快速发现和处理违规行为。

（5）账号验证和实名制：社交媒体平台可以要求用户进行账号验证，采取实名制措施，降低匿名用户的存在，减少各种小号泛滥的情况，从而减少网络暴力和水军活动的可能性。

社交媒体平台通过以上措施努力识别、排除和过滤不恰当的言论，减少网络水军和网络暴力对用户和社会的负面影响，保护用户的权益和网络生态的健康发展。在当今数字化时代，社交媒体平台的网络安全风险日益增加，平台和用户都应保持警惕并采取相应的措施。然而，治理网络水军和网络暴力是一个持续的挑战，社交媒体平台需要不断改进和加强其策略和措施，应对不断变化的威胁。

内容伪造与深度鉴别

5.5 内容伪造与深度鉴别

顾名思义，内容伪造是使用人工智能技术生成的内容，冒充真实的、经过验证的信息。例如，不法分子利用大模型生成的文本可以伪造新闻报道、社交媒体帖子、评论等，使文本看起来像是真实的内容，这些伪造文本可能被用于传播虚假信息、制造谣言，甚至用于网络诈骗、政治操纵等恶意活动。同样，不法分子利用大模型生成逼真的图像和视频，可以制作虚假的照片、视频片段，甚至是完整的虚构场景。因此，内容伪造识别成为大模型时代亟待解决的问题。内容伪造识别通过技术手段来识别和区分真实的内容和伪造的内容,从而保证内容信息的安全。随着生成式人工智能模型不断成熟,伪造技术将带来更多网络安全风险,成为互联网治理领域不可回避的问题。接下来分别从深度伪造技术、语音文字伪造、图像视频伪造、内容伪造识别技术这几个方面对内容伪造与鉴别进行讲解。

5.5.1　深度伪造技术

深度伪造技术是一种基于深度学习和人工智能的技术,用于生成逼真的虚假内容,包括图像、音频、视频和文本等。深度伪造技术通过学习真实数据的分布特征,生成与真实内容相似的虚假数据。它的核心技术有生成对抗网络和变分自编码器,这两种方法都可以对图像、音频和视频进行伪造。

生成对抗网络由生成器和判别器组成,生成器通过学习已有的图像或视频来产生伪造的内容,而判别器则被训练为能够区分真实的和伪造的内容。简单来说,生成器负责创建伪造的媒体内容,而判别器则尝试区分真实的内容和伪造的内容。生成器网络和判别器网络相互博弈,不断提高自己的能力,直到生成的结果足够逼真,无法被判别器区分出来。生成对抗网络通过反复训练生成器和判别器,可以逐渐提高生成内容的逼真程度。

变分自编码器是一种生成模型,结合了自编码器和概率图模型的思想。简单来说,变分自编码器是在自编码器的基础上添加了噪声。变分自编码器通过学习数据的潜在分布来生成新的样本,并且可以进行潜在空间的插值和操作。与传统的自编码器不同,变分自编码器引入了概率分布的概念,并通过对数据的潜在表示施加约束,使得生成的样本能够在潜在空间中均匀分布,使得变分自编码器具有更好的样本生成能力和潜在空间的连续性。变分自编码器在深度伪造技术中还有泛化能力强、模型训练过程稳定等优势,这些优势使得变分自编码器成为深度伪造技术中重要的组成部分,用于生成逼真的伪造图像和视频,并实现更精细的图像编辑和合成效果。

通过深度伪造技术,伪造模型可以生成逼真的虚假文本,包括生成文章、评论、新闻等,也可以修改和重写现有的文本内容,使内容看起来像是由特定作者编写。除了文本深度伪造,还存在其他形式的深度伪造技术,如图片、语音和视频的深度伪造。图片深度伪造利用深度神经网络技术对脸部进行编码和解码,可以替换和混合图像中的面部或身体部分。例如老化滤镜,可以让用户看到自己几十年后的样子。语音深度伪造包括声音的交换和文本转语音功能。声音的交换是指通过学习模仿对象声音的数据库,使用深度伪造算法生成类似的声音进行替换。文本转语音功能是通过输入新文本来更改录音中的音频内容。视频深度伪造作为一种视觉媒介具有高说服力的特点,也是深度伪造技术中使用最广泛的类型。视频的深度伪造功能包括面部交换、面部扭曲、身体操控和嘴型同步等,可以实现无缝的人脸替换,即将一个人的动作置换到另一个人身上,改变一个人的口型和言语表达。

深度伪造技术可以生成全新的、创造性的内容,在电影等娱乐领域中可以用于特效制作、角色表演等,也可以用于艺术创作、设计和图像编辑等领域。此外,深度伪造技术也被不法分子用于模拟用户行为和生成虚假信息,对舆情分析和社交媒体产生影响,导致虚假信息的传播、隐私侵犯甚至对社会造成影响。对于深度伪造技术的发展和应用,我们需要对其进行适当的监管和防范,确保其合法、道德和负责任的使用。

5.5.2　语音文字伪造

语音文字伪造(主要是音频伪造)利用技术手段对语音或文字进行篡改、修改或伪造，产生虚假的语音或文字内容。语音文字伪造通过深度学习和语音合成技术，可以生成听起来像真实人声的虚假语音，或者修改已有的语音内容以改变其意义或产生误导。语音文字伪造主要基于深度学习、信号处理等技术，学习语音和文字的特征，通过训练模型，生成逼真的虚假语音或文字。

语音文字伪造主要包括语音转换和语音合成。语音转换通过分析和学习大量的语音数据，模型可以生成逼真的人工语音，在训练过程中，模型学习了语言的发音规则、语调、重音和语速等特征，使得生成的语音听起来更加自然和流畅。语音合成将一个人的说话声音转换成另一个人的声音，实现声音的"换脸"效果，通过分析声源声音的特征，将声音特征应用于目标声音信号上，使他人听起来像目标者。

语音文字伪造技术需要音频和文字输入，用于指定目标语音的内容和音色，语音伪造技术可以分为以下几个步骤：

(1) 收集目标说话人的语音数据作为训练样本，可以是录音或从公开资源中获取的语音片段。

(2) 如果语音文字伪造方法接收文本输入，也可以将文本转换为适合输入模型的表示形式，如字符编码或词嵌入。

(3) 对输入音频进行预处理，提取音频的特征。

(4) 使用生成对抗网络或其他深度学习模型对目标说话人的语音特征进行建模和训练，进行语音转换，来生成与目标说话人相似的语音特征。

(5) 将预处理后的数据输入生成模型，生成目标说话人的帧级语音特征序列，生成目标语音。

(6) 将生成的虚假声音与现有音频进行合成或修改，达到所需的效果。

语音文字伪造的危害很大，例如，一些不法分子可以通过收集大量的声音样本，并利用这些声音样本训练出高度逼真的语音模型，用于进行针对性的诈骗。随着人工智能声音模仿技术的普及，人们在电话或网络通信中可能面临信任危机，骗子可以利用人工智能技术伪装成熟人，增加了人们识别真伪的难度。语音文字伪造通常和视频伪造相结合使用，两者相辅相成，达到更逼真的效果。

5.5.3　图像视频伪造

图像视频伪造利用深度学习技术对图像或视频进行篡改、修改或伪造，产生虚假的内容或信息。以人脸伪造为例，人脸伪造技术通过将一个人的面部与被模仿对象的视频进行合成，生成一个全新的伪造换脸视频。一个视频通常由连续的图片组成，因此视频伪造也包括图像伪造。在图像视频伪造过程中，原视频被分解成一帧帧的图片，然后替换每一帧图片中的人脸，最后将这些图片重新合成为一个伪造的视频，这个过程通常使用深度学习方法自动化地完成。通过上述这个过程可以制作出看起来真实但实际上从未发生的视频，从而引发虚假信息传播和误导。

图像视频伪造的执行步骤可以分为以下几个主要阶段。

（1）将源视频转成图片（源图片）、目标视频转成图片（目标图片），将视频素材逐帧分解为一系列单独的图片，并将每一帧提取出来，以便进行后续的面部替换和合成。

（2）使用面部关键点检测算法，例如，人脸识别或特征点定位，识别目标对象和被模仿对象视频中的面部位置和特征，然后使用特征提取算法，从目标对象和被模仿对象的面部图像中提取面部特征表示。

（3）利用生成对抗网络或其他图像合成算法将目标对象的面部特征嫁接到被模仿对象的面部图像上，与目标视频中的人脸进行融合，进行图片换脸。

（4）将合成的面部与目标视频的身体和背景进行合成，按照时间顺序重新合成为连续的视频序列并导出，之后也可以对生成的伪造视频进行后期处理，例如，调整颜色、光暗程度等，掩盖一些不足之处，使其更逼真。

显而易见，视频伪造的危害是多方面的。例如，不法分子通过视频伪造制作虚假视频诋毁他人的名誉或侵犯他人的隐私，导致受害者个人声誉受损、人身安全受到威胁，甚至可能引发法律纠纷。视频伪造也可以用于散播虚假信息和谣言、误导公众，不法分子通过制造虚假视频可以引发社会中不必要的混乱，视频伪造还可以制造政治矛盾、传播极端思想，从而威胁国家安全。

5.5.4　内容伪造识别技术

为应对内容伪造技术带来的危害，检测技术尤为重要，内容伪造识别技术对于防止虚假信息传播、维护信息可信度、保护个人和组织利益具有重要意义。随着深度伪造技术的深入发展，对网络安全、社会安全甚至国家安全都产生了严重的威胁。深度伪造技术可以用来制作逼真的虚假视频、音频和图像，使人们难以分辨真伪。为了应对深度伪造技术带来的一系列负面影响，人们开始关注针对深度伪造技术的对抗策略。

图像视频深度伪造识别（检测）技术可以分为两类：主动检测技术和被动检测技术。以下为主动检测技术和被动检测技术的介绍。

（1）主动检测方法通过嵌入额外信息（如水印或签名）到图像或视频中，以便在后续的检测过程中识别其真实性和完整性。若图像视频被篡改，这些额外信息将会发生改变，因此，可以根据额外信息有无发生变化，判断图像视频有无被篡改。主动检测方法在处理存在额外信息的图像视频时相对简单有效，然而，大多数的图像视频不包含额外信息，这就导致了主动检测方法的局限性。

（2）被动检测技术不需要嵌入额外信息，而是直接分析图像和视频的内在特征、统计信息、物理特性以及伪造痕迹等，识别和检测伪造迹象，该类方法包括基于统计特征分析的方法、基于时空特征的方法、基于传统机器学习的方法、基于深度学习的方法等。

① 基于统计特征的图像视频伪造检测方法：基于统计特征的图像视频伪造检测方法通过分析图像和视频中的统计特征检测伪造迹象，这些方法基于图像和视频的数字特征和统计模型，旨在发现与真实数据不一致的模式。基于统计特征的图像视频伪造检测方法可以从颜色特征、纹理特征、边缘特征、尺度特征等方面进行检测，若图像视频存在伪造现象，统计属性可能会发生变化。基于统计特征的图像视频伪造检测方法通常依赖于

手工设计的特征提取过程,在处理复杂和多样化的伪造技术时可能面临一定的挑战。

② 基于时空特征的图像视频伪造检测方法:基于时空特征的图像视频伪造检测方法利用图像和视频数据的时空信息检测图像视频是否伪造或篡改,其主要思想是通过分析图像和视频的内容、结构和特定的时空属性来判断其真实性。基于时空特征的图像视频伪造检测方法提取图像和视频的时空特征,分析图像和视频的时间序列信息以及内容和空间关系,然后建立深度学习算法对提取的时空特征进行处理和分析,根据提取的特征和训练好的模型,对图像和视频进行伪造检测。

③ 基于传统机器学习的图像视频伪造检测方法:传统机器学习技术常被应用于伪造检测中,机器学习模型(如 K 近邻、支持向量机等)通常需要手动进行特征工程,即选择和提取伪造检测任务有意义的特征,且通常需要较少的计算资源,对于资源受限的环境或设备来说存在优势。基于传统机器学习的图像视频伪造检测技术在一定程度上可以有效地检测常见的伪造形式,如图像篡改、人脸合成、视频剪辑等。然而,对于深度伪造或高级图像视频伪造技术,传统机器学习方法可能无法捕捉到足够的复杂特征表示,导致性能下降。

④ 基于深度学习的图像视频伪造检测方法:随着深度学习的快速发展,基于深度学习的方法在图像视频伪造检测领域取得了显著的进展,并逐渐超越了传统机器学习方法的性能。深度学习方法通常更加适用于图像视频伪造检测,因为它们能够自动学习复杂的特征表示和模式。

人脸识别越来越多地出现在人们的日常生活中,如刷脸支付、刷脸门禁等,与此同时,针对人脸图像伪造的情况也越来越多,检测出伪造的人脸图像以及定位被操作的区域十分重要,相关研究人员利用注意力机制来实现分类任务,如图 5-16 所示[14],该框架首先提取人脸中的高维特征作为输入,利用基于操作外观模型或者基于回归的方法来估计注意图,并利用 sigmoid 函数得到注意力损失,将注意力损失与高维特征相乘,实现二分类。其中,在基于操作的外观模型中,该框架使用了一个卷积层和完全连接层来回归特征映射的权重。

图 5-16　基于注意力机制的人脸检测架构图

尽管目前基于深度学习的人脸伪造检测技术取得了很大成就,但基于人脸的伪造检测容易被看不见的操作方法产生的样本所影响。除了对人脸面部进行检测来实现伪造检测的方法,还有相关研究人员设计了一种针对嘴唇运动来进行视觉语音识别的伪造检测框架,如图 5-17 所示[15]。该框架在唇读任务上预训练了一个由时空特征提取器和时间卷积网络组成的 CNN,利用唇读学习到的丰富表征来检测伪造。具体而言,该框架首先对带有嘴唇的图像进行对其灰度口部裁剪,然后通过一个带有初试 3-D 卷积层的 ResNet-18 的唇读预训练特征提取器,输出嘴部运动的嵌入,再输送到多尺度时间卷积网路与线性分类器中,得到检测结果。

图 5-17　基于唇读任务的人脸检测架构图

语音文字伪造检测技术的基本思路是通过寻找伪造语音与真实语音之间的特征差异进行检测。尽管语音文字伪造检测技术的研究相对较少,但目前已有的听觉深度伪造检测技术已经能利用前端采用生物信息差异化特征,例如,语速、声纹和频谱分布等特征来实现检测。常见方法如下:

(1) 语速分析方法:语速分析方法通过计算音频中的语音单元数量,并与正常语速进行比较,可以检测出语速异常的音频。常用的方法包括对语音单元进行计数和时长分析,以及检测语音速度的变化率。

(2) 声纹分析方法:声纹分析方法可以通过提取音频中的声音特征,如基频、共振峰等,建立声纹模型。声纹分析方法通过比较声纹模型之间的相似度或使用专门的声纹识别算法,检测出伪造音频中的不一致声纹特征。

(3) 频谱分布分析方法:频谱分布分析方法将音频信号转换为频域表示,例如,使用快速傅里叶变换。频谱分布分析方法通过分析音频在不同频率上的能量分布,可以检测出频谱改变、频谱平滑或其他异常特征。频谱分布分析方法可用于检测伪造音频中的频谱变化。

随着生成技术不断提升,深度伪造内容将变得越来越逼真,检测技术也在与之相互竞争和演化,需要继续研究和改进深度伪造内容检测技术应对新的挑战。为了应对深度伪造内容检测技术面临的挑战和难点问题,我们要不断推进深度学习、计算机视觉和信号处理等领域的研究,提出新的算法和模型,提高对深度伪造内容的检测准确性和检测模型的鲁棒性。另外,相关部门需要制定和完善相关的法律法规,明确对深度伪造的定义、责任和处罚,加强法律监管和打击措施,维护社会秩序和公共利益。

习题

1. 你认为信息内容安全的主要技术有哪些？

2. 你认为大模型的实际应用有哪些？

3. 你认为信息内容安全技术上的发展能否解决所有的信息内容的安全问题？

4. 你认为除计算机技术之外，还有哪些领域需要协同工作才能更好地保障信息内容的安全？

5. 请简述如何应对大模型时代的内容安全问题。

6. 大模型和小模型有什么区别？大模型的特点有哪些？

7. 请简述网络舆情的特点。

8. 网络舆情检测常用技术有哪些？简要说明每种技术的基本原理。

9. 常用欺诈行为识别方法有哪些？简要列举并说明每种方法的基本原理。

10. 典型的欺诈手段和反欺诈方法有哪些？简要说明每种欺诈手段和反欺诈方法的原理。

11. 什么是网络水军？与人类水军相比，网络水军有哪些不同？

12. 请简述网络暴力的危害。

13. 常用的水军账号检测的方法有哪些？简要说明每种方法的定义与实际意义。

14. 简述网络暴力识别方式有哪些，并简要说明其原理。

15. 社交媒体平台反制方法主要有哪些？简要说明每种方法。

16. 简述深度伪造技术有哪些，简要说明其原理。

17. 简述什么是图像视频伪造，简要说明其主要流程。

18. 简述语音文字伪造的类型有哪些，简要说明其主要流程。

19. 请简要说明内容伪造检测技术有哪些分类，并对每个分类进行简单描述。

参考文献

[1] Zhou X M,Chen L. Event detection over twitter social media streams[J/OL]. The VLDB Journal,
     2014,23(3)：381-400.

[2] Hu L M,Li J Z,Nie L Q,et al. What happens next? Future subevent prediction using contextual
     hierarchical LSTM[C]//Proceedings of the AAAI Conference on Artificial Intelligence. 2017：
     3450-3456.

[3] Peng H,Zhang R T,Li S N,et al. Reinforced,incremental and cross-lingual event detection from
     social messages[J/OL]. IEEE Transactions on Pattern Analysis and Machine Intelligence,2022,45
     (1)：980-990.

[4] Natali R,Seo S Y,Liu Y. CSI：A hybrid deep model for fake news detection[C]//Proceedings of
     the 2017 ACM on Conference on Information and Knowledge Management. 2017：797-806.

[5] Qi P,Cao J,Yang T Y,et al. Exploiting multi-domain visual information for fake news detection

[C]//2019 IEEE International Conference on Data Mining (ICDM). IEEE,2019：518-527.

[6]　Wang Y Q,Ma F L,Jin Z W,et al. EANN：Event adversarial neural networks for multi-modal fake news detection[C]//Proceedings of the 24th ACM Sigkdd International Conference on Knowledge Discovery & Data Mining. 2018：849-857.

[7]　Chiew Kang Leng,Tan Choon Lin,Wong KokSheik,et al. A new hybrid ensemble feature selection framework for machine learning-based phishing detection system[J/OL]. Information Sciences, 2019,484：153-166.

[8]　Wu J J,Yuan Q,Lin D,et al. Who are the phishers? phishing scam detection on ethereum via network embedding[J/OL]. IEEE Transactions on Systems,Man,and Cybernetics：Systems,2020, 52(2)：1156-1166.

[9]　Zhang Y,Jsaon H,Lorrie C. Cantina：a content-based approach to detecting phishing web sites [C]//Proceedings of the 16th international conference on World Wide Web. 2007：639-648.

[10]　Sneha K,Emilio F. Deep neural networks for bot detection[J/OL]. Information Sciences,2018, 467：312-322.

[11]　Yingguang Yang,Renyu Yang,Yangyang Li,et al. Rosgas：Adaptive social bot detection with reinforced self-supervised gnn architecture search[J/OL]. ACM Transactions on the Web,2023, 17(3)：1-31.

[12]　Chikashi N,Joel T,Achint T,et al. Abusive language detection in online user content[C]// Proceedings of the 25th international conference on World Wide Web,2016：145-153.

[13]　Wu P,Liu J,Shi Y J,et al. Not only look,but also listen：Learning multimodal violence detection under weak supervision[C]//Proceedings of the 16th European European Conference on Computer Vision,2020：322-339.

[14]　Hao D,Liu F,Stehouwer J,et al. On the detection of digital face manipulation[C]//Proceedings of the IEEE/CVF Conference on Computer Vision and Pattern Recognition,2020：5781-5790.

[15]　Haliassos A,Vougioukas K,Petridis S,et al. Lips don't lie：A generalisable and robust approach to face forgery detection[C]//Proceedings of the IEEE/CVF conference on computer vision and pattern recognition,2021：5039-5049.

第6章 应用安全基础

应用安全是为保障各种应用系统在信息的获取、存储、传输和处理各个环节的安全所涉及安全技术的总称。密码技术是应用安全的核心支撑技术，系统安全技术与网络安全技术则是应用安全技术的基础和关键技术。应用安全涉及如何防止身份或资源的假冒、未经授权的访问、数据的泄露、数据完整性的破坏、系统可用性的破坏、个人隐私信息的滥用等。主要研究领域包括：身份认证与信任管理、访问控制、隐私保护、云计算安全、区块链安全、人工智能安全、大数据安全等。本章将就应用安全的一些重要和新兴技术加以介绍和讨论。

应用安全概述

6.1 应用安全概述

在各类应用服务系统中，身份认证是保障应用安全的基础，其不仅包括传统的人的身份认证，设备、软件等网络实体都需要身份认证和可信管理。不同场景、不同约束条件下需要采用多种多样的身份认证方式。在应用系统中，身份认证与信任管理必须结合使用，在信任体系的支撑下，人们才能确信某一身份对应的实体是否值得信任，是否可以授予对信息的访问权限。在跨系统信息服务的场景下，信任体系如何建立、实体的信任度如何动态持续评估都是关系到应用系统安全的重要环节。

访问控制是应用系统信息安全必不可少的组成部分。随着信息系统功能越来越复杂，跨系统协同操作越来越普遍，信息服务种类越来越多，对数据、系统功能的访问控制策略也越来越复杂，传统的自主访问控制模型、强制访问控制模型已不能满足当前复杂信息系统的访问控制需求。在基于角色的访问控制模型之后又发展出基于网络空间的访问控制等多种扩展。

随着移动互联网、云计算、大数据、物联网等应用的不断普及，以淘宝、京东、Amazon为代表的全球电子商务，以微信、微博、抖音、美篇、Facebook、Twitter、Instagram为代表的移动社交媒体平台，以携程、滴滴、大众点评、美团、穷游、airbnb为代表的住宿出行，以支付宝、微信支付为代表的移动支付等各种移动互联网服务不断涌现，并借助移动网络全面深入到人们生活工作的方方面面。在使用丰富多样的移动应用的过程中，用户会发布海量的感想、照片、视频、体验、点评等多模态社交媒体数据，同时也会泄露自身身份、人际关系、位置轨迹、兴趣爱好、经济状况等个人隐私信息。所发布的隐私信息，从用户层面，会在用户群、朋友圈之间传播共享。从移动应用服务商层面,一是利用收集的数据对用户进行精准画像,提供定制化个性服务;二是对数据进行分析加工,改进自身系统的功能和性能;三是为获取进一步的收益,会将用户信息在自身不同信息系统之间共享、在生态圈友商系统间共享。这些均导致海量用户个人信息跨系统、跨生态圈乃至跨国境流转常态化,用户信息不可避免地留存在不同信息系统中。而不同信息系统的隐私保护意识参差不齐,隐私保护策略千差万别,隐私保护能力强弱不一,信息共享交换过程中数据所有权、管理权与使用权分离,加大了用户隐私泄露风险,严重威胁到用户的隐私安全、企业的数据安全乃至国家的社会经济安全,隐私保护也成为应用安全关注的重点领域。

云计算已经成为当前非常普及的一种信息服务提供方式,为政府和企业提供了新信息系统构建方式和计算方式,可以提供高可靠的信息和计算服务,降低用户维护应用系统硬件以及安全的成本。国外的 Amazon、微软以及国内的阿里巴巴、腾讯、华为目前提供的公有云服务已拥有大量的客户,不仅服务于个人用户,也服务了广大的企业用户。云计算电子政务云也在各地快速发展。但由于云计算造成了数据所有权和管理权的分离,人们对云计算在计算环境、服务保障、数据安全方面仍然存在很多疑虑。因此在云计算基础设施的可信性、保障云数据安全方面开展了持续的研究,提出了众多的安全技术和安全服务方法,对云应用的安全保障起到了重要的促进作用。

工业互联网通过云化的网络平台把设备、生产线、工厂、供应商、产品和客户紧密地连接融合起来,帮助制造业拉长产业链,形成跨设备、跨系统、跨厂区、跨地区的互连互通,从而提高效率,推动整个制造服务体系智能化,实现制造业和服务业之间的跨越发展,使工业经济各种要素资源能够高效共享。这其中需要对各类终端进行身份认证,以保证信息来源的可信与真实。数据汇集到云端,要保证系统的可靠运行,需要保证数据的机密性、完整性、访问和流转的可控性以及系统软硬件的安全性。

物联网、移动互联网和云计算的飞速发展使得海量的数据汇集到云端,形成了大数据(Big Data)。麦肯锡全球研究所给出的大数据定义是一种规模大到在获取、存储、管理、分析方面大大超出了传统数据库软件工具能力范围的数据集合。大数据本质上是一种方法论,是组合分析多源异构的数据来进行更好的决策,获得的数据越多越能发现数据中蕴含的知识、价值和规律。因此保证数据来源的真实、促进多源数据的共享、有效挖掘数据的价值、保障数据所有者的权益是实现大数据安全应用的关键,上述技术实际上是人工智能、区块链以及网络安全技术的融合交叉应用。

人工智能近年来快速发展,在图像识别、自然语言理解、知识发现与数据挖掘、博弈等方面取得了显著的成就。在围棋领域,Alpha Go 已经使人类最顶尖的棋手胜机渺茫。人工智能也被持续推动在智慧城市、自动驾驶、医疗诊断、在线教育、芯片设计等领域广泛应用。Chat GPT 等大模型应用推动的生成式人工智能使得人工智能技术发展到一个新的高度。世界各国普遍将人工智能列为国家发展战略。2017 年,我国国务院印发《新一代人工智能发展规划》,提出了面向 2030 年的我国新一代人工智能发展的指导思想、战略目标、重点任务和保障措施,目标是构筑我国人工智能发展的先发优势,加快建设创新型国家和世界科技强国。2019 年 7 月,美国更新了《国家人工智能研究发展战略计划》[1],确定了最新的 8 个人工智能研发战略:①持续对基础 AI 研究进行长期投资;②开发人与

AI协作的有效方法;③解决人工智能中的伦理道德、法律和社会因素;④确保AI系统的可靠性与安全性;⑤为AI训练和检测开发共享数据集与环境;⑥支持开发人工智能技术标准和相关工具;⑦推动人工智能研发人员发展,保持美国的领导地位;⑧扩大公私合作伙伴关系,加速人工智能的发展。人工智能在训练阶段和推理阶段对数据的正确性都有较高的要求,同时人工智能技术也越来越多地应用在网络安全防护、密码设计与分析领域,生成式人工智能带来的深度伪造、公平性等问题也日渐凸显,人工智能安全已经成为应用安全领域被广泛关注的研究热点。

区块链作为数字加密货币——比特币的基础支撑技术,由于其去中心化、不可篡改、可追溯等特性在构建价值互联网、建立新型信任体系方面得到了广泛的关注。区块链在信息共享、版权保护、物流、供应链金融、跨境支付、数字资产、数字货币等领域的应用也在不断探索之中。当然,区块链本身存在共识时间长、吞吐量受限的缺点,随着区块链落地应用的推进,区块链本身的安全问题、隐私保护问题也亟待解决。同时,区块链对于互联网信息服务、金融安全也带来相应的风险。2019年,国家互联网信息办公室发布《区块链信息服务管理规定》,为区块链信息服务提供有效的法律依据。同年,中共中央政治局第十八次集体学习指出,要把区块链作为核心技术自主创新重要突破口,将区块链技术上升为国家战略。

应用安全涵盖面极广,限于篇幅不可能全部涉及。在本章的其余部分将对一些基础和重要的部分进行介绍。

6.2 身份认证与信任管理

6.2.1 身份认证的主要方法

身份认证的主要方法

身份认证是保障信息系统安全的第一道门户。用户在被确认身份之后才可以在信息系统中根据身份所具有的权限享受相应的信息服务。身份认证一般分为验证方和证明方,证明方通过向验证方证明其拥有和其身份对应的某个秘密或者独特的特征,来证明其身份。本节介绍常用的身份认证方法。

1. 用户名/口令

每个证明方被分配一个唯一的口令,验证方保存有证明方的口令或者口令的变换值。这个变换值一般是单向的,即验证方从保存的口令变换值没有办法推断出口令本身。这样的好处是即使验证方受到攻击导致口令变换值泄露,攻击者也没有办法推断出口令,从而提高系统的安全性。常用的变换方法是Hash函数。

用户名口令认证是目前最为常见的认证方法,其简单易用,不需要用户拥有任何硬件设备,只要牢记他的口令就可以。为了口令安全,口令应该尽可能地长一些,且不具有规律性。我们经常见到网站要求用户口令不得短于8个字符,必须拥有至少一个大写字符、一个数字和一个特殊字符。不同的网站或系统应采用不同的口令,口令应该定期更换。然而复杂没有规律性的口令难于记忆,很多人通常对于不同的网站使用相同的口令。这会带来很大的风险,如果一个网站的口令泄露,那么其他网站也将随之泄露。

如何选择安全的口令一直是学术界研究的热点。攻击者可能试图猜测用户的口令进入用户的邮箱或云盘以获取用户的敏感数据,如何选择安全的、黑客难以猜测的口令需要利用信息论、自然语言处理等复杂的理论来支撑[2]。

2. 动态口令/一次性口令

固定的口令容易被攻击者获取,那么能否用一次性口令(One Time Password,OTP)或动态口令来减轻这种威胁呢? 答案是肯定的。RSA 公司开发的 SecurID 广泛应用于大型企业的信息系统登录,如图 6-1 所示。SecurID 是一个硬件设备,每分钟生成一个新的口令。系统和每个 SecurID 共享一个初始密钥,然后随着时间变换 ID,系统端会随时间变化同步地更新口令。中国银行的网上银行也采用了动态令牌作为交易认证的方法。

基于时间的动态口令需要令牌与系统间保持时间同步。通常在一段时间内(如 1 分钟)动态口令是一样的,这样在时间段内口令有可能会被重用,也有可能失去同步,需要拥有同步机制。

动态口令或动态令牌实际上是 ISO/IEC 9798-2—2008 标准规定的一轮认证协议[3]。例如,Alice 和 Bob 双方已经有共享密钥 K_{ab},一轮认证协议如图 6-2 所示。

图 6-1 SecurID   图 6-2 ISO/IEC 9798-2—2008 一轮认证协议

$$\text{TokenAB} = E_{K_{ab}}(T_A \text{ or } N_A \parallel B)$$

Alice 产生时间戳 T_A 或者序列号 N_A,连同 Bob 的身份标识 B 用 K_{ab} 加密,作为认证令牌发给 Bob。Bob 以 K_{ab} 解密消息,验证 T_A 或者 N_A 的正确性。Alice 和 Bob 共享 K_{ab} 之外,还要求双方保持时间戳或者序列号的同步。

OTP 机制是另一种常见的动态口令认证机制,如人们经常应用的短信验证码,如图 6-3 所示。用户在服务器注册了接收一次性口令的专有设备或者专有的邮箱,如短信、邮件等。当用户使用浏览器或移动 APP 通过互联网访问服务器时,服务器通过向用户手

图 6-3 OTP 认证协议

机发送短信,或者向用户邮箱发送邮件将一次性的认证码发送给用户。用户收到 OTP
后在浏览器或 APP 中输入,从而完成认证。只要用户手机或者邮箱的控制权不丢失,就
可以保证较高的安全性。

3. 挑战应答认证

动态口令认证可以只需要从用户到系统传递一轮消息。为了防止重用,要求双方时
间同步或者序列号同步。挑战应答认证方法是通过一轮应答实现验证者对证明者的认
证,利用一次性随机数实现防止重放攻击。其实现方式如图 6-4 所示。

图 6-4　挑战应答认证协议

验证者提出接入请求,验证者向证明者发送一个一次性的随机数作为挑战。证明者
利用单向密码函数,以双方共享的秘密作为输入,对随机数进行运算作为应答。验证者也
用随机数和共享的秘密作为单向函数的输入,将计算出的结果与证明者返回的应答进行
比较,如二者一致则认证通过。

对应的 ISO/IEC 9798-2—2008 标准规定了如图 6-5 所示的认证流程。

$$A \xleftarrow{\text{(1) } R_B \| \text{Text1}} B \quad (3)$$
$$\text{(2) TokenAB}$$

图 6-5　ISO/IEC 9798-2—2008 挑战应答认证协议

$$\text{TokenAB} = E_{K_{ab}}(R_B \| B)$$

Bob 向 Alice 发送一次性随机数 R_B,Alice 用 K_{ab} 加密 R_B 和 Bob 的身份标识。Bob
解密后验证 R_B 是否与其发出的一致。

ISO/IEC 9798-3—2008 规定了采用公钥密码算法实施挑战应答机制的标准[4],如
图 6-6 所示。Bob 拥有 Alice 公钥,他可以发送一次性随机数 Nonce 给 Bob 作为挑战,
Alice 用自己的私钥对随机数 Nonce 进行数字签名作为应答,Bob 以 Alice 的公钥验证签
名的正确性和 Nonce 的一致性。

图 6-6　ISO/IEC 9798-3—2008 挑战应答认证协议

图 6-7 所示的 U 盾是一种基于数字签名的实现挑战应答协议硬件设备,广泛应用于
网上银行的支付认证。大致的工作流程是网银客户端软
件会将每次支付交易信息发送到与计算机终端连接的 U
盾,U 盾对交易已存储在 U 盾中的用户私钥签名后返回
计算机,并传递到银行业务系统验证签名是否正确。

图 6-7　U 盾

4. 基于生物特征和物性特征

认证本质上是基于属于被认证者独一无二的特征的。
人的生物特征正好满足这样的要求,因此选择具有足够区
分度的生物特征作为认证手段成为近年来的热点,并得到
越来越多的广泛应用。常见的生物特征认证包括指纹、人脸、虹膜、声纹等。选择的生物
特征应该易采集,区分度高。生物特征认证的优点是方便,用户不用携带额外的认证设
备,缺点是生物特征不可替换,不可更新。一旦用户生物特征被泄露或被窃取,会给用户
带来极大的信息安全和隐私方面的隐患。因此对于生物特征采集、存储和应用的安全需
要加大保护力度。

生物特征认证与密码认证的不同点还在于有识别准确率和误识率的折中问题,这实
际是安全性和方便性的平衡,本质是假设检验问题。

目前一种常用的安全认证机制是生物特征本地保存,本地比对。远程认证还是采用
密码协议,两种机制相结合提供更高的安全性,例如后面会讲到的 FIDO。

5. 图灵测试

图灵测试是验证登录信息系统的是人还是自动化执行的程序,采用的方式是利用人
能快速回答,而机器难以快速回答问题,目的是防范利用计算机程序对系统进行暴力破
解。经常看到的图灵测试是图形验证码,如图 6-8 所示,在登录系统时不仅要输入口令,
还要输入图形验证码。

(a) 识别图形验证码　　　　　(b) 完成拼图　　　　　(c) 选择正确的图片

图 6-8　几种不同形式的图灵测试方法

图灵测试的安全性取决于人工智能算法识别特定问题的难度,包括字符识别、图像识
别等。随着深度学习的技术发展,图像识别的准确率已经接近甚至超过人类,因此图灵测
试的方案需要不断提升和改进。

6. 多因子认证

单一的认证方法不足以保证身份认证的安全性。因此在实际应用当中，多采取多种认证方式结合，构成所谓的多因子认证方式。常见的包括静态口令＋短信验证码，静态口令＋USB KEY，口令＋生物特征，生物特征＋公钥认证等。

6.2.2 身份认证的主流标准

身份认证的主流标准

1. RADIUS

远程认证拨入业务协议 RADIUS（Remote Authentication Dial-In User Service protocol）是由 Livingston 公司发明的，用于接入认证和计费服务。有关 RADIUS 规范文本，可参看 RFC 2865 和 RFC 2856。

图 6-9 是微软 RADIUS 协议的工作流程。用户通过拨号连入网络接入服务器，网络接入服务器和 Internet 认证服务器（IAS）之间采用 RADIUS 协议通信。

图 6-9 微软 RADIUS 协议的工作流程

① 用户向 NAS 发起 PPP 认证协议。

② NAS 提示用户输入用户名和口令（如果使用口令认证协议 PAP）或者挑战（如果使用挑战握手认证协议 CHAP）。

③ 用户回复。

④ RADIUS 客户端向 RADIUS 服务器发送用户名和加密的口令。

⑤ RADIUS 返回 Accept、Reject 或者 Challenge。

⑥ RADIUS 客户端按照 Accept、Reject 附带的业务和业务参数执行相应的操作。

RADIUS 服务器可以支持一系列可变的方法来认证用户。当用户提供用户名和原始的口令，它可以支持 PPP、PAP 或 CHAP、UNIX 登录或其他认证机制。

在 RADIUS 中，认证和授权是绑在一起的。如果用户名在数据库中且口令是正确的，RADIUS 服务器会返回 Access-Accept，包括一系列属性-值列表对，描述会话的参数。典型的参数包括服务类型（Shell 或者帧）、协议类型、分配给用户的 IP 地址（静态或动态）、访问控制列表或者一个静态路由。

RADIUS 在许多企业信息系统接入过程中得到应用。

2. 在线快速身份认证

1) 简介

据统计，80%数据泄露的根源是使用不安全的口令认证，因为如果每个用户有 90 个账号,其中 51%的口令将是重复使用的。FIDO(Fast Identity Online,在线快速身份认证)联盟意图解决在线认证中基于口令认证难题,提供更简单、更安全的在线认证方案。

2009 年,时任 Validity Sensors 公司 CEO 的 Ramesh Kesanupalli 与 PayPal 的首席信息安全官(CISO)Michael Barrett 共同探讨 PayPal.com 如何使用生物特征识别技术代替口令对在线用户进行身份认证。其主要思想是基于生物特征识别解锁设备上的加密密钥,使用公钥密码或者对称密码方案与服务器进行身份认证,从而可以完全通过本地身份认证实现无口令的登录。

FIDO 联盟由 PayPal、联想集团、Nok Nok Labs、Validity Sensors、Infineon 和 Agnitio 于 2012 年夏天创立,主旨是制定无口令身份认证协议。

2013 年 4 月,联盟扩充接受了由 Google、Yubico 和 NXP 于 2011 年就开始研发的开放式第二因子身份认证协议。该协议的原理与 FIDO 生物识别解决方案基本相同,利用形如 USB Key 等的第二因子设备与服务器进行认证,认证过程中用户通过按下某个按钮的手势或者输入短的口令解锁存储在第二因子设备中的密钥。

这两种认证方式的特点是在服务器端都没有口令存储。采用的第二因子设备可以称为认证设备,针对不同服务注册并存储不同的密钥,避免了在不同服务间共享用户的隐私,这就允许用户采用多个匿名的安全身份。此概念构成所有 FIDO 标准的基础。

2014 年 12 月 9 日,完整的 1.0 版无口令协议(称为通用身份认证框架——UAF)和第二因子协议(称为通用第二因子——U2F)同时发布。2016 年 2 月,万维网联盟(W3C)基于联盟提交的 FIDO2.0 Web API 启动了网络身份认证领域的全新标准制定工作,其目标是对所有网络浏览器和相关网络平台基础设施中采用的强身份认证进行标准化。截止到 2016 年年末,FIDO 联盟已成为可提供 200 多种认证解决方案、可互操作的身份认证生态系统。

2) 通用身份认证框架

通用身份认证框架(Universal Authentication Framework,UAF)无口令认证如图 6-10 所示,Alice 要通过手机转账 10000 元,APP 要求进行在线认证。Alice 只须在手机终端上输入指纹(也可以根据系统要求进行人脸识别),终端即可完成认证。

图 6-10　UAF 无口令认证

实际上,FIDO UAF 的架构如图 6-11 所示,包括 FIDO 用户设备和依赖方。在依赖方包括 Web 服务器和 FIDO 服务器,FIDO 服务器中包含存放密码认证公钥的数据库,以及认证器的元数据和可信验证密钥,这个密钥用于验证认证器软件的可信性。FIDO 用户设备包括浏览器或者 APP、FIDO 客户端、FIDO 认证器,ASM(Authenticator Specific Module)是连接特定认证器和 FIDO 客户端的调用接口,用于使 FIDO 客户端可以连接多个 FIDO 认证器。FIDO 认证器里存储了多个私钥,对依赖方可以注册使用不同的私钥。

图 6-11　FIDO UAF 架构

FIDO 的注册过程如图 6-12 所示,用户产生新的密钥对,私钥存储在认证器中,对应的公钥传输到 FIDO 服务器保存。

图 6-12　FIDO 的注册过程

认证的过程如图 6-13 所示,用户端发起认证后,服务端发送挑战给 FIDO 客户端,FIDO 客户端通过生物特征或者输入短的 PIN 码验证用户并解锁私钥,用私钥对挑战进行签名并返回给服务器,完成对客户端的认证。PIN 码一般就是手机的开机密码或者手势密码。

图 6-13　FIDO UAF 认证流程

3) 通用第二因子认证协议

通用第二因子认证(Universal 2nd Factor,U2F)协议使在线业务在其已有的口令认证基础设施之上增强安全性。其用户体验如图 6-14 所示。用户像以前一样使用用户名和口令登录系统,服务端会在其流程中任何合适的时候提示用户使用第二因子设备进行认证。第二因子强认证设备可以简化口令,如使用 4 位 PIN 码,而仍然保持强的安全性。

图 6-14　FIDO U2F 认证

U2F 协议的核心是 U2F 设备具有针对特定网站产生不同公私钥对的能力,并将公钥和公钥的索引在注册阶段发送给原来的在线服务网站。当用户执行认证时,在线服务站点将公钥索引连同挑战通过浏览器发送回 U2F 设备,U2F 设备可以用这个索引选定对应私钥,并生成挑战的数字签名发送给在线服务,可以验证用户确实持有 U2F 设备。

在注册阶段,浏览器会向 U2F 设备发送在线网站主机名、端口和使用协议等信息的 Hash,U2F 要将 Hash 值编码到公钥索引当中。在认证时,服务器将公钥索引发回给浏览器的时候,浏览器还要将服务器相关信息的 Hash 和公钥索引发给 U2F 设备,U2F 设备要验证 Hash 和公钥索引中原来编码的 Hash 是否匹配,如果不匹配就不返回任何签名。这样做的目的是迫使不同的在线服务使用不同的公钥,从而避免不同的网站合谋使用相同的公钥,并对用户的行为进行画像和追踪,以保护用户的身份隐私。

3. 联盟身份管理

联盟身份管理(Federated Identity Management,FIM)可以使用户使用同一个身份在组成联盟的所有企业中访问相应的资源。这类系统也被称为身份联盟,其支持用户身份跨安全域链接,每个域拥有自己的身份管理系统。如果两个域组成联盟,那么用户在一个域中认证之后,不需要再进行独立的登录过程就可以访问另一个域的资源。

单点登录(Single Sign-On,SSO)是身份联盟的一个重要组件,但其与身份联盟不是一个事情。SSO 通常使用户可以使用同一组身份证明访问一个组织中的多个系统,而身份联盟使用户跨组织访问系统,因此身份联盟系统包含 SSO。身份联盟在浏览器层面和 SOA 层面都涉及大量用户-用户、用户-应用、应用-应用的应用场景。

要使 FIM 发挥效用,联盟成员之间必须要建立互信。授权信息可以在联盟成员间通过安全信道传递。OAuth 是典型的 FIM 系统。

OAuth 是 Open Authorization 的简写。传统的客户端/服务器认证模型中,用户在访问受限的资源时,需要用资源所有者发布的身份证明向服务器认证身份。如果要向第三方应用提供受限制资源的访问,资源所有者必须和第三方共享其身份证明,这会带来一些问题。

- 第三方应用需要存储资源所有者的身份证明,比较典型的是口令的明文。
- 服务器要支持口令认证,即使我们已经知道口令存在内在的脆弱性。
- 第三方应用获得了过多的受保护资源的访问权限,而资源所有者没有任何能力限制其只在有限的时间内访问部分资源。
- 资源所有者如果不撤销所有第三方的访问就不能撤销单个第三方的访问,而且必须通过修改第三方的口令来实现。

OAuth 定义了 4 个角色,分别如下。

- 资源所有者:可以许可访问受保护的资源的实体。如果资源所有者是人,其指的是终端用户。
- 资源服务器:运行受保护资源的服务器,可以接受和响应对受保护资源使用访问令牌的访问请求。
- 客户:得到资源所有者授权并代表其产生受保护资源访问请求的应用。

● 授权服务器：在成功认证资源所有者并获得授权后向客户颁发访问令牌。

OAuth 没有规定授权服务器和资源服务器之间的交互过程。OAuth 2.0 的工作流程如图 6-15 所示。

图 6-15　OAuth 2.0 的工作流程

（1）客户向资源所有者请求授权，授权请求可以直接向资源所有者提出，也可以通过授权服务器间接提出。

（2）客户收到授权许可，具体形式可以参看标准定义。

（3）客户请求授权服务器的认证，向授权服务器出示授权许可以请求访问令牌。

（4）授权服务器认证客户，并且验证授权许可的有效性，颁发访问令牌。

（5）客户向资源服务器出示访问令牌以请求受保护的资源。

（6）资源服务器验证访问令牌的有效性，如果有效，请求进行服务。

任何服务提供商都可以实现自身的 OAuth 认证服务，因而 OAuth 是开放的。互联网上很多服务（如 Open API），很多大的公司（如 Google、Yahoo、Microsoft 等）都提供了 OAuth 认证服务。一个典型场景是：一个用户需要两项服务，一项服务是图片在线存储服务 A，另一个是图片在线打印服务 B。由于服务 A 与服务 B 是由两家不同的服务提供商提供的，所以用户在这两家服务提供商的网站上各自注册了一个用户，假设这两个用户名各不相同，密码也各不相同。当用户要使用服务 B 打印存储在服务 A 上的图片时，用户该如何处理？

方法一：用户可先将待打印的图片从服务 A 下载并上传到服务 B 上打印，这种方式安全但处理比较烦琐，效率低下。

方法二：用户将在服务 A 上注册的用户名与密码提供给服务 B，服务 B 使用用户的账号再去服务 A 处下载待打印的图片，这种方式效率是提高了，但是安全性大大降低了。

使用 OAuth 可以解决这个问题。服务 B 可以作为客户从作为资源所有者的用户处获得访问服务 A 获取图片的授权，然后服务 B 向与服务 A 联盟的授权服务器认证自己的身份，认证通过后授权服务器向服务 B 发放访问作为资源服务器 A 的访问令牌。服务 B 向 A 出示令牌，A 验证通过后将图片交给 B 打印。

在这一过程中，授权服务器作为 FIM 的身份管理系统，可以支持多个不同组织的身份认证服务，一个主流的身份服务标准是 OpenID[5]。

6.2.3　信任管理模型

在开放的网络环境中,两个陌生的主体之间需要互相协作,其中一方可能出于自己的利益产生恶意行为,危害另一方的利益。通过基于信任管理的决策模型,能够抑制由此产生的风险。实体的信任关系包括身份信任和行为信任两个方面。基于身份的信任模型本质上是假设信任关系的静态性,基于策略和安全凭证关系认证实体身份,基于实体的信任路径来评估信任关系。基于行为的信任模型是在一定的上下文环境中,主体对客体行为是否可靠做出的主观判断,当客体行为改变时,信任评价随之发生变化,具有较强的动态性。

1. 公钥基础设施

公钥基础设施(Public Key Infrastructure,PKI)是利用非对称密码机制实现身份认证并建立基于身份的信任关系,是支撑公钥应用的一系列安全服务的集合。在应用公钥密码的时候会面临下面的问题:Alice 用私钥进行数字签名的时候,如果 Bob 要验证这个签名,他如何获得 Alice 的公钥? 一种方法是 Alice 把公钥直接发送给 Bob,另一种方法是 Alice 将公钥存储在公开的数据库中,Bob 从公开数据库中获得 Alice 的公钥。那么Bob 如何确信他所得到的公钥确实是 Alice 的公钥呢?

为解决这个问题,数字证书(Digital Certificate)应运而生。数字证书由 Alice 和 Bob都信任的权威第三方颁发,实际上建立了第三方权威机构支撑的信任模型。数字证书将Alice 的公钥和 Alice 的身份绑定起来。国际电联 ITU 制定的 X.509 标准规定了证书的格式,图 6-16(a)是 X.509v3 的证书格式,图 6-16(b)是一个实际的证书。

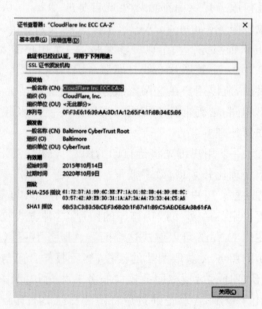

(a) X.509 v3证书格式　　　　(b) 实际的X.509 v3证书

图 6-16　X.509 证书

证书当中的版本号,用于实现不同版本证书的兼容;序列号是证书的唯一标识;签名算法标识符用于说明证书签名使用的算法;颁发者名称是 CA(Certificate Authority,证书颁发机构)的名字;有效期记载了证书颁发的时间和失效的时间。主体名称记载了证书持有人的名称;主体公钥信息记载了证书持有人的公钥。颁发人唯一标识符用来防止颁发人有重名的情况。随后是 CA 对证书的签名。

PKI 的构成和工作流程如图 6-17 所示。用户向注册权威机构 RA(Registration Authority,数字证书注册中心)申请证书,RA 验证用户的身份后向 CA 发出用户证书申请。RA 类似于现实生活中的派出所。CA 为用户生成证书后将证书颁发给用户,同时将证书放到公共存储服务当中。CA 还会维护一个证书撤销列表(Certificate Revocation List,CRL),用于存储在证书有效期内私钥丢失的证书序列号,并由 CA 的私钥签名。CA 会将 CRL 存储在公共服务中或者推送到使用证书的第三方用户,如 Bob。

图 6-17 PKI 的构成和工作流程

X.509 标准采用树状的信任体系,如图 6-18 所示。根 CA 使用自身的私钥为自己签发证书,是整个信任体系的锚点。根 CA 为下级 CA 颁发证书,直到为用户颁发证书。用户 Alice 和 Bob 都信任其上级 CA,直到根 CA。虽然 Alice 和 Bob 的证书是由不同 CA 颁发的,他们沿着信任路径可以到达相同的证书节点,那么他们就可以建立信任关系,这类似于现实生活中的身份证。Alice 和 Bob 的身份证假如分别由北京和陕西公安部门发放,但是他们均信任公安部,因此可以建立信任关系。

图 6-18 X.509 证书信任体系

任何一个使用证书的第三方在验证证书有效性的时候,要执行以下验证操作。

- 证书颁发机构是否是其信任的机构。
- 证书是否在有效期内。
- 证书是否在证书撤销列表当中。
- 证书的数字签名是否有效。

所有上述验证通过以后,用户就可以从证书获得证书持有人的公钥,并信任这个公钥。

2. 动态信任关系建模

信任的动态性决定了信任关系的强弱随时间演化,动态信任关系模型要对信任随时间和上下文变化进行重新评估,动态信任关系的数学模型包括:

（1）定义信任度的取值范围。例如，可以定义信任值为[0,1]上的值，既可以连续取值，也可离散取值。

（2）信任值的获取。包括直接方式和间接方式。在直接方式中，信任关系是通过一个实体对另一个实体的属性进行判断而直接建立的，当对另一个实体完全没有了解时，信任度可设置成默认值；在间接方式中，实体通过第三方的推荐建立对客体的信任关系和得到推荐的信任值，该信任值根据信任度演化模型计算得到。

（3）信任度的评估。根据时间和上下文的动态变化进行信任度的动态更新，A 和 B 在每次交互后，A 更新信任信息结构表中对 B 的信任值。如果一个交互是满意的，调高直接信任值，如果交互不满意，降低直接信任值。在有些模型中，对信任度进行评估时，即使没有发生交互，信任度也会随着时间的流逝而降低。

动态信任建模的主要环节包括：

（1）信任关系的初始化。实体 A 可根据与对方 B 的历史交互记录和声誉等因素来确定初始化信任度。

（2）观测。监控实体间所有交互的影响，根据观测结果对信任值进行动态更新。

（3）信任值的评估和预测。根据数学模型建立的运算规则，在时间和观测到的证据上下文的触发下动态地重新计算信任值。实体 A 和实体 B 交互后，A 需要更新对 B 的信任值。如果这个交互基于推荐者的交互，主体 A 不仅要更新它对实体 B 的信任值，而且也要评估对推荐实体的信任值。当前信任评估的主要模型包括 Beth 信任度评估模型[6]、Jøsang 信任度评估模型[7]、普适网络信任评估模型[8]、贝叶斯信任模型[9]。

动态信任建模应满足准确性、可扩展性、动态适应性、健壮性，并具有激励机制。

（1）准确性。信任模型的准确性体现在信任值计算的准确性以及可信决策制定的正确性，可以从主观和客观两个方面加以度量。一方面是信任模型的评估结果和被评估对象的客观能力的匹配程度，另一方面是信任模型的评估结果与主体主观意愿的匹配程度。

（2）可扩展性。信任模型应具有适应信任网络中实体数目增加的能力，实体数目的增加将导致实体间信任关系数量的增加，从而导致更多的存储和计算开销。提高信任系统的可扩展性，需要考虑带宽成本、资源存储成本、负载均衡等问题。

（3）动态适应性。信任模型应具有在各种不确定因素的动态影响下提供稳定服务的能力。一个好的信任模型能够在复杂的动态环境中继续提供稳定的服务，能够自动地适应网络实体和网络环境的动态变化。

（4）健壮性。信任模型应能抵抗系统内节点主动或被动发起的恶意行为对信任系统的攻击。好的信任模型要既能有效处理目前现有的攻击方式，又能自适应地学习、分析、预测和处理未来恶意节点的攻击行为。

（5）激励机制。信任系统要能够提供适当的激励机制，一方面激励节点对其他节点给出正确的评价，另一方面要对节点的良好行为产生激励，使其有动机累积信誉。

3. 零信任模型

2010 年，Forrester 分析师 John Kindervag 提出了"零信任模型"（Zero Trust Model），其核心思想是网络边界内外的任何东西，在未验证之前都不予以信任。该模型放弃"边界防护"的思路,在"零信任"的发展过程中,国内外各厂商纷纷提出自己的解决方案,其中比较有影响的是谷歌 BeyondCorp 体系,具有以下特点。

(1) 内网应用程序和服务不再对公网可见。外部可见的组件只有访问代理、单点登录系统、在公司内部的 RADIUS 组件,以及间接暴露的访问控制引擎组件。访问代理和访问控制引擎组件共同组成前端访问代理,集中对访问请求进行认证和授权。

(2) 企业内网的边界消失。发起连接的设备或终端所在网络位置和 IP 地址不再是认证授权的必要因素。无论设备或终端在哪里,所有对企业应用或服务的访问请求都必须经过一个逻辑集中访问代理组件的认证和授权。

(3) 基于身份、设备、环境认证的精准访问控制。只有公司的设备清单数据库组件中的受控设备(公司购买并管控,对每台设备发放证书),并且用户必须在用户/群组数据库组件中存在才能通过认证,然后经过信任推断组件的计算,才会获得相应的授权。每个用户或设备的访问级别可能随时改变。通过查询多个数据源,能够动态推断出分配给设备或用户的信任等级。访问代理中的访问控制引擎基于每个访问请求为企业应用提供服务级的细粒度授权。授权基于用户、用户组、设备证书、设备清单数据库中的设备属性进行综合判定。地理位置和网络位置在 BeyondCorp 安全模型中已经不是认证授权的必选项,而是根据需要做判定的一个可选项。

(4) 提供网络通信的端到端加密。用户设备到访问代理之间经过 TLS 加密,访问代理和后端企业应用之间使用谷歌内部开发的认证和加密框架 LOAS(Low Overhead Authentication System)双向认证和加密,保证数据链路的机密性和完整性。

6.2.4 访问控制模型

访问控制模型

1. 自主访问控制和强制访问控制

20 世纪 70 年代至 20 世纪 90 年代,研究人员针对共享数据的访问权限管理提出了自主访问控制模型(Discretionary Access Control,DAC)[10] 和强制访问控制模型(Mandatory Access Control,MAC)[11]。在 DAC 模型中,资源拥有者按照自己的意愿来决定是否将自己所拥有资源的访问权限授予其他用户,可以有选择地与其他用户共享其资源。而 MAC 模型中,资源的访问权限是由享有标记权限的信息系统安全管理员进行分配。DAC 可以提供较为灵活的访问控制策略,但是安全性较差。MAC 通过为用户和数据划分安全等级,实现了信息的单向流动,但由于 MAC 采用集中式管理方式,当系统用户数量增加时会给系统管理员带来极大的授权负担,同时,权限管理效率偏低、缺少灵活性。

2. 基于角色的访问控制

20 世纪 90 年代至 2000 年,随着信息系统与网络技术的发展,DAC 与 MAC 的有限扩展特性已无法满足大规模系统中日益复杂的访问需求,因此有学者在 DAC 和 MAC 的基础上引入角色和任务等概念,提出了基于角色的访问控制(Role-Based Access Control,RBAC)模型[12]。RBAC 中通过角色对访问控制策略进行描述,系统中的用户和权限均对应于某些特定的角色。角色的引入实现了用户与权限之间的分离,简化了授权管理。

图 6-19展示了用户角色关系模型。

图 6-19　用户角色关系模型

RBAC 中相关的概念如下。

(1) 主体：指可以主动对其他实体进行相关操作的实体。一般情况下，主体指的是系统用户或者代理用户行为的进程。

(2) 客体：被动接受其他实体动作的实体，通常来说，可以是系统的软件或硬件资源。

(3) 用户：权限控制的访问人员，即系统的使用人员。每个用户都具有唯一的标识符。

(4) 角色：是系统中一系列职责的集合。如何划分角色需要根据具体的问题来分析，安全策略也需被考虑其中。

(5) 权限：规定了针对受保护客体操作的行为许可。客体可执行的操作与系统的设计有关。

(6) 用户角色分配：指通过为用户分配角色来建立用户与角色的对应关系。

(7) 角色权限分配：指通过为角色分配权限来建立角色与权限的对应关系。

(8) 会话：指用户与系统的一次交互，用户与会话之间是一对多的关系。

在实际应用中，通常存在着多个用户拥有相同权限的情况。在分配的时候需要分别为这几个用户指定相同的权限，修改时也要对这几个用户的权限进行一一修改。通过基于角色的访问控制，只须为该角色制定好权限，然后为具有相同权限的用户指定同一个角色即可。当需要对批量用户权限进行调整的时候，只须调整与用户相关联的角色权限，即可实现所有用户权限的调整。这一访问控制手段简化了用户的权限管理，大幅提升了权限调整的效率，降低了漏调权限的概率，减少了系统的开销。

上面的访问控制模型可有效解决单一封闭环境下的访问控制问题，但不足以应对泛在网络空间新的信息服务模式和传播方式所带来的新挑战，特别是数据的所有权和管理权分离，信息的二次/多次转发等的访问控制。针对这一问题，中国科学院信息工程研究所李凤华等提出一种面向网络空间的访问控制模型 CoAC。该模型涵盖了访问请求实体、广义时态、接入点、访问设备、网络、资源、网络交互图和资源传播链等要素，可有效防止由于数据所有权与管理权分离、信息二次/多次转发等带来的安全问题[13]。

6.3　隐私保护

隐私、隐私保护和隐私计算

6.3.1　隐私、隐私保护和隐私计算

隐私的概念在不同国家、宗教、文化和法律背景下,其内涵有很大差别。OECD 对隐私的定义为"任何与已知个人或可识别的个人相关的信息"[14]。在欧洲和北美等地,个人信息大多指个人数据或个人可识别信息(Personally Identifiable Information,PII)。欧盟的《通用数据保护条例》(General Data Protection Regulation,GDPR)[15]中定义的个人数据是指与已识别或可识别的自然人(数据主体)相关的任何信息。可识别的自然人指可以直接或间接识别的人,尤其是通过诸如姓名、识别号、位置数据、在线标识符之类的标识符,或其特定身体、生理、遗传、心理、经济、文化或社会身份等一个或多个因素确定的自然人。《中华人民共和国民法典》中定义为"隐私是自然人的私人生活安宁和不愿为他人知晓的私密空间、私密活动、私密信息。"《中华人民共和国个人信息保护法》定义个人信息为"是以电子或者其他方式记录的与已识别或者可识别的自然人有关的各种信息,不包括匿名化处理后的信息"。

从这些定义可以看出,严格地说隐私是指个人或者自然人的敏感信息,可以将个人信息分为公开信息、隐私信息两类;而对公司或者组织而言,信息包括公开信息、敏感信息和秘密信息。因此本节所介绍的隐私保护是指个人信息保护。

隐私保护采用的方法主要可以分为两类,即**基于数据扰动的方法**和**基于密码的方法**。基于数据扰动的方法称为**隐私脱敏**,基于密码的方法称为隐私防护,**隐私防护**可以保持数据不失真,但是复杂度相对更高。

数据扰动是当前最常用的隐私保护技术之一,其基于特定策略修改真实的原始数据,使得攻击者无法通过发布后的数据来获取真实数据信息,进而实现隐私保护。数据扰动通常包含数据泛化、数据加扰、数据清洗、数据解耦或置换、数据抑制、合成数据等。数据泛化通常指使用数值型或枚举型的属性值来替换真实数据,使发布数据中所含信息的粒度降低;数据加扰主要通过在原始数据上叠加随机扰动来修改真实数据的数值以实现隐私保护,叠加方法通常采用加性叠加或乘性叠加;数据清洗主要基于隐藏数据潜在关联规则的原理,通过修改或移除某些特定的数据使得相应的频繁项集的支持度降低;数据抑制通常利用如"＊"号等符号来代替部分隐私属性值;数据解耦是去除标识符和敏感属性间的关联性,而不改变标识符或敏感属性的值,通常将原始记录表分为两个表分别保存或者发布,一个表包含或发布标识符属性,另一个表发布敏感属性,两个表只有一个相同的组标识作为共有属性;置换是把一个数据记录集合划分成组,在组内对敏感值进行存储位置置换,从而打乱标识符和敏感属性间的对应关系;合成数据生成的主要思想是依据数据构建一个统计模型,然后从模型上采样取代原始数据,在实现隐私保护的同时能保持数据统计信息。

当前大型互联网服务提供商在服务用户过程中积累了海量数据,数据的频繁跨系统甚至跨境交互已成为常态。数据中包含大量的个人隐私信息,由于不同服务商对隐私信

息的保护能力不同,所存在的短板效应造成的隐私信息泄露、隐私侵权行为追踪溯源难等问题越来越严重,隐私信息的过度采集和越权使用难以控制,隐私保护需要体系化的方案。

2015年,李凤华等从信息采集、存储、处理、发布(含交换)、销毁等全生命周期的各个环节角度出发提出了隐私计算定义、学术内涵和研究范畴,并于2016年发表了首篇隐私计算的学术论文[16]。其定义隐私计算是面向隐私信息全生命周期保护的计算理论和方法,具体是指在处理视频、音频、图像、图形、文字、数值、泛在网络行为信息流等信息时,对所涉及的隐私信息进行描述、度量、评价和融合等操作,形成一套符号化、公式化且具有量化评价标准的隐私计算理论、算法及应用技术,支持多系统融合的隐私信息保护。

隐私计算涵盖了信息搜集者、发布者和使用者在信息产生、感知、发布、传播、存储、处理、使用、销毁等全生命周期过程的所有计算操作,并包含支持海量用户、高并发、高效能隐私保护的系统设计理论与架构。

6.3.2　匿名化和差分隐私

1. k-匿名

匿名化和差分隐私

k-匿名(k-anonymity)最早由Sweeney提出[17]。个人信息数据库被共享时,需要采用隐私保护技术。这些数据库的每一条记录一般包括个人的姓名、电话、身份证号码,以及其他属性数据。在许多隐私保护系统中,要保护的是与数据关联的个人的身份,或者是个人的某些敏感信息。通过仔细观察和分析数据,就发现仅在数据集中去掉名字是不能起到匿名效果的。通过与其他数据集的关联,匿名化的数据可以重新确定身份。数据集中存在一些准标识符,当与其他数据库中的信息组合在一起的时候可以重新标识身份。例如,大概87%的美国人可以仅用其{5位邮政编码,性别,出生年月}的组合唯一标识出来。即使只有一小部分人被唯一标识,也是非常严重的信息泄露。

k-匿名可以借用"大隐隐于市"来理解:如果每个个体的特定敏感值在一个大群体中都是一样的,那么在这个大的群体中从这些敏感值就区分不出特定的个体。下面给出Sweeney对准标识符的定义。

定义 6-1(准标识符)　给定一个实体的全体集合 U 和一个实体特定的表 $T(A_1, A_2, \cdots, A_n)$,A_i 是实体的某个属性,映射 $f_c: U \to T$ 是 U 中的实体到实体对应属性表的映射,$f_g: T \to U'$ 是属性表到实体集合 U' 的逆映射,其中,$U \subseteq U'$。T 的一个准标识符 QT 是部分属性的集合 $\{A_i, \cdots, A_j\} \subseteq \{A_1, A_2, \cdots, A_n\}$,其中,$\exists\, p_i \in U$ 使得 $f_g(f_c(p_i)[QT]) = p_i$。即通过准标识符可以在全体集合 U 中确定一个具体的实体 p_i。

例如,V 是一个公务员招考记录,V 的一个准标识符 QT 就是{姓名,地址,邮编,生日,性别}。

如图 6-20 所示,将公务员招考记录表和医疗数据连接在一起,就可以清楚地显现{生日,邮编,性别}⊆QT。此外,因为{姓名,地址}⊆QT 也可

民族　日期　诊断　处方　费用　　邮编　生日　性别　　姓名　地址　电话　成绩　志愿

病例　　　　公务员招考记录

图 6-20　数据表连接

能出现在其他外部信息记录中并且可以用于连接,在匿名的情形下,这些通常是可以公开获取的信息,而我们禁止这些信息可以被连接,因此这些构成准标识符的属性同时出现在私有信息和公开信息中应该被严格控制。

定义 6-2(k-匿名)　令 RT($A_1,A_2,\cdots,A_n$) 是一个记录表,QIRT 是与之关联的准标识符。RT 被称为满足 k-匿名当且仅当 RT[QIRT]中每个值序列在 RT[QIRT]中同时出现至少 k 次。

例如,有病例记录表如表 6-1 所示。

表 6-1　个人病例信息记录表

姓　　名	年　　龄	邮　编	性　　别	疾　　病
张一	55	710126	男	心血管
李二	23	710071	男	肺炎
王三	18	710068	男	健康
刘四	47	100101	女	癌症
孟五	42	100108	女	健康
詹六	56	100093	女	心血管
曹七	23	200433	男	肺炎
关八	29	200020	男	肝炎
孙九	38	200240	女	乳腺癌

$k=3$ 的 k-匿名化记录表如表 6-2 所示。去除了姓名属性,对邮编和性别属性进行了属性泛化或者抑制。在这个例子中因为数据集较小,数据失真十分严重。数据集越大,k-匿名的失真越小。

表 6-2　$k=3$ 匿名化的个人信息

姓　　名	年　　龄	邮　　编	性　　别	疾　　病
*	55	710 *	男	心血管
*	23	710 *	男	肺炎
*	18	710 *	男	健康
*	47	100 *	女	癌症
*	42	100 *	女	健康
*	56	100 *	女	心血管
*	23	200 *	*	肺炎
*	29	200 *	*	肝炎
*	38	200 *	*	癌症

k-匿名可以提供一定的隐私保护保障,必须满足以下条件。

（1）敏感属性列不能泄露出被泛化列的信息。例如,表 6-1 中的疾病字段是敏感属性,最后一个记录的乳腺癌是女性特定疾病,所以在脱敏为表 6-2 时,应将其泛化为癌症,从而保护隐藏的性别属性。

（2）即使一个发布的数据表准标识符上包含 k 条记录集合的敏感值相同,这个数据对于同质化攻击仍然是脆弱的。在同质化攻击中,如果所有敏感值相同,攻击者一旦发现某个特定的人属于该记录组,就可以推断出其敏感信息。例如,若数据表中所有大于 60 岁的男性都患有癌症,攻击者知道 Bob 在数据表里且大于 60 岁,就会知道 Bob 患有癌症。更进一步的是,即使 k 个元素的组不是所有的值都一样,如果没有足够的多样性,仍然有很高的概率知道 Bob 的一些敏感信息。因此在 k-匿名的基础上进一步提出了 l-多样性[18]和 t-接近性[19]的概念,k-匿名中准标识符一致的 k 个记录被称为等价类。l-多样性要求发布数据集中的每个 k 等价类至少包括 l 个敏感属性值的“代表”。t-接近性则要求敏感属性值在每个等价类中的分布与数据集中的全局分布差异不超过 t。

（3）发布数据的维数应足够低。高维数据相比于低维数据来说保证同样的隐私强度是十分困难的。例如,交易数据或者位置数据,可以通过把多个数据点连成线来标识出个人。随着数据维数的增加,数据点分布通常十分稀疏,想不严重扭曲数据达到 k-匿名是十分困难的。k-匿名后续的研究主要进一步增加对等价类中敏感属性的约束以降低隐私泄露的风险。

2. 差分隐私

差分隐私(Differential Privacy,DP)是一种基于统计学的技术,主要应用于对一个数据集计算统计量的时候,保护用户隐私。其目的是对数据进行统计查询时,不能通过多次不同的查询方式推断出数据集中是否包含一个特定个体的数据。从数学上说,从数据集中去掉(或替换)任何一个个体的数据之后得到一个相邻数据集,差分隐私保护算法使得对这两个数据集计算统计量得到相同结果的概率几乎是一样的。

DP 的概念最先是在 2006 年由微软研究院的学者 Dwork 提出[20]。对于一个给定的数据集以及一个算法 A,DP 性质要求数据集中每个元素对于算法 A 的输出结果的影响是非常有限的。这样,从算法的输出结果很难识别数据集中个体的信息。中心化差分隐私模型(Centralized Differential Privacy,CDP)的定义如下。

定义 6-3(ε-差分隐私) 称一个算法 A 满足 ε-差分隐私(ε-DP),其中 $\varepsilon>0$,当且仅当对于任意的两个只相差一个元素的数据集 D 和 D',有以下条件满足:

$$\forall T \subseteq \text{Range}(A):\Pr[A(D) \in T] \leqslant e^\varepsilon \Pr[A(D') \in T] \tag{1}$$

其中,Range(A)表示算法 A 的所有可能输出结果的取值范围,ε 称为隐私预算。
条件(1)可以等价描述为

$$\forall t \in \text{Range}(A):\frac{\Pr[A(D)=t]}{\Pr[A(D')=t]} \leqslant e^\varepsilon \tag{2}$$

中心化差分隐私的应用模型如图 6-21 所示。数据中心收集了大量的个人数据,在响应查询请求的时候,在返回真实结果之前,通过 ε-差分隐私算法对输出结果扰动以后再响应。常用的 ε-差分隐私算法为拉普拉斯机制,也就是对结果叠加一个服从拉普拉斯分布的随机噪声。其他常见的差分隐私机制还包括高斯机制[21]、指数机制[22]、网络机制[23]等。

图 6-21　中心化差分隐私的应用模型

中心化差分隐私模型中数据中心拥有全部的用户数据,用户需要相信数据中心能够很好地保护其隐私信息。为了能在数据采集的时候保护用户隐私,又提出了本地化差分隐私模型(Local Differential Privacy,LDP),如图 6-22 所示。

图 6-22　本地化差分隐私模型

本地化差分隐私模型个人数据在上传到数据中心之前进行差分隐私扰动,数据中心在进行统计分析时对采集到的数据进行处理和矫正。本地化差分隐私进行统计的精度比中心化差分隐私差。本地化差分隐私保护如下[24]。

定义 6-4(本地化差分隐私)　对于一个随机算法 A,如果对于任意的一对用户输入 x 和 x',算法 A 满足

$$\forall t \in \text{Range}(A): \Pr[A(x)=t] \leqslant e^\varepsilon \Pr[A(x')=t] \tag{3}$$

其中,$\text{Range}(A)$ 表示算法 A 可能的输出集合,则称算法 A 满足 ε-本地化差分隐私,其中参数 ε 为隐私预算。

6.3.3　安全多方计算

安全多方计算(Multi-Party Computation,MPC)最早源自姚期智提出的安全两方计算协议"百万富翁问题",两个百万富翁要在没有可信第三方,并且不向对方泄露财产数量信息的情况下比较出谁更富有。MPC 被一般性地定义为计算参与方在不泄露自身敏感信息的条件下合作完成一个计算问题。随着研究进展,安全多方计算已经有一些实用案例。波士顿妇女劳动力委员会于 2017 年使用 MPC 来计算 114 家公司 166 705 名员工的薪酬统计数据。出于隐私考虑,公司不会提供员工的原始数据,计算结果显示,波士顿地

安全多方计算

区的性别差距甚至比美国劳工统计局先前估计的差距还要大。为了计算从广告到实际购买的准确转换率，Google 计算了在线浏览商品广告的人员列表与实际购买商品的人员列表之间的交集大小。为了在不公开列表具体数据的情况下计算出该值，Google 使用了一种隐私保护求交集的协议。隐私保护求交集计算已经成为当前比较实用的 MPC 协议。

在传统的多方计算模型中，假设计算参与者的集合为 $p = \{p_1, p_2, \cdots, p_n\}$，对于 $1 \leqslant i \leqslant n$，每个参与者 p_i 持有的私密信息为 x_i，参与者所获得的输出集合为

$$f(x_1, x_2, \cdots, x_n) = \{f_1(x_1, x_2, \cdots, x_n), f_2(x_1, x_2, \cdots, x_n), \cdots, f_n(x_1, x_2, \cdots, x_n)\}$$

其中，$f_i(x_1, x_2, \cdots, x_n)$ 是参与者 p_i 所获得的输出信息。

隐私保护的法律法规

6.3.4　隐私保护的法律法规

为了保护用户隐私，各国政府和组织都出台了相关的法律法规。

1. HIPAA

HIPAA 是美国健康保险信息隐私保护的法规，全名为 Health Insurance Portability and Accountability Act。该法规于 1996 年制定，其目标是保护个人医疗记录的隐私，适用于政府与私人保险机构、医疗机构与医护人员、相关企事业单位。自发布以来，已经处理隐私保护投诉超过 10 万起。其中比较有影响的一件投诉是 2005—2008 年美国 UCLA 医院多名雇员偷窥多名明星的医疗档案，受害者包括"小甜甜"布兰妮、汤姆·克鲁斯等明星。经调查后的处理结果是：UCLA 医院被罚 86.5 万美元，一名雇员承认犯有重罪（入狱前因病死亡）。后来还发生了一位华人雇员因偷窥施瓦辛格等人的医疗档案入狱的案件。

2. Regulation P

Regulation P 是美国联邦储备银行订立的法规，全名是 Privacy of Consumer Financial Information，用于保护金融行业用户的隐私信息。该法规规定：金融机构必须将它们的隐私策略告知客户；金融机构必须为不同意其隐私政策的用户提供退出机制；用户有权禁止金融机构向第三方透露其金融信息；限制金融机构使用用户信息进行商业行为（如推销等）。

3. FACT

FACT 是美国国会 2003 年对信用卡个人隐私保护所立的法案，全名是 Fair and Accurate Credit Transaction Act 2003。该法案规定：出现在收据上的信用卡/借记卡号必须缩写，最多显示 5 位；金融机构必须向被冒用信息的个人提供相关资料（如冒用者的征信报告）；金融机构必须设立个人信息防窃部门；每 12 个月，金融机构必须向用户提供一份免费的征信报告，用户有权质疑其数据；金融机构必须妥善处理用户的征信报告，避免其被无权限人员获得。

4. PCI DSS

PCI DSS 是美国支付行业的信息管理标准，全名是 Payment Card Industry Data Security Standard。制定者是五大信用卡联盟（Visa，MasterCard，American Express，

Discover,JCB),该标准对信用卡、借记卡等银行卡的信息组织、存储、处理、传输方式等做出规范。2014 年,据国内某信息安全平台称,某旅游网站违反 PCI DSS 规定,其安全支付日志可以遍历下载,导致大量用户银行卡信息泄露,包括持卡人姓名身份证、银行卡号、信用卡 CVV 码等。

5. GDPR

GDPR 是欧盟关于隐私保护的法律,全名是 General Data Protection Reform。该法规第一版于 2016 年 4 月 14 日被批准,修改版于 2018 年 5 月 25 日生效。目标是把个人信息的控制权交还给个人和公民,简化国际商务的合规环境。与此前的法律相比,GDPR 给予个人更强的隐私保护,给予信息技术企业和机构更多的限制。GDPR 明确规定,个人具有"被遗忘"的权利,即便此人以前已经提供数据并同意对该数据的使用。此项规定对社交网络具有极大影响;存储在社交网络中的内容不再是"覆水难收"。在个人信息遭到泄露时,受害者具有"被警告"的权力,以便受害者及时采取对策。同时,相关企业或机构必须向政府监督部门汇报信息泄露的详细情况。互联网企业无法再用模糊语言来大事化小、小事化了。公民隐私有"默认被保护"的权力,GDPR 明确规定,所有信息产品和服务在默认状态下就必须向用户提供隐私保护,而且该保护对用户而言必须容易理解和使用。GDPR 还规定,产品和服务在设计的最初阶段就必须考虑隐私保护的需求。以上所述产品和服务包括社交网络和手机应用。GDPR 还加强了对隐私侵犯行为的处罚力度,罚款最高可达企业年销售额的 4%。

6.《网络安全法》

2017 年 6 月 1 日,《中华人民共和国网络安全法》正式生效,其明确规定:网络产品、服务具有收集用户信息功能的,其提供者应当向用户明示并取得同意;网络运营者不得泄露、篡改、毁损其收集的个人信息;任何个人和组织不得窃取或者以其他非法方式获取个人信息,不得非法出售或者非法向他人提供个人信息。政府已经把个人隐私交易列入严打范围。2018 年 5 月,顺丰快递 11 名员工因出售用户隐私信息而获刑。该 11 名员工于 2015—2016 年期间,利用职务之便,合伙出售客户隐私千万余条。

7.《个人信息保护法》

2021 年 8 月 20 日,中华人民共和国第十三届全国人民代表大会常务委员会第三十次会议通过了《中华人民共和国个人信息保护法》,并于 2021 年 11 月 1 日生效实施。个人信息保护法是为了保护个人信息权益,规范个人信息处理活动,促进个人信息合理利用,根据宪法而制定的。个人信息保护法规定了个人信息处理的规则,特别强调了处理个人信息应征得个人的同意,明确了个人在个人信息处理活动中的权力,如知情权、决定权,以及查阅、复制、更正、转移、删除等权力。个人信息保护法还规定了个人信息处理者的义务,应当制定相应的规章制度,对个人信息分类管理,采取技术手段保护个人信息,制定应急预案。个人信息处理者对于个人信息处理情况应定期进行合规审计,在处理敏感个人信息、利用个人信息进行自动化决策、向其他个人信息处理者提供或公开个人信息、向境外提供个人信息等情况下应该进行个人信息影响保护评估。个人信息保护法对于当前互联网服务、数字经济发展中个人信息的有序利用具有重要的指导意义。在个人信息保护法的约束下,一系列重要的管理办法和国家、行业标准陆续制定出台。

6.4 新技术安全

云计算及
其安全

6.4.1 云计算及其安全

1. 什么是云计算

云计算是一种基于网络访问和共享使用的,以按需分配和自服务置备等方式对可伸缩、弹性的共享物理和虚拟资源池等计算资源供应和管理的模式。人们只需要为使用的云服务付费。云计算的优点是减少开销,按需快速提供服务,全球弹性伸缩,其效率和性能更高,且更安全、更可靠。

根据对物理或虚拟资源控制和共享的方式,一般将云部署的模型分为社区云、混合云、私有云和公有云4种类型。公有云是由第三方服务提供商提供给一般公众或某个大型行业团体通过 Internet 使用的计算、存储等服务。由于资源被云服务提供者控制,用户需要将数据传送到第三方,因此用户在使用公有云时通常会有很多的安全顾虑。常见的国内公有云有阿里云、腾讯云、华为云等,国外有 Amazon EC2 和 S3、Microsoft Azure 等。私有云是一种只为一个客户单独使用而构建的云服务,其资源控制权属于云服务客户,因此可保证对数据、安全性和服务质量最为有效的控制,但是成本较高。混合云的基础设施由两个或多个云(私有、社区或公共)组成,以独立实体存在,在安全性和成本之间提供了一种折中的方式。而社区云是一种仅有一组特定的云服务客户使用和共享的云部署模型,其资源由客户成员控制和管理。

NIST 定义了云计算的三种服务模型,分别为基础设施即服务(Infrastructure as a Service,IaaS)、平台即服务(Platform as a Service,PaaS)和软件即服务(Software as a Service,SaaS)。云计算体系架构如图 6-23 所示。

(1) IaaS 可以提供硬件基础设施部署服务,通过引入虚拟化技术以提供硬件资源分配的优化。CPU、内存、硬盘存储和网络可以在云计算中心构成计算资源池,通过虚拟化控制软件给用户提供其需要的计算性能,其可定制性强、可靠性高、规模可扩展。一些常用的虚拟化工具包括 KVM、Xen、VMware 等。

(2) PaaS 在 IaaS 之上,可以向租户通过 Internet 交付应用开发所需的硬件和软件工具。为云计算应用开发者开发和运行新应用屏蔽了底层的存储、操作系统和网络的管理问题。PaaS 将现有的操作系统、服务器、数据库、中间件、网络设备和存储服务整合在一起,这些功能和组件都由服务提供商拥有、运行、配置和维护。PaaS 还提供额外的资源,例如,数据库管理系统、编程语言、库和各种开发工具。许多 PaaS 产品是面向软件开发的,在提供计算和存储基础设施之外,还提供文本编辑、版本管理、编译和测试服务,帮助开发者更快和更有效地开发新软件。PaaS 还能帮助开发团队不用考虑地理位置协同工作。PaaS 的典型服务包括云应用容器、云数据库服务、云文件存储、内容分发、在线文本/图像/视频处理、云监控和云数据分析等。

(3) SaaS 是用户通过 Internet 访问软件应用的一种云服务模式。用户可以通过标准

图 6-23　云计算体系架构

的 Web 浏览器访问云服务提供商提供的软件应用,而不再需要在自己的计算机上安装软件。典型的 SaaS 服务包括文件共享、邮件、日历、客户关系管理(CRM)和人力资源管理等。

无服务器计算是传统的云计算平台延伸,是对特定 PaaS 功能的广泛使用,属于云原生(Cloud Native)架构,其目的是让用户能够将更多的运营职责转移到云服务上,从而专注于提高灵活性和创新能力。无服务器计算让用户可以在不考虑服务器的情况下构建并运行应用程序和服务,以消除基础设施管理任务,例如,服务器或集群配置、修补、操作系统维护和容量预置。用户能够为几乎任何类型的应用程序或后端服务构建无服务器应用程序,并且运行和扩展具有高可用性的应用程序所需的所有操作都可由用户自己负责。

2. 虚拟化技术

虚拟化技术是云计算的基础,其快速发展主要得益于硬件日益增长的计算能力和不断降低的成本。虚拟化技术分为两类:虚拟机和容器。前者能够实现在一台物理机上运行多台虚拟机,在每台虚拟机中分别运行不同的操作系统和应用程序,并且虚拟机之间具有良好的隔离性。后者则消除了应用对虚拟机中操作系统的依赖,相比虚拟机技术,容器技术虚拟化的是操作系统,因此无须为每个虚拟机平台安装完整的操作系统,从而达到简化部署，减轻负载的目的。

1）虚拟机

虚拟机技术通过在硬件之上增加一层称为虚拟机监控器（Virtual Machine Monitor，VMM）的软件层来实现的。目前广泛应用的系统级虚拟机包括 VMware、Xen、Microsoft Hyper V、VirtualBox、Denali、KVM、QEMU 和 User Mode Linux 等。

根据 VMM 所提供的虚拟平台类型，可以将虚拟机技术分为完全虚拟化和半虚拟化。在完全虚拟化的虚拟平台中，客户操作系统 GuestOS 并不知道自己是一台虚拟机，它会认为自己就是运行在计算机物理硬件设备上的主操作系统 HostOS。因为完全虚拟化的 VMM 会将一个 OS 所能够操作的 CPU、内存、外设等物理设备逻辑抽象成为虚拟 CPU、虚拟内存、虚拟外设等虚拟设备后，再交由 GuestOS 来操作使用。这样的 GuestOS 会将底层硬件平台视为自己所有的，但是实际上，这些都是 VMM 为 GuestOS 制造的假象。

完全虚拟化又分为软件辅助的全虚拟化和硬件辅助的全虚拟化。

在 Intel 等 CPU 厂商还没有发布 x86 CPU 虚拟化技术之前，完全虚拟化都是通过软件辅助的方式来实现的。软件辅助虚拟化能够成功地将所有在 GuestOS 中执行的系统内核特权指令进行捕获、翻译，使之成为只能对 GuestOS 生效的虚拟特权指令。随后，Intel 和 AMD 分别发布了 Intel-VT 和 AMD-V 技术，使 CPU 支持硬件虚拟化。在 CPU 中可以明确地分辨出来自 GuestOS 的特权指令，并针对 GuestOS 进行特权操作而不会影响到 HostOS，从而使硬件辅助的全虚拟化成为主流。

硬件辅助全虚拟化的 VMM 会以一种更具协作性的方式来实现虚拟化——将虚拟化模块加载到 HostOS 的内核中，例如，KVM 通过在 HostOS 内核中加载 KVM Kernel Module 来将 HostOS 转换成为一个 VM，此时 VMM 可以看作 HostOS，反之亦然。这种虚拟化方式创建的 GuestOS 知道自己是正在虚拟化模式中运行的 GuestOS，KVM 就是这样的一种虚拟化实现解决方案。

半虚拟化通过在 GuestOS 的源代码级别上修改特权指令来回避上述虚拟化漏洞。修改内核后的 GuestOS 也知道自己就是一台虚拟机。所以能够很好地对核心态指令和敏感指令进行识别和处理，但缺点在于 GuestOS 的镜像文件并不通用。

虚拟化架构主要可以分为三类，即寄居架构（Hosted Architecture）、裸金属架构（Bare Metal Architecture）和容器架构，如图 6-24 所示。

图 6-24　虚拟化架构

（1）寄居架构：在 Windows、Linux 等操作系统之上安装和运行虚拟机，依赖主机操作系统对设备的驱动和物理资源的管理。通过一个软件层在现有操作系统上实现硬件虚拟化。客户机提供了一个完整的、独立的、无依赖的客户机操作系统副本，通常利用半虚拟化驱动网络和 I/O 提高客户机性能。流行的寄居架构虚拟机包括 VMware Workstation 和 VirtualBox 等。

（2）裸金属架构：直接在硬件上安装虚拟化监控器 Hypervisor，然后再在其上安装操作系统和应用，依靠 Hypervisor 对硬件设备进行管理。这里又分为三个子类型。

① 独立型：代表是 VMware vSphere，其架构如图 6-25 所示。

图 6-25　独立型裸金属架构

所有硬件虚拟化和 VMM 功能由一个高度复杂的操作系统 VMKernel 组成，提供所有虚拟机监控和硬件虚拟化功能，VMware 在客户机内需要网络和 I/O 驱动半虚拟化。

② 混合型：代表是 Citrix XenServer 和 Microsoft Hyper-V，其架构如图 6-26 所示。

图 6-26　混合型裸金属架构

一个"瘦"Hypervisor 联合一个父分区提供硬件虚拟化，它提供了虚拟机监视功能。父分区也称为 Dom0，它通常是一个运行在本地的完整操作系统虚拟机，并具有根权限。这些虚拟机产品都为客户机提供了半虚拟化驱动，从而提高网络和 I/O 性能。混合型架构起源于 Xen 项目，得益于开源社区（Xen）的贡献，它能够很好地适应半虚拟化操作系统的未来发展。

③ 组合型：代表是基于 Linux 的内核虚拟机（KVM），其架构如图 6-27 所示。

KVM 不是在裸机上执行 Hypervisor，其利用开源 Linux（包括 RHEL，SUSE，Ubuntu 等）作为基础操作系统，提供一个集成到内核的模块 KVM 实现硬件虚拟化，KVM 模块在用户模式下执行，但可以让虚拟机在内核级权限使用一个新的指令执行上下文，被称为客户机模式。KVM 使用一个经过修改的开源 QEMU 硬件仿真包提供完整

图 6-27　组合型裸金属架构

的硬件虚拟化,这意味着客户机操作系统不需要操作系统半虚拟化。KVM 现在已经成为很多 Linux 发行版的标准模块,已经成为一个流行的 Hypervisor。

2）容器

由于在传统的 Hypervisor 虚拟化技术中,每个虚拟机都需要运行一个完整的操作系统以及其中包含的大量应用程序,由此产生的沉重负载将会影响其性能和资源调用的效率,另一种虚拟化技术——容器的出现,有效地解决了上述问题。

容器运行在操作系统之上,创建一个独立的虚拟化实例,指向底层的托管操作系统,也被称为操作系统虚拟化。其本质就是一种特殊的进程,通过指定进程所需要启用的一组 Namespace 参数,让该容器进程只能看到当前 Namespace 所限定的资源、文件、设备、状态或者配置。容器共用内核,并提供额外的隔离的手段避免虚拟的操作系统占用。

在容器模型中,虚拟层是通过创建虚拟操作系统实例实现的,它再指向根操作系统的关键系统文件,如图 6-28 所示,这些指针驻留在操作系统容器受保护的内存中,提供低内存开销,因此虚拟化实例的密度很大,密度是容器架构相对于寄居型和裸金属型架构的关键优势之一。Docker 就是一个开源的应用容器引擎。

图 6-28　容器

相比虚拟机实例,容器实例的创建速度要快得多,同时,容器实例运行环境的再部署无须移植操作系统,因此容器技术的灵活性大大优于虚拟机技术。但大多数容器技术依赖原生 Linux 的支持,在 Microsoft 环境中运行则略显笨拙,同时,容器应用数量的增加将会伴随复杂度的增长,在实际生产环境中管理如此多的容器具有相当的难度。总体而言,容器技术是一种相对较新的技术,需要时间适应市场。

3. 云基础设施安全

基于云计算构建的信息系统,底层基础设施由云服务商提供,而上层的业务和数据则由云租户建设并维护。在不同的服务模型中,云服务商和云租户的控制范围会有些差别。例如,在 SaaS 的租户只能访问和管理其使用的应用程序,PaaS 的租户则要在平台上开发和部署应用,而 IaaS 的服务商则只提供信息基础设施,这将导致包括安全责任在内的责任边界也会有相应的区别,但在绝大多数的场景下,云计算服务提供商都至少要参与到云基础设施的安全建设中,为租户提供一个可靠的信息系统运行环境。

云基础设施有两大层面:一是汇集在一起用来构建云的基础软硬件资源,如服务器、网络设备、存储设备、虚拟化软件、管理系统等;二是在 IaaS 下由云用户管理的虚拟/抽象基础设施,是从资源池中分配的计算、网络和存储资产。两者的安全都和其他章节中介绍的针对传统基础架构的安全技术有很多共性,但也有各自独特的地方,如针对第 1 层,虚拟化系统中存在的虚拟机逃逸问题会严重影响云计算基础平台的安全性,而针对第 2 层,云计算对资源的抽象化和集中化管理,使得虚拟/抽象基础设施在业务连续性、网络隔离和系统安全方面都获得了显著的增益。下文分别对这些云基础设施安全相关的内容进行介绍。

(1) 虚拟化带来的安全威胁

云计算平台中,大量分配给不同租户的虚拟机运行在相同的资源池中,需要由虚拟化管理系统来进行主机和网络上的隔离,才能使得各租户的虚拟信息资产相对独立,无法相互影响。这导致云平台上的虚拟机系统除了面临所有传统主机系统可能遭受的安全威胁以外,还存在着如下一些特有的安全问题。

① 虚拟机逃逸。虚拟机逃逸指的是突破虚拟机的限制,实现与宿主机操作系统或虚拟机管理系统交互的一个过程。虚拟机逃逸利用虚拟机管理软件或者虚拟机中运行的软件的漏洞进行攻击,攻击者可以通过虚拟机逃逸来控制虚拟机管理系统或者在宿主机上运行恶意软件,进而获得其他虚拟机的完全控制权限。

自 2005 年至今,包括 VMware、Xen、Hyper V、VirtualBox 在内的几乎所有主流虚拟机系统都被发现过逃逸漏洞。2009 年,一家英国的 Web 托管公司 Vaserv 就因虚拟机管理程序的安全威胁导致用户数据的丢失,黑客利用 HyperVM 2.0.7992(虚拟机管理程序)版本中的"0day"漏洞,成功获取了宿主机上的 root 权限,并删除了 10 万多个账户的数据。

② 边信道攻击。边信道攻击是一种特殊的攻击方法,它利用在信息处理过程中(如加解密、复杂计算、海量检索)使用的不同运算操作或特定物理硬件而产生的不同额外信息发起攻击,通过捕获、分析这些信息的变化达到获取信息系统中的敏感信息的目的。这类"无意识"的额外输出信息(如时间信息、功率消耗、电磁泄漏或者声音等)通常被称为边信道信息(Side Channel Information,SCI),能够被用于边信道攻击的边信道信息须满足如下两个条件:一是边信道的信息与信道内的信息相互有关联;二是通过边信道的信息

可以推断出信道内隐含的关键信息。

在云计算环境中,虚拟机之间可能通过共同的宿主机硬件(CPU、内存、网络接口等)产生关联并相互影响,满足上述边信道攻击的条件,这就为跨虚拟机边信道攻击提供了可行性。攻击者控制的虚拟机与目标虚拟机使用相同的物理层硬件,二者交替执行。攻击者首先借助恶意虚拟机访问共享硬件和缓存,然后在交替执行的过程中通过边信道信息推断出目标虚拟机的行为,识别相应的信息,最终导致目标虚拟机内的用户数据泄露。目前已有研究的跨虚拟机边信道攻击方法包括计时边信道攻击、能量消耗的边信道攻击、高速隐蔽信道攻击等。此类攻击一般难以留下痕迹或引发警报,因而能够很好地躲避检测。

北卡罗来纳州立大学、威斯康星大学和 RSA 实验室的研究者利用边信道分析,通过研究目标加密系统的电磁泄漏、数据缓存或其他外在表现来破解加密密钥,提取出同一服务器上的其他独立虚拟机中存储的私有加密密钥。研究人员花了数小时获取了 4096 位公钥加密算法 ElGamal 使用 Libgcrypt v.1.5.0 加密库所生成公钥对应的私钥。这被认为是首次成功实现跨虚拟机边信道攻击。

③ 网络隔离。传统信息系统依赖 VLAN、路由、地址转换和访问控制列表等技术来实现不同网络安全区域的隔离,从而限制安全威胁的扩散范围,并可以在网络安全区域的边界处部署安全检测和监控设备,来构建高性价比的安全防御系统。但在云计算平台中,由于数据包在虚拟网络中移动方式的差异,导致安全监控和过滤的变化很大。资源可以在物理服务器上交互,而不用通过物理网络传输。例如,如果两个虚拟机位于相同的物理机器上,那么它们之间有可能直接在该物理主机的虚拟网桥上进行通信,而不会将机箱内的网络流量路由到网络之上,于是在网络上(或附加在路由器/交换机硬件)的监控和过滤工具永远看不到这些流量。

这在多租户的公有云网络中引发的安全问题尤为显著。两个相互独立的信息系统之间的交互,对于双方来说都是从不可靠的外部环境到自身内部网络的通信,都需要经过部署在网关处的安全设备的检测和过滤,而当它们部署于同一个云计算平台上的时候,如果该平台在虚拟网络实现方面处理不当,那么尽管平台对公共网络的出入口处仍然部署有安全设备,但两个系统间的交互却不再受这些安全设备的保护。这使得攻击者可以在云平台上租用虚拟机或者使用云平台提供的 PaaS 或 SaaS 服务接口,来对同平台上的其他虚拟机发起攻击,或者攻陷一个防护较弱的信息系统,以此为跳板,攻击平台上其他信息系统。

④ 镜像和快照的安全。云计算平台往往通过特定的镜像来创建虚拟机或者服务实例。相比于传统信息系统的操作系统镜像,云平台的镜像实例化往往是高度自动化的,并且导致产生更多的基于该镜像的资产。攻击者通过入侵虚拟机管理系统并感染镜像,可以大幅提升攻击的效率和影响范围。

此外,在云计算平台的虚拟化环境中,管理程序出于系统正常维护的目的,可以随时挂起虚拟机并保存系统状态快照。若攻击者非法恢复了快照,将会造成一系列的安全隐患,且历史数据将被清除,攻击行为将被彻底隐藏——这被称为虚拟机回滚攻击。

由此可见,管理这些镜像和快照——包含哪些满足安全要求、部署在哪里,以及谁可以访问,是一项重要的安全责任。

（2）云计算架构对基础设施安全的正面影响

在面临许多特有的安全威胁的同时，云计算平台的一些技术特点也会给安全防御工作带来更有力的底层支持和全新的解决方向，从而产生正向的安全增益。

① 高度的管理集中化和自动化带来的安全增益。大多数安全防御工作的有效性都依赖于对信息系统强有力的控制和高度自动化的运维水平，而云计算在不同程度上将底层的信息基础设施和上层的业务分离开，使得对底层基础设施的管理和维护更加集中，运维的自动化程度也因为虚拟化技术以及专业的分工等因素而大幅增加，这些都极大地提高了传统安全防御手段的效能。例如，对操作系统的安全加固和补丁管理可以通过虚拟机镜像来快速部署；安全扫描、渗透测试和安全监控等安全服务，也可以由云服务商或云平台上的第三方服务提供者来统一、高效地提供服务。

集中化也从管理层面带来安全收益。没有隐匿未知的资源，在任何时候信息系统的维护者都知道拥有什么资源、它们在哪里、如何配置；云控制器总是需要知道资源池中资源的进出、分派，显著降低了未知资源游离于防御体系之外而带来的安全威胁。此外，云平台相对独立的日志记录和行为审计也可以有效控制内部人员恶意操作带来的风险。

② 网络虚拟化和 SDN 带来的安全增益。网络虚拟化是云计算的核心技术之一，该技术可在物理网络上虚拟多个相互隔离的虚拟网络，使得不同用户之间使用独立的网络资源切片，提高网络资源利用率，实现弹性的网络。软件定义网络（Software Defined Networking，SDN）的出现使得网络虚拟化的实现更加灵活和高效，同时网络虚拟化也成为 SDN 应用中的重量级应用。

利用网络虚拟化和 SDN 技术，在云平台上可以实现或增强多种网络安全方面的防御手段，包括但不限于集中网络安全服务策略和配置管理、自动化网络安全补救、阻止恶意流量的终端来源、允许预期流量通过、网络策略审核及检测等。利用 SDN 技术还能实现安全功能的软交付，即防火墙（Firewall）、入侵检测系统（IDS）、Web 应用防火墙（WAF）、防病毒（AV）、身份识别和访问管理（IAM）等安全设备可以通过按需动态部署的方式为云平台上的信息系统提供安全防护。

③ 对业务连续性的增益。业务连续性是指在中断事件发生后，组织在预先确定的接受水平上连续交付产品或提供服务的能力，在安全上体现为基础设施和服务的可用性，同样是一项重要的安全指标。实现业务连续性的技术手段包含高可用性和灾难恢复两种。高可用性指的是通过技术手段，尽量缩短因日常维护操作（计划）和突发的系统崩溃（非计划）所导致的停机时间，以提高系统和应用的可用性。高可用技术通过对网卡、CPU、内存、系统软件设置不同的可用性检测点，在这些节点发生故障时实现冗余切换，持续提供服务。而灾难恢复是在信息服务终端后调动资源，在异地重建信息技术服务平台（包括基础架构、通信、系统、应用及数据）。

云计算平台能以相对低廉的成本为信息系统提供数据备份和服务器备份，同时依托强大的运维管理能力及时监控业务中断事件的发生；虚拟化技术可以在故障发生时实现系统的自动切换，在不同物理主机、存储、网络上在线迁移；云计算的资源伸缩性优势还可以在业务量突发的情况下及时扩充资源来避免拥塞。这些都为业务连续性提供了有力的支撑。

4. 云数据安全

在云计算中,用户将数据和计算委托给其信任的云服务提供商来完成,这种计算模式造成数据的所有权和控制权分离。通常我们会认为云服务提供商是"好奇但诚实"的,即云服务提供商会正确地执行用户委托的操作,但是会希望得到用户的数据。在这种情况下,需要保证用户数据的安全。

(1)云存储数据安全

① 云加密数据库。加密云存储是保护云数据安全的基本手段。"秦盾"云加密数据库系统基于前置安全代理实现透明化的数据安全存取,降低了用户操作需求。在安全代理中,用户可实现数据加密密钥管理、数据列定制加密、细粒度访问控制等操作,实现数据库的透明化访问。"秦盾"云加密数据库可以兼容当前主流数据存储系统,其系统架构如图 6-29 所示。

图 6-29 "秦盾"云加密数据库系统架构

"秦盾"云加密数据库系统的核心功能包括基于明文索引结构的密钥管理、自适应可定制的数据列安全分级加密、基于属性的细粒度访问控制。

针对云计算环境中海量密钥管理的问题,设计了基于明文索引的密钥管理体系结构。系统根据数据存、取过程的不同,分别与租户和用户协商数据的存储密钥和会话密钥,同时,利用现有数据库的明文索引及加密哈希树的密钥管理架构,对数据块的存储密钥建立密钥索引机制,解决了海量数据时密文数据搜索效率低下的问题。

为支持关系数据库服务中的增、删、改、查操作,需要对原始数据列进行多层、多级扩展加密。结合租户对数据敏感性的不同需求,设计了可定制的数据库列安全分级加密方式,租户可以通过用户定制接口,根据数据列的敏感等级选择不同的加密方式。针对安全级较高且数据量较少的数据,用户在无须条件查询时,可选择随机加密实现高安全保护;针对有安全需求且数据量较大的数据,用户为实现条件查询,则选择多级扩展加密,用于支持关系数据库服务中的增、删、改、查操作;针对非敏感数据,用户可进行任意查询,则选择不加密。

针对云计算环境下海量的数据用户及其访问权限的多样化,设计了具有基于属性的细粒度访问控制机制,解决了访问规则海量化、管理复杂化的问题。

由于采用代理服务模式,该架构具有很好的可扩展性,支持大规模的并发操作,百万条记录的数据库执行增、删、改、查等操作时间为毫秒级,相比于传统非加密数据库,查询响应时间差距限制在 5% 范围内;系统容易部署,对应用和用户透明。

② 密文搜索。对加密数据的搜索是安全云存储应用中的一个基本功能,典型的具备隐私保护功能的密文关键词搜索系统如图 6-30 所示,其包括数据拥有者、数据使用者和云服务提供商(CSP)三个参与者。数据拥有者将加密数据和安全索引上传存储于 CSP,数据一般使用诸如 SM4 之类的对称密码算法加密,而安全索引则使用特定的可搜索加密机制生成。可搜索加密机制可分为对称可搜索加密(Symmetric Searchable Encryption,SSE)和非对称可搜索加密(Asymmetric Searchable Encryption,ASE)。SSE 主要用于数据拥有者和搜索数据者是同一人的情况,其他人除非拥有租户的私钥,否则无法进行搜索;ASE 的搜索者和数据拥有者可以是不同实体。微软研究院密码技术小组的 Seny Kamara 和 Kristin Lauter 在题为"加密的云存储"的白皮书[25]中指出,用带关键字搜索公钥加密技术可以实现"虚拟的私有云服务",即云服务提供者可以对租户数据在不解密的条件下对租户加密数据进行搜索,解决了"备份、归档、健康记录系统、安全数据交换以及电子发掘(e-Discovery)"等安全问题。

图 6-30　云环境密文搜索示意图

当用户想搜索云服务器中的加密数据时,数据使用者会产生陷门(采用 ASE)或者向数据所有者请求陷门(采用 SSE),然后将陷门发送给 CSP。CSP 执行搜索算法,向数据使用者返回搜索的结果。搜索可以基于一定的排序准则,将最匹配的前 k 个相关的结果返回。

相对传统的明文搜索而言,密文搜索的功能受限,复杂度也更大。目前密文搜索方案也成为持续的研究热点,提出包含多关键词模糊搜索、范围查询、支持排序的搜索、支持搜索结果完备性验证的查询等多个方案。

③ 密文数据可信删除。云存储的数据需要全生命周期安全管理,一个难点问题是如何保证云端的密文数据到达一定期限时能够安全删除。通过消磁、覆写、数据清洗、软件擦除程序等删除存储介质中保存的数据是现在常用的方式,但在云计算环境下并不适合,因为数据所有者并不确信云服务提供商会真正完全地销毁数据。所以基于密码学的方法是更合适的方法。将数据存储在云端之前进行加密,将云端数据的安全销毁实际上就转换为用户端对应密钥的安全销毁。一旦用户可以安全地销毁密钥,那么即使不可信的云服务器仍然保留用户本该销毁的密文数据,也不能破坏用户数据的机密性。

Geambasu 提出了一种数据自毁方案 Vanish[26],密钥被 Vanish 经过秘密分享处理后分散到大规模分散的 DHT 网络中,每个节点将保存的密钥分量每隔 8h 后会被 DHT 网络自动清除,使得不能恢复原始密钥,从而密文不可读,无须人为操作即可实现数据自毁。

(2) 云计算数据安全

机密计算(Confidential Computing)是当前工业界发起的聚焦计算过程中数据保护的新兴技术。其可以让加密的数据在内存中处理,其他用户无法访问,降低其在系统的其他部分被泄露的风险。机密计算在降低敏感数据泄露风险的同时对用户保持高度的透明。在多租户的公有云环境中,机密计算保证敏感数据可与系统堆栈的其他授权部分隔离,因此得到极大的关注。

Intel SGX(Software Guard Extensions)技术是目前实现机密计算的主要方法。其于2015 年发布,在内存中生成一个称为"飞地"的隔离环境,如图 6-31 所示。SGX 使用强加密和硬件级隔离确保数据和代码的机密性以防止攻击,即使在操作系统、Hypervisor 或者 BIOS 固件被攻陷的情况下仍可以保护应用和代码的安全,因而 SGX 可以构建一种可信计算环境。通常在应用过程中,数据在存储和传输过程中加密,在使用时则被解密。机密计算的目标则是希望数据在内存等待被处理的时候仍然是加密的,只在系统中的代码允许用户访问数据的时候被解密。这意味着数据对云服务商也是保密的。

机密计算需要硬件和软件开发者广泛协同。利用 Intel SGX,应用开发者可以在内存中加密数据,或者用 SDK 在固件中生成一个可信计算环境 TEE。微软的 Open Enclave SDK 是最近出现的一个开源框架,允许开发者用一个封装抽象构建 TEE 应用。为保证机密计算的大规模应用,需要硬件开发商、云提供商、开发者、开源专家和学术界的广泛合作。机密计算联盟(Confidential Computing Consortium)就是这样一个组织,阿里巴巴、百度、谷歌、IBM、ARM、Intel、Microsoft、Red Hat 都是该组织的成员。

图 6-31 SGX"飞地"示意图

机密计算有很多应用场景,包括保护数据不被恶意攻击者窃取,确保数据符合 GPDR 等法规要求,保护财务数据、加密密钥和其他机密数据的安全,在不同环境中迁移作业的时候确保使用中的数据安全,开发可跨云平台的移动的安全应用等。

基于同态加密的密文计算也是保护云数据计算安全的新兴技术。然而密文计算的复杂度很大,理论研究非常活跃,但在工业界实际应用还有不小的距离。

(3) 云共享数据安全

云计算环境下的数据共享也是普遍的应用需求,在云环境下基于密码学方法实现数据的可控安全共享成为热点技术,基于属性加解密方案(Attributed Based Encryption,ABE)是另一种控制接收者对加密数据解密能力的密码机制,当用户所拥有的属性满足一定的访问策略时就可以解密信息。数据所有者可以使用 ABE 实现密钥封装机制 KEM,以控制加密数据文件在满足访问策略的用户集合中共享。可以根据情况采用密文策略属性加密(CP-ABE)和密钥策略属性加密(KP-ABE)。

6.4.2 区块链及其安全

区块链及
其安全

1. 比特币与区块链

2008 年,化名为中本聪(Satoshi Nakamoto)的学者发表了著名的文章 *Bitcoin*:*A peer-to-peer electronic cash system*[27],介绍了一种加密数字货币——比特币。比特币是一个无中心电子现金系统,区块链就是其基础支撑技术。通俗地讲,区块链是采用了密码技术的去中心化的分布式数据库,在区块链网络中没有中心节点,所有节点地位相同。每个节点都监听一个时间段内区块链网络中的所有交易,并将交易数据以区块方式打包。同时通过共识机制竞争将其区块加入区块链当中的记账权。比特币系统的共识机制就通过依靠算力解决 Hash 函数的碰撞问题,即工作量证明(Proof Of Work,POW)机制,最先解出难题的节点获得记账权,系统会给该节点奖励一定数量的比特币。

各个区块以时间先后顺序排列,一个完整的区块包括区块头和区块体两部分,如图 6-32 所示。

区块头的内容如表 6-3 所示。

图 6-32　区块链结构图

表 6-3　区块头内容

长度/B	字　　段	说　　明
4	版本	区块版本号，用以标识本区块遵守的验证规则
32	前一区块头的 Hash	对前一个区块头使用 SHA256 算法计算
32	Merkel 根	该区块中交易 Merkel 树根的 Hash 值，使用 SHA256 算法计算
4	时间戳	该区块产生近似时间，精确到秒，必须严格大于前 11 个区块时间的中值，全节点也会拒绝那些时间戳超出自己本地时间 2 小时的区块
4	难度目标	该区块工作量证明算法难度目标，可以有效控制网络中产生新区块的速度
4	Nonce	目标 Hash，解难题就是要找到这个 Hash 的原像

其中，Merkel 树根可以对存储在当前区块的所有交易信息进行完整性验证；难度目标可以通过控制 Hash 值的长度有效控制网络中产生新区块的速度。早期，比特币每 10 分钟产生一个区块；随机数（Nonce）就是一个目标 Hash 值，要求解的难题就是找这个 Hash 值的原像。求解难题的过程就是俗称的"挖矿"，参与挖矿的节点就是"矿工"。

区块体保存着区块中的具体交易内容。如图 6-32 所示，第一个交易 Coinbase 是必须存在的，记录了系统给予挖矿成功者的奖励。后面的交易是比特币系统中的转账交易记录。这些交易通过图中所示的 Merkel Hash 链的计算方法计算出 Merkel 数根 Hash 放在区块链的头部。如果有人想要修改交易记录的话，必然导致 Merkel 根也要相应修改，否则就会使校验无法通过。

这样通过引用前一个生成的区块里的 Hash 值，建立起区块之间的链接形成区块链。一个例外是链上的第一个区块，称为创世区块，其没有父级。任何拥有访问权限的节点，都能从这一条时间有序的区块链条中获得数据信息,以及正在网络上进行的交易的数据状态。

2. 共识机制

在区块链系统中,共识机制可保障在网络中存在故障或不可信节点的情况下,区块链网络中的交易按照预期的正确的方式执行,为网络中的各个参与节点提供确认交易的机制,确保各个节点最终结果的一致性,避免某些节点的数据与最终账本的数据不一样的情况发生。比较常用的共识机制有 POW[28]、POS[29]、DPOS、PBFT[30] 等。

1) POW(工作量证明)

POW 是应用于比特币系统的共识机制,网络中的节点需要通过不断计算寻找满足规则和小于难度目标的哈希值,并约定谁能优先算出正确答案,谁就可以获得比特币网络的奖励以及当前区块的记账权。获取到记账权的节点随后打包区块,并将打包好的区块广播给全网其他节点。全网节点接收到区块后,会对该区块进行验证,验证内容包括交易是否合法、难度值是否达到要求等。验证通过后,新区块将被添加到区块链中。这一机制实现了去中心化,具有较高的安全性。但是该机制也存在着缺点,挖矿的过程造成了大量资源的浪费,网络交易性能较低,区块确认共识达成周期较长。

2) POS(权益证明)

POS(Proof Of Stake)试图解决 POW 机制中大量资源被浪费的缺点,根据节点持有代币的比例以及占有代币的时间来降低挖矿难度,进而提高寻找随机数的效率。POS 机制类似于当今社会中的股东机制,产生区块的难度与节点与在网络中占有的股份有关,挖矿产生区块的难度与所有者持有的权益成反比,即股权越多得到记账权的概率就越大。相较于 POW,POS 机制在一定程度上减少了纯粹靠 Hash 运算来争夺记账权带来的资源损耗,缩短了全网共识的时间,安全性与性能均得到了提升,但仍然存在可监管性弱的缺点。

3) DPOS(股份授权证明)

DPOS(Delegated Proof Of Stake)算法是由 Bitshares[31] 为防止大矿池垄断全网算力而设计提出的。为了减少中心化带来的影响,该机制首次提出了权益代表的概念。网络中的所有股东节点都有投票权,通过民主的方式选出票数最多的节点作为代理节点进行共识、验证与记账。被选出的代理节点拥有相同的权限,每个节点都会被分配一个时间片来生成区块。若在这段时间内出现网络中断、故意作恶而导致区块生成失败或新区块未被广播,将会重新投票选举代理节点。该机制的优点在于可以有效减少参与共识节点的数量,缩短共识验证的时间,区块生成速度较快。

4) PBFT(实用拜占庭容错)

PBFT(Practical Byzantine Fault Tolerance)由 Castro 与 Liskov 在论文 *Practical Byzantine Fault Tolerance* 中首次提出。该算法解决了拜占庭容错(BFT)算法效率不高的问题,需要经过 request、pre-request、prepare、commit 以及 reply 这 5 个阶段才能完成。其中,prepare 和 commit 阶段需要进行两两交互才能确保节点达成一致。一般来说,PBFT 系统需要部署至少 $3f+1$ 个节点,最多可以容忍 f 个拜占庭节点,才能保证整个网络做出正确的判断。PBFT 共识机制允许监管节点参与,相对于其他共识算法,其耗能相对较低,且性能相对较高。该算法的缺点在于其不适用于大规模的节点共识,这是因为达成共识所消耗的时间会随着网络节点数的增加而逐渐变大。

3. 智能合约

智能合约早在 1995 年被 Nick Szabo 提出[32],他将智能合约定义为"一种无须中介、部署即可自动执行与验证的计算机协议。其总体目标是为了满足抵押、支付、保密等合约条件,最小化意外或恶意情况的发生并最小化信任中介的职能。利用智能合约可以降低仲裁以及强制执行的成本,并降低违约带来的损失等"。随着区块链的普及,智能合约逐渐得到实际应用。作为一种运行在链上并可针对区块链数据库进行读写操作的代码,智能合约可以自动执行参与方指定的数字契约。通过结合区块链以及相关编程范式,实现了具有校验简单、责任明确、逻辑清晰特点的简单合约,降低了指定与履行合约的成本。

智能合约具有如下优点。

- 去中心化。智能合约被部署在去中心化的区块链上,无须中心化的权威机构来仲裁与监督合约是否有效运行。通常由网络中的节点共识选举出记账节点来判断合约是否按照规定执行,实现了去中心化的权威。
- 较低的人为干预风险。在区块链系统中,智能合约的内容与执行过程都是事先制定好的。智能合约在基于沙箱技术的虚拟机中运行,被完全封装隔离,无法直接与网络、文件系统以及其他进程进行交互。区块链中的任意一方都不能单方面修改其中的内容或者干预合约的执行。这一方式保障了智能合约的安全性,实现了合约高效准确地运行,同时也减少了人为干预的风险。
- 可观察性与可验证性。区块链通过数字签名以及时间戳保障智能合约的可溯源、不可篡改。合约方可观察合约的运行状态、执行记录等,确保执行过程具有可验证性。
- 高效性与实时性。智能合约能够实时响应用户请求,具有较高的服务效率。
- 低成本。智能合约具有自我验证与自我执行的特点,相较于传统合约,其成本较低,大大减少了合约执行、强制执行、裁决过程中的损耗。

借助智能合约这一技术,可以在无须第三方参与的情况下保证系统的公平性与正确性,实现安全且高效的信息交换控制、资产转移与管理,为建设可编程系统奠定了基础,也为改变现有的传统的商业模式和社会生产流程带来了可能。

面向区块链应用的智能合约构建以及执行的步骤如下。

- 合约生成。各合约参与方进行协商,明确权利与义务,制定合约规范,确定标准智能合约。
- 合约发布。合约通过广播的方式发送至各个节点,每个节点都会将合约保存在内存中。在经过共识之后,合约集合会以区块的形式扩散到全网各个节点。
- 合约执行。智能合约的执行基于事件触发机制,若符合触发条件,智能合约将会自动执行。整个合约的执行过程都由区块链底层系统自动完成,该过程对网络中的所有参与方公开可见。

4. 区块链的主要类型

区块链根据准入机制主要分为三种类型。

1) 公有链

公有链完全去中心化,任何个体和团体都可发送交易,公有链是最早的区块链,也是应用最广泛的区块链。典型公有链包括比特币等各类数字货币、以太坊。以太坊是以区块链技术+智能合约实现的,它区别于常见的比特币,实际上是一个基于交易的状态机,其区块链中的每个区块就对应一个状态,每产生一个区块,以太坊中的状态就会转换到下一个状态。当与以太坊交互时,其实就是在执行交易、改变系统状态。

2) 联盟链

公有链是部分中心化,由某个群体内部指定多个预选的节点为记账人,每个块的生成由所有的预选节点共同决定,其他接入节点可以参与交易,但不过问记账过程。2015 年,Linux 基金会发起了开源联盟链 Hyperledger(超级账本)项目。随后,IBM 加入并推出 Hyperledger Fabric 联盟链底层开发平台,参与企业早已超过 250 家,上线数百个应用案例,是全球最具竞争力的联盟链开发平台。

3) 私有链

私有链仅使用区块链的总账技术进行记账,可以是一个公司或个人独享该区块链的写入权限。由于参与节点是有限和可控的,因此私有链具备极快的交易速度、更好的隐私保护、更低的交易成本、不容易被恶意攻击等特点。相对于中心化的数据存储,私有链能够防止机构内单个节点的故意隐瞒或者篡改数据,在错误发生的时候也能快速溯源。

私有链的应用场景一般是政务和企业内部的应用,如数据库管理、审计、行业统计数据、公文流转和处理等。私有链的价值主要是提供安全、可追溯、不可篡改、自动执行的运算平台。

5. 区块链的安全

区块链具有不可篡改性。一方面,区块链中存储的交易信息每一条都有相对应的 Hash 值,由每一条记录的 Hash 值作为叶子节点生成二叉 Merkle 树,Merkle 树的根节点(Hash 值)保存在本区块的块头部分,区块头部除了当前区块的 Merkle 树的根节点,还保存时间戳以及前一个区块的 Hash 形成一条链式结构。因此,要想篡改区块链中的一条记录,不仅要修改本区块的 Hash 值,还要修改后续所有区块的 Hash 值,或者生成一条新的区块链结构,使得新的链比原来的链更长。实际上,这是很难实现的。一般一个区块后面有 6 个新的区块生成时,即可认为该区块不可篡改,可以将该区块加入区块链的结构中。

区块链具有不可伪造性和可验证性。区块链保存的交易数据中不仅含有 Hash 值,还有交易双方的签名以及验证方的签名,保证了交易的不可伪造性。每一笔交易中数字货币的产生和输入、输出都是可以验证的,区块链结构中不会凭空增加电子货币。以比特币为例,每一笔交易的输入都是前一笔交易的输出,每一笔交易的输出又是下一笔交易的输入,保证交易的可追溯性。除了来源的可验证外,还会验证金额的正确性,确保交易过程中的每一笔资金都是可靠的。

然而在实际系统的运行当中，区块链仍然面临以下安全问题。

1）51％算力攻击

51％攻击（也被称为多数攻击）是当攻击者掌握了超过全网50％的算力时，就很容易阻止其他"矿工"确认交易，从而阻止新的交易，也可以逆转当前区块已经完成的交易，并在网络中双花电子货币。2018年，几个著名的密码货币 Zencash、Verge、Ethereum Classic 就受到了51％攻击，据统计，攻击者2018年一年窃取了超过2000万美元。

2）攻击交易所

加密货币交易所因为拥有大量的加密货币，而有时安全防范措施不到位，成为黑客们关注的目标。许多交易所平台是中心化的，反而丧失了区块链非中心化的内在优势。2014年2月，当时处理70％比特币交易的领先交易所 Mt.Cox 报告被黑客窃取了大约85万个比特币。当前对交易所的攻击仍然频发，2018年交易所丢失了约价值9亿美元的数字货币。

由于加密数字货币以钱包的公钥作为账户地址，具有一定的匿名性，但是私钥对钱包的安全性至关重要。要牢记"私钥丢了，钱就丢了"。因此最安全的办法是将私钥存在硬件中或者写在纸上妥善保管，不要存在联网的在线钱包中。

3）软件漏洞

如比特币和以太坊等有名的区块链已经证明它们面对众多种类攻击的健壮性，但在其上开发的许多 APP 仍然可能存在很多 Bug。2018年，钱包和去中心化 APP 的软件 bug 导致了超过2400万美元的损失。因此针对这些软件需要进行完备的代码审计、渗透测试和智能合约监控。

4）隐私泄露

如果区块链是公有链，区块链上每一笔交易对区块链的任何用户都是可见的，由于区块链并不直接显示账户持有者的身份，但是区块链的大量数据可以公开获取，其中可能包括财务、金融乃至医疗信息，通过大数据关联分析，很可能形成对特定用户的去标识化，从而泄露用户的隐私信息。

6.4.3 人工智能及其安全

人工智能
及其安全

1. 人工智能的主要技术领域

人工智能作为计算机科学的一个分支，主要研究如何让机器能像人类一样去思考行动，探索智能的本质，并创造出一种能模拟人类思维过程、产生媲美人类智能反应的系统，最终目标让其服务于人类，将人类从劳动中解放出来。

目前人工智能涉及的范围极广，其应用与研究领域主要包括：问题求解与博弈、逻辑推理与定理证明、计算智能（涉及神经计算、模糊计算、进化计算、自然计算、免疫计算等方向）、分布式人工智能与代理、自动程序设计、专家系统、机器学习、自然语言理解、机器人学、模式识别、机器视觉、神经网络、智能控制、智能调度与指挥、智能检索、系统与语言工具等。

从技术层面，人工智能可主要划分为以下领域：自然语言处理、计算机视觉、深度学习、语音识别、智能机器人、数据挖掘等。人工智能技术的发展使其在多个方面取得了很多优秀的成果和应用,代替了很多需要人类智能才能完成的复杂工作,正在一步步改变着人们的日常生活。本节对人工智能常见的几种应用进行简单介绍。

1) 自然语言处理

自然语言处理是将人工智能技术应用到语言研究领域,通过计算机对自然语言的分析,对词法、句法、语法和语义进行理解分析,实现人机信息交流。常见的应用包括机器翻译、文本处理、语音识别等。

2) 计算机视觉

计算机视觉是利用计算机及相关设备对生物视觉进行模拟的过程,通过对图片或者视频进行处理,让计算机具备理解图像表示内容、图像中物体存在的关系等能力。常见的应用包括文字识别、图像处理、图像识别等。

3) 深度学习

深度学习是目前人工智能领域研究的热点,它起源于机器学习中的模型,通过建立模拟人脑进行分析学习的神经网络,模仿人脑机制来对数据进行解释。与传统的机器学习相比,深度学习特征提取不依赖于人工,可以实现机器自动提取。常见的深度学习模型有卷积神经网络(CNN)、循环神经网络(RNN)、对抗生成网络(GAN)和强化学习(RL)等。

4) 数据挖掘

随着互联网、物联网等网络技术的发展,产生了大量数据,如何有效地对数据进行利用,从中提取出具有潜在价值的信息和知识就是数据挖掘技术研究的重点。例如,在商业领域,数据挖掘可帮助企业对目标用户进行精准画像,推荐相关产品或者划分为同类型用户。

5) 人工智能生成内容

人工智能生成内容(AI-Generated Content,AIGC)是指利用 AI 模型生成包括文本、图像、音频、视频等内容。其利用复杂的算法、模型和规则,从大规模数据集中学习,创造新的原创内容。2022 年 11 月 30 日,OpenAI 发布了聊天机器人程序 ChatGPT,大语言模型显现出了惊人的能力。2023 年,大模型成为各大企业激烈竞争的赛道。2024 年 2 月15 日,OpenAI 又发布了引起轰动的人工智能文生视频大模型 Sora。

2. 人工智能自身的安全问题

人工智能受到了学术界和工业界大量的关注和深入的研究,而机器学习作为人工智能的核心,近年来也得到了长足的发展,其应用遍布人工智能的各个领域。目前,机器学习的各种算法和模型发展层出不穷,在不同的应用场景中,各种算法都有其特有的优势和应用价值。然而大多数机器学习模型都是针对一个非常弱或者没有的威胁模型进行设计,强调性能的同时很少考虑到自身存在的安全问题,对于攻击者的攻击能力和攻击目标的假设严重缺乏,因此机器学习模型在学习(训练)阶段和推理(预测)阶段都容易受到不同程度的恶意修改或攻击,导致模型参数被窃取、模型可用性和完整性被破坏等问题的发生。目前常见的人工智能自身安全问题如下所述。

1) 对抗样本

由于机器学习模型输入输出均为数值型向量的格式,因此攻击者可以在模型预测过程中,对待预测样本添加特定很小的扰动或者进行细微的修改,使用者很难感知到,却足以使得模型对于该样本判断出错,这种攻击行为被称为对抗性攻击,所修改使用的样本就是对抗样本。图 6-33 是一个对抗性样本的例子,原本是一张"熊猫"的图添加少量噪声后就会被识别为长臂猿,且可信度为 99.3%[33]。

x
"panda"
57.7% confidence

+.007×

$\text{sign}(\nabla_x J(\theta, x, y))$
"nematode"
8.2% confidence

=

$x + \varepsilon \text{sign}(\nabla_x J(\theta, x, y))$
"gibbon"
99.3% confidence

图 6-33　对抗性样本举例

在无人驾驶领域,攻击者通过构造对于决策系统具有欺骗性的路标或障碍物,干扰自动驾驶系统的决策,迫使车辆进入异常驾驶状态,危害巨大。图 6-34 即为一个被恶意修改过的 STOP 路牌,自动驾驶车辆会将其识别为"限速 45km/h"[34]。

2）模型萃取

攻击者采用试探性攻击,通过构造请求向目标服务发起查询,取得目标模型参数或者构造出与目标模型功能相似可替代的模型。对于一个具有 n 维参数的模型,理论上只需要进行 $n+1$ 次查询,就可以通过解方程的方式求解出目标模型参数,或者通过查询结果构造出与目标模型类似的方程组,求得功能可替代的"影子模型"[35]。

图 6-34　被恶意构造的路标

3）投毒攻击

在模型训练过程中修改训练数据集或者投放精心构造的恶意样例,从而使训练数据中毒或者被污染,干扰机器学习模型的训练过程,降低最终得到模型的判断准确性。例如,2017 年下半年,一些高级的垃圾邮件发送群组通过将一些垃圾邮件反馈报告为非垃圾邮件,改变了分类器的判断边界,让 Gmail 垃圾邮件过滤器不再记录该垃圾邮件[36]。

4）隐私泄露

人工智能领域中,数据是算法进行学习训练的基础,不少数据较为敏感或不适合公开,因此存在针对模型训练集的攻击,获得训练数据集的具体样本及统计分布,或者判断某条数据是否在该训练数据集中。例如,在医疗领域,攻击者可以对以病患信息训练而成的系统 API 实行"成员推断攻击",结合一些数据记录信息和背景知识就可以推断出训练数据集中是否包含某一病患,严重威胁个人隐私安全[37]。

5）模型幻觉

模型幻觉是指模型在生成内容时，模型生成的内容与可验证的现实世界事实不一致甚至是捏造的事实。例如，当询问模型"请介绍信息安全国家重点实验室"时，模型可能会回复"信息安全国家重点实验室是中科院计算技术研究所"，而实际上信息安全国家重点实验室的依托单位先是中国科学院软件技术研究所，后来转为中国科学院信息工程研究所。导致模型幻觉的原因包括训练数据中存在重复或错误、模型对输入文本的表征能力不足等。

6）模型越狱

传统"越狱"的概念指对移动设备（如 iPhone 或 iPad）的操作系统破解。在 AI 领域中，"模型越狱"是指通过利用漏洞、设计巧妙的输入（也称为提示工程）或其他手段绕过大规模语言模型的安全和内容过滤机制，使得模型在未经许可的情况下产生原本被限制或禁止的输出，例如，暴露敏感信息、生成有害内容或者执行未经授权的操作。研究人员发现，通过特定的话术或技巧，攻击者可以诱导模型越过其训练时设定的边界。模型越狱是对大模型安全性的挑战，在模型设计与部署过程中必须加强安全防护措施以防止恶意利用。

3. 人工智能对网络空间安全的影响

对于网络安全来讲，人工智能是一把"双刃剑"。一方面，人工智能可以将安全研究人员从海量的威胁数据分析中解放出来，通过监测威胁可以迅速发现、分析和响应新攻击和新漏洞，自动化实时共享威胁情报，实现系统自动防御修复，从而大大提升抵御安全威胁的能力，目前，全球越来越多的安全公司正在尝试将人工智能、机器学习等集成到产品之中，智能化（Intelligence）、自动化（Automatic）成为 2018 年美国 RSA 大会上的热词；但另一方面，人工智能也带来了新的网络安全威胁。

1）人工智能技术及其应用的复杂性带来的安全挑战

人工智能不仅是各种算法和方案的集合，更是一个由软件、硬件、数据、设备、通信协议、数据接口和人组成的丰富多彩的生态系统，未来会广泛应用于自动驾驶、工业机器人、智能医疗、无人机、智能家居助手等领域，这种复杂的技术构成和应用场景势必会产生新的安全漏洞。在软件及硬件层面，包括应用、模型、平台和芯片，编码都可能存在漏洞或后门；在模型层面上，攻击者同样可能在模型中植入后门并实施高级攻击。而目前大多数人工智能系统严重欠缺可解释性，其决策过程、判断逻辑、判断依据等都很难被人所理解，由于模型的不可解释性，在模型中植入的恶意后门难以被检测，例如，2017 年 12 月，谷歌被爆出其机器学习框架 TensorFlow 中存在严重的安全漏洞。

2）利用人工智能的网络犯罪

目前，绝大多数行业都开始尝试利用人工智能技术来完成自动化的转变，提升各方面性能，网络犯罪也不例外，黑客同样也会利用人工智能让攻击变得更高效。这主要是因为人工智能系统具有成本低、易于实施和扩展性强等特点，可使犯罪分子以各种方式规避监管检测、通过网络安全内容过滤等。例如，2017 年 9 月，绍兴警方成功破获我国首例利用人工智能技术侵犯公民个人信息案，在该案中，犯罪分子利用一种具有深度学习功能的

"快啊"打码平台进行机器快速识别验证码，从而绕过网络账户安全登录策略。

社会工程攻击是最为普遍的一种网络犯罪技术，但是传统地实施攻击所需成本较高，利用人工智能就可以实现自动化、匿名化地进行攻击。例如，2019年3月，一名拉丁美洲的犯罪嫌疑人利用人工智能模拟口音，成功地让一家英国能源公司的高管相信自己正在与德国母公司的老板通话并批准了一笔22万欧元的紧急汇款，这也是世界上首次公开报道的人工智能诈骗案。因此可以预见，未来利用人工智能的犯罪形式会层出不穷，而基于人工智能的科学技术不断进步，使用人工智能进行网络攻击也将成为愈发普遍却也更加危险的趋势。

3）人工智能的不确定性引发的安全风险

人工智能自身存在"算法黑箱"，某些自动化决策和行为有一定的不可解释性，解释不了如此决策和行为的原因和逻辑，如何使得这种自动化决策的不确定性可控成为重大的安全挑战。人工智能技术的理论基础很大部分建立在概率论和数理统计的基础上。因此，人工智能并不是简单的一对一的映射和因果关系，而是由机器主导的一种大概率性正确选择和判断。尽管从理论而言，人工智能运行中的风险事件的发生概率很低，但是现有技术无法预估其带来的损失边界和安全边界，其何时发生、在哪个节点发生以及为何发生更是难以预测。所以，同传统的计算机程序相比，人工智能程序的内在风险更高。

在人工智能的发展历史上，人工智能机器人伤害人的事件也已见诸报道。早在1989年，苏联国际象棋冠军古德柯夫在与机器人对弈中连胜三局，机器人突然向金属棋盘释放出强电流，造成古德柯夫丧生。2017年，Facebook的两个对话机器人更是在对话的过程中生成了人类看不懂的语言，官方为谨慎起见只能将其关停。伴随着人工智能技术的大规模落地和深入使用，网络空间中的许多节点和应用都将交给人工智能处理，在这样的大背景下，如何降低和规避人工智能技术的技术风险，以及降低风险事件对网络空间和现实社会的影响是需要重视的问题。

4）人工智能对隐私保护造成的安全挑战

人工智能的蓬勃发展建立在大数据、云计算等平台上，只有依靠硬件平台不断地收集、整理用户的特征数据和行为数据，人工智能的算法才能够持续成长和应用。因此，敏感数据的泄露风险将会不断增加。如果触发人工智能自身的缺陷或者被黑客攻击，大量敏感的信息将会面临泄露风险，轻则用户个人信息被不法分子掌握，重则危害用户财产安全甚至人身安全。同时，人工智能技术能够便捷地在网络空间收集和识别个人隐私，如文字、头像等信息，并根据这些信息精确刻画个人相关的性格、社会关系、收入和消费偏好等属性，稍不注意，一个人的方方面面就会被人工智能技术全面感知，并暴露在社会之中。所以，在人工智能技术发展和应用的同时，需要从技术、政策、法律和标准等方面保证个人隐私的安全。

5）基于人工智能的网络攻防愈加激烈

当今，工程界和学术界普遍认为人工智能同攻防的结合是网络安全发展的必然趋势，具有极大成长的空间。在传统的网络攻防中，网络安全人员与黑客之间的攻防较量极大地依赖于人员的先验经验积累，在一定程度上属于研发中的劳动密集型工作。人工智能技术的出现和发展可以在一定程度将劳动密集型的工作高度自动化，一方面，网络攻击方可以将网络攻击中的漏洞挖掘、注入、攻击等的行为自动化,提高攻击的效率;另外一方面,一些安全厂商已经通过将人工智能技术和安全防御策略相结合,构造出了拥有自主学习能力的主动防御系统,该防御系统除了能够应对传统的网络威胁,也可以预防潜在的各类后门攻击,面对各类越来越复杂和智能化的渗透式网络入侵也有一战之力。2013 年开始,美国 DARPA 发起了全球性网络安全挑战赛 CGC(Cyber Grand Challenge),旨在推进自动化网络防御技术发展,能够实时识别系统缺陷、漏洞,并自动完成打补丁和系统防御,最终实现全自动的网络安全攻防系统。参赛队伍全部由计算机组成,没有人类干预。在 2016 年 8 月 5—7 日美国拉斯维加斯举办的网络安全顶级赛事 Defcon CTF 中,Mayhem 的机器人 CTF 战队与另外 14 支人类 CTF 顶级战队同台竞技,并一度超过两支人类战队,成为自动攻防的标志性事件。

　　6)生成式人工智能对社会安全治理带来严峻挑战

　　GPT 等生成式人工智能自动化生成的内容可能包含虚假信息、误导性内容、仇恨言论或色情暴力等不良信息,对社会稳定和信息安全构成威胁,AI 自动生成内容的技术可能被用于政治宣传、舆论操纵等目的,影响国家间的信息传播秩序和文化安全。对于 AI 生成文本、图像、音频及视频等内容的审核和追踪难度增加,传统监管手段和技术难以有效应对。AI 可能模仿个人身份、虚构人物或历史事件,引发人格权、隐私权和名誉权等方面的争议,现有法律法规往往无法及时适应生成式 AI 所带来的新形式犯罪、侵权行为及其责任认定。2024 年 2 月,中国香港电台报道有诈骗分子利用人工智能深伪(Deep Fake)技术,在网上会议中仿冒多名人士,欺骗与会的一名职员,使其向指定账户汇款两亿港元,导致重大经济损失。

6.4.4　数据安全

1. 数据安全的内涵

随着互联网、云计算、人工智能技术的发展,数据已成为生产要素,是国家的重要资产。数据安全得到国家的高度重视。党的二十大报告指出要"强化经济、重大基础设施、金融、网络、数据、生物、资源、核、太空、海洋等安全保障体系建设",将数据安全提升到与网络安全同等重要的地位。

《中华人民共和国数据安全法》定义数据安全是指通过采取必要措施,确保数据处于有效保护和合法利用的状态,以及具备保障持续安全状态的能力。其内涵一是指数据状态是安全的,二是保护数据安全的能力。

数据安全具体包括数据的机密性、完整性、可用性、身份验证和访问授权、处理合规性、风险管理、审计和追溯。

数据安全

2. 数据安全能力成熟度模型

《信息安全技术　数据安全能力成熟度模型》(GB/T 37988—2019)是 2020 年 3 月 1日实施的国家标准,给出了组织数据安全能力的成熟度模型架构,规定了数据采集安全、数据传输安全、数据存储安全、数据处理安全、数据交换安全、数据销毁安全、通用安全的成熟度等级要求。该标准适用于对组织数据安全能力进行评估,也可作为组织开展数据安全能力建设时的依据。

    数据安全能力成熟度模型结构如图 6-35 所示,包括安全能力维度、数据安全过程维度、能力成熟度等级维度。

图 6-35   数据安全能力成熟度模型结构

    1) 安全能力维度

    安全能力维度包括组织建设、制度流程、技术工具和人员能力。明确了一个单位在数据安全领域应具备的能力,包括设立负责数据安全的组织机构、指定数据安全制度流程、配备必要的技术工具,提升数据安全运维人员的能力。组织和制度是单位开展数据安全治理工作的前提,人员和工具是落实数据安全治理工作的手段。

    2) 数据安全过程维度

    数据安全过程维度包括数据生命周期安全和通用安全。其中,数据生命周期安全包含数据采集、传输、存储、处理、交换和销毁等过程的安全。在每个过程都需要满足适当的安全过程域,如表 6-4 所示数据生命周期安全包含 19 个安全过程域。

表 6-4   数据生命周期安全过程域

数据采集安全	数据传输安全	数据存储安全	数据处理安全	数据交换安全	数据销毁安全
数据分类分级 数据采集安全 及管理 数据源鉴别 数据质量管理	传输机密性 传输完整性 网络可用性管理	存储媒体安全 逻辑存储安全 数据备份和回复	数据脱敏 数据分析安全 数据正当使用 数据处理环境 安全 数据导入导出 安全	数据共享安全 数据发布安全 数据接口安全	数据销毁处置 存储媒体销毁 处置

    通用安全过程域包括数据安全策略规划、组织和人员管理、合规管理、数据资产管理、数据供应链管理、元数据管理、终端数据安全、监控与审计、鉴别与访问控制、需求分析、安

全事件应急等 11 个过程域。

标准对每个安全过程域规定了细化的基本实践,一个过程域只有满足了其对应的所有基本实践,才算达到要求,数据安全过程维度一共包括 30 个过程域和 576 个基本实践。可以看出,保障数据安全是一个体系化的系统工程,安全过程域涉及的许多技术是本书前面介绍的密码技术、网络安全技术、系统安全技术、人工智能技术的综合应用,以达到数据防泄露的目标。

3)能力成熟度等级维度

能力成熟度等级共分为 5 级,从低到高依 1 到 5 级分别是非正式执行级、计划跟踪级、充分定义级、量化控制级、持续优化级。

能力成熟度等级提供了统一的分级标准,级别越高,数据安全能力要求越高,第 3 级是各个单位的基础目标。

习题

1. 挑战应答认证协议为什么可以对抗重放攻击?

2. Web 登录认证中经常会碰到输入验证码,它起什么作用?你能否设计一种新的验证码方式?

3. 简述数字证书有效性验证的步骤。

4. FIDO 认证协议的主要目的是什么?简述 UAF 认证的主要流程。

5. 什么是 k-匿名?

6. 如果针对差分隐私机制保护的一个统计查询,是否可以无限制地进行重复查询?为什么?

7. 虚拟化主要有哪些方式?其面临的安全威胁是什么?

8. 简述区块链的数据结构,说明其为什么具有不可篡改的特性。

9. 分析比特币采用工作量证明的共识机制与安全性之间的关系。

10. 举例说明人工智能对网络安全的影响。

11. 数据安全能力成熟度包含哪几个等级?

12. 数据安全生命周期包含哪些过程?

参考文献

[1] https:// www. whitehouse. gov/wp-content/uploads/2019/06/National-AI-Research-and-Development-Strategic-Plan-2019-Update-June-2019.pdf.

[2] Wang D,Wang P,He D B,et al. Birthday,Name and Bifacial-security:Understanding Passwords of Chinese Web Users[C]. USENIX Security Symposium,August 14-16,2019,Santa Clara,CA,USA.

[3] ISO/IEC 9798-2: Information technology-Security techniques-Entity authentication-Part 2: Mechanisms using symmetric encipherment algorithms.

[4]　ISO/IEC 9798.3—2008：Information technology - Security techniques - Entity authentication - Mechanisms using digital signature techniques.

[5]　OpenID Connect Core 1.0 incorporating errata set 1，https：//openid.net/specs/openid-connect-core-1_0.html.

[6]　Beth T，Borcherding M，Klein B.Valuation of trust in open networks[C]//Proceedings 1 European Symposium on Research in Security(ESORICS)，Berlin：Springer-Verlag,1994.

[7]　Audun J，Ross H，Simon P. Trust network analysis with subjective logic[C]//29th Australasian Computer Science Conference,ACSC,2006.

[8]　AlmenÁrez F,Marín A,Campo C,et al. PTM：A pervasive trust management model for dynamic open environments[C]//Proc of the 1st Workshop on Pervasive Security，Privacy and Trust. Boston,2004.

[9]　Melaye D,Demazeau Y. Bayesian dynamic trust model[M]. Berlin：Springer-Verlag,2005.

[10]　National Computer Security Center. Glossary of Computer Security Terms NCSC-TG-004)[EB/OL].http://csrc.nist.gov/secpubs/rainbow/tg004.txt.

[11]　Bell D E,Lapadula L J. Secure computer systems：mathe-matical foundations[R]. Mitre Corp Bedford MA,1973.

[12]　Ferraiolo D F,Kuhn D R. Role-based access control[C]//National Computer Security Conference. c1992：554-563.

[13]　李凤华,王彦超,殷丽华,等. 面向网络空间的访问控制模型[J]. 通信学报,2016,(5)：9-20.

[14]　http:// www. oecd. org/sti/ieconomy/oecdguidelinesontheprotectionofprivaeyandtransborderflows ofpersonaldata.html[EB/OL].

[15]　https://gdpr-info.eu/[EB/OL].

[16]　李凤华,李晖,贾焰,等. 隐私计算研究范畴及发展趋势[J]. 通信学报,2016,(4)：1-11.

[17]　Samarati P,Sweeney L. K-anonymity：A model for protecting privacy[C]. Proceedings of the IEEE Symposium on Research in Security and Privacy (S&P). May 1998,Oakland,CA.

[18]　Machanavajjhala A,Gehrke J,Kifer D,et al. l-diversity：Privacy beyond K-anonymity[C]//In Proc. 22nd Intnl. Conf. Data Engg. (ICDE),page 24,2006.

[19]　Ninghui Li,Tiancheng Li,Suresh V. t-Closeness：Privacy Beyond K-anonymity and l-Diversity, 2007 IEEE 23rd International Conference on Data Engineering,Istanbul,Turkey.

[20]　Dwork C.Differential Privacy. In：Bugliesi,M.,Preneel,B.,Sassone,V.,Wegener,I. (eds.) ICALP 2006. LNCS,vol. 4052,pp. 1-12. Springer,Heidelberg.

[21]　Dwork C,Roth A. The algorithmic foundations of differential privacy[M]. Now Publishers Inc,2014.

[22]　Mcsherry F,Talwar K. Mechanism Design via Differential Privacy[C]//IEEE Symposium on Foundations of Computer Science. IEEE Computer Society,2007：94-103.

[23]　Blum A,Ligett K,Roth A. A learning theory approach to non-interactive database privacy[J]. Journal of the ACM,2011：1-25.

[24]　Kasiviswanathan S P,Lee H K,Nissim K,et al. What can we learn privately[C]//2008 49th Annual IEEE Symposium on Foundations of Computer Science. 531-540.

[25]　Kamara S,Lauter K. Cryptographic Cloud Storage[C]//International Conference on Financial Cryptograpy & Data Security,2010.

[26]　Geambasu R,Kohno T,Levy A.Vanish：Increasing data privacy with self-destructing data 2009.

[27] Satoshi N. Bitcoin: A peer-to-peer electronic cash system [EB/OL]. (2008-11-1) [2020-4].

[28] Grinberg R. Bitcoin: An innovative alternative digital currency[J]. Hastings Sci. & Tech. LJ, 2012,4: 159.

[29] Saleh F. Blockchain Without Waste: Proof-of-Stake[J]. 2018.

[30] Castro M, Liskov B. Practical Byzantine fault tolerance[C]//OSDI. 1999,99(1999): 173-186.

[31] Larimer D. Delegated proof-of-stake (dpos)[J]. Bitshare whitepaper,2014.

[32] Szabo N. Smart contracts: building blocks for digital markets[J]. EXTROPY: The Journal of Transhumanist Thought,(16),1996,18: 2.

[33] Goodfellow I J, Shlens J, Szegedy C. Explaining and Harnessing Adversarial Examples. In ICLR 2015: International Conference on Learning Representations,2015.

[34] Eykholt K, Evtimov I, Fernandes E, et al. Robust physical-world attacks on deep learning visual classification. In Proceedings of the IEEE Conference on Computer Vision and Pattern Recognition,2018: 1625-1634.

[35] Tramèr F, Zhang F, Juels A, et al. Stealing machine learning models via prediction apis. In 25th {USENIX} Security Symposium ({USENIX} Security 16),2016: 601-618.

[36] Jagielski M, Oprea A, Biggio B, et al. Manipulating machine learning: Poisoning attacks and countermeasures for regression learning. In 2018 IEEE Symposium on Security and Privacy (SP), 2018: 19-35.

[37] Shokri R, Stronati M, Song C, et al. Membership inference attacks against machine learning models. In 2017 IEEE Symposium on Security and Privacy (SP),2017: 3-18.

图书资源支持

感谢您一直以来对清华版图书的支持和爱护。为了配合本书的使用，本书提供配套的资源，有需求的读者请扫描下方的"书圈"微信公众号二维码，在图书专区下载，也可以拨打电话或发送电子邮件咨询。

如果您在使用本书的过程中遇到了什么问题，或者有相关图书出版计划，也请您发邮件告诉我们，以便我们更好地为您服务。

我们的联系方式：

清华大学出版社计算机与信息分社网站：https://www.shuimushuhui.com/

地　　址：北京市海淀区双清路学研大厦 A 座 714

邮　　编：100084

电　　话：010-83470236　　010-83470237

客服邮箱：2301891038@qq.com

QQ：2301891038（请写明您的单位和姓名）

资源下载：关注公众号"书圈"下载配套资源。

资源下载、样书申请

书圈

图书案例

清华计算机学堂

观看课程直播